U0239329

普通高等教育"十一五"国家级规划教材

首届全国机械行业职业教育优秀教材

高等职业技术教育机电类专业系列教材

电工基本技能实训

第2版

主　编　张仁醒

副主编　张迎辉

参　编　林　丹　陈素芳　唐上峰　陈　虹

主　审　张永枫

机械工业出版社

本书从初级电工岗位能力需求出发，以实训项目为主线，理论与实践紧密结合，突出操作技能训练，注重培养学生分析和解决电工实际问题的能力和工程实践能力。为在今后学习、生活和工作中正确运用电工知识和技能，完成电工岗位工作打下基础。

全书分为上、下篇，上篇为电工技能实训部分（1~6 章），下篇为电工电子技能实训部分（7~9 章）。电工技能实训部分内容包括供配电系统知识、安全用电知识、电工工具与电工材料、常用电工仪表、生活用电知识以及电气控制知识。电工电子技能实训部分内容包括常用电子仪器、常用电子元器件和手工焊接基本知识。

本书可作为高职高专院校机电类专业的电工技能实训教材、非电类专业"一专多能"系列课程的实训教材，也可作为电工上岗培训和维修电工晋级考试的参考教材，还可供从事电气、电子技术工作的工程技术人员参考。

为方便教师教学，本书配有免费电子课件及模拟试卷等，凡选用本书作为教材的学校，均可来电索取，咨询电话：010-88379375。

图书在版编目（CIP）数据

电工基本技能实训/张仁醒主编. —2 版. —北京：机械工业出版社，2008.8
（2024.8 重印）

普通高等教育"十一五"国家级规划教材. 高等职业技术教育机电类专业系列教材

ISBN 978-7-111-15742-7

Ⅰ. 电… Ⅱ. 张… Ⅲ. 电工—高等学校：技术学校—教材 Ⅳ. TM

中国版本图书馆 CIP 数据核字（2008）第 105553 号

机械工业出版社（北京市百万庄大街 22 号 邮政编码 100037）
策划编辑：王玉鑫 责任编辑：王宗锋
责任校对：张晓蓉 责任印制：李 昂
北京捷迅佳彩印刷有限公司印刷
2024 年 8 月第 2 版第 15 次印刷
184mm×260mm·17.25 印张·423 千字
标准书号：ISBN 978-7-111-15742-7
定价：49.80 元

电话服务 　　　　　　　　网络服务
客服电话：010-88361066 　　机 工 官 网：www.cmpbook.com
　　　　　010-88379833 　　机 工 官 博：weibo.com/cmp1952
　　　　　010-68326294 　　金 书 网：www.golden-book.com
封底无防伪标均为盗版 　　机工教育服务网：www.cmpedu.com

序　言

经过 20 多年的努力，中国的高等职业教育进入了前所未有的大发展时期，无论是学校总数，还是在校生规模，都堪称是我国高等教育的"半边天"。尤其是近年来，随着高职教育质量的提升，社会的认可度在逐年上升，毕业生也已逐步受到企事业单位的好评。就广东省而言，2007 年高职院校的毕业生就业率已达到 87% 左右，仅低于本科生及硕士生的就业率 3 个百分点。究其原因，最根本的是高职院校的人才培养目标正切中企事业单位的实际需求。

社会主义现代化建设需要不同类型、不同层次的人才，培养这些人才自然应由不同类型的大学来承担。它们之间既不可互相替代，又不可相互缺位。高等职业教育是高等教育的一个重要组成部分，其目标是：培养既具有高尚职业道德，又具有大学理论水平及较强技术应用能力和操作能力的工作在职业现场的技术人员和管理人员。由于培养目标的不同，高等职业技术院校的教学模式与普通理、工科院校应有明显差异，那就是在教学过程中应特别注重学生职业岗位能力的培养，注重职业技能的训练。

高职教学改革的目标是全面贯彻素质教育的思想，建立以学生为主体、以能力为中心、以分析和解决实际问题为目标的新的教学模式。在建构这种新的教学模式中，我院电工技术实训室一直在探索如何以应用为主线，将"提出问题——解决问题——归纳总结"的探索式学习模式贯穿在整个教学过程中，并取得了较好的成绩，极大地提高了学生动手解决实际问题的能力。

本教材的作者是我院电工技术实训室的教师，他们既有本行业的高级技师，又有长期在一线从事教学的教授和讲师；他们既是职业教育的实践者，又是电工职业等级考核标准的制定者。他们一直坚持"以培养职业能力为核心，以满足岗位需求为目标"的高职教育理念，具有丰富的高职教育经验，因此，该教材能使学生更好地掌握电工领域的核心知识和核心技能，可培养学生较强的电工实践能力，也可为学生今后可持续学习和发展打下扎实的基础。

本教材将理论阐述与实训操作两部分内容做了合理的安排，较好地将科学性、实用性和易学性相结合，体现了高等职业技术教育的特色。作者根据多年积累的电工实训教学经验和深圳市电工技能培训、职业鉴定成果编撰成此书出版，为促进我校的职业教育质量和社会效益的提高起到了很好的作用，相信本教材也能为推动和完善高等职业教育教材建设、职业技能培训、鉴定考核工作，全面提高从业人员综合素质发挥重要的作用。

我真诚地期望，本教材成为我国高等职业教育教材园地里一朵南国盛开的鲜花。

深圳职业技术学院院长：
中国职业技术教育学会副会长：
广东省高职高专院校人才培养水平评估专家委员会主任：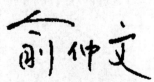

前　　言

　　本书以培养学生电工实际操作能力为目的，使学生能了解电工的基本知识，掌握电工元器件的识别与测试方法，熟悉电工工具和仪器设备的使用，完成简单电气线路的安装与检修；使学生能独立运用这些知识，分析和解决在后续专业课及生活生产中出现的电气方面的问题，成为具有解决电气工程实际问题能力、满足生产一线需要的应用型人才。

　　本书在编写过程中，借鉴了近年来不同院校、不同专业电工技能实训课程的教学经验，以职业能力培养为目标，同时兼顾电工岗位考试的考核要求，将岗位需求能力分解为若干个实训项目。对内容的编排由易到难，循序渐进，注重教材内容的连贯性、衔接性；力求在实训方法、实训步骤等方面深入浅出，清楚明白；坚持按照电工岗位标准，从高职人才培养目标和企业实际出发，牢固树立职业本位思想，把电工知识和能力培养贯穿于教材始终。本教材有一定的理论基础和技术含量，具有基础宽、针对性强和适用面广的特点，可使学生有较强的发展后劲。

　　本书每个实训项目都能紧密联系日常生活或生产一线，能模拟生产现场，可充分调动学生学习的积极性，满足学生的成就感，培养学生良好的职业兴趣和素质。

　　本书较全面地介绍了电工基础知识及基本技能要求，将电工技术的主要知识点和技能训练内容都融合到各个实训项目中，实训项目具有实践性、应用性、兴趣性和可操作性，充分体现了高职高专实训教材的特色。完成全部实训项目后，可达到电工上岗和职业标准中初级电工的要求，为今后走向社会奠定良好的基础。

　　各院校可根据附录教学设计，结合自身的实训条件、设备情况、专业方向和学生程度，对教材的内容、顺序和进度作适当灵活的调整。

　　本书由张仁醒任主编，张迎辉任副主编，参加编写的还有林丹、陈素芳、唐上峰、陈虹，全书由张永枫主审。本书作者中有实践能力很强的高级技师，也有教学经验丰富的理论课教师。本书编写过程中，得到了深圳职业技术学院电工实训室全体老师的多方帮助，并得到深圳信息学院和深圳市职业技能训练中心的大力支持，在此表示衷心感谢。

　　由于编写水平有限，书中难免有疏漏和不足之处，恳请读者批评指正。

编　者

目 录

下篇　电工电子技能实训

上篇 电工技能实训

第1章 供配电系统知识

内容提要： 本章讲述供配电技术的基本知识，为电工技能的学习奠定基础。首先简要说明电力系统的基本知识，然后讲述供电质量的基本要求及企业供配电接线方式和主要设备，最后通过实训和参观变配电所，达到了解电力系统的基本概念、变配电所的作用和结构组成的目的。

供配电技术，主要是研究电力的供应和分配问题。电力，是现代工业生产的主要动力和能源，是现代文明的物质技术基础。今天我们已步入一个电气化时代，电如同我们每天呼吸的空气一般与我们形影不离，无时无刻不在影响我们的工作和生活。现在，电的使用已渗透到社会生产的各个领域和人类生活的各个方面，离开了电，人类的一切活动都将难以正常进行。因此，供配电工作要很好地为工业生产和国民经济服务，切实保证工业生产和整个国民经济生活的需要，切实做到安全、可靠、优质、经济供电。

1.1 电力系统概述

1.1.1 电力系统

1. 电力系统的概念

由于电能不能大量储存，电能的生产、传输、分配和使用必须在同一时间内完成。由各种电压等级的电力线路将发电厂、变电所和用户联系起来的整体，称为电力系统，它由发电、变电、输电、配电和用电五个环节组成。

动力系统是电力系统和动力部分的总和。其中，动力部分包括火电厂的锅炉、汽轮机、热力网和用热设备等，水电厂的水库、水轮机等，核电厂的核反应堆等。

在整个动力系统中，除发电厂的锅炉、汽轮机等动力设备外的所有电气设备都属于电力系统的范畴，主要包括发电机、变压器、架空线路、电缆线路、配电装置、各类用电设备等。图1-1所示是电力系统结构示意图，图1-2所示是从发电厂到电力用户的输配电过程示意图。

2. 电力系统的优点

当今世界各国建立的电力系统越来越大，有的甚至建立跨国电力系统。建立大型电力系统可以更合理地利用动力资源，减少电能损耗，降低发电成本，保证供电质量，并大大提高供电可靠性，有利于整个国民经济的发展。为了充分利用动力资源，减少燃料运输，降低发电成本，可以在水力资源丰富的地方建造水力发电厂，在燃料资源丰富的地方建造火力发电

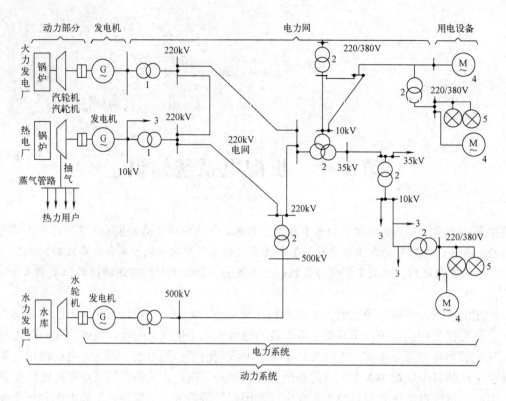

图 1-1 电力系统结构示意图

1—升压变压器 2—降压变压器 3—高压负荷 4—低压动力负荷 5—照明负荷

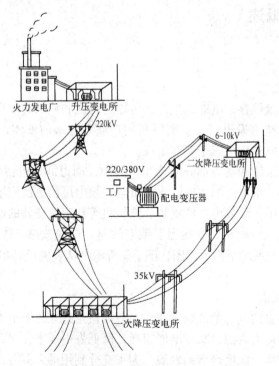

图 1-2 从发电厂到电力用户的输配电过程示意图

厂。但是，通常有动力资源的地方离用电中心地区较远，所以必须用高压输电线路进行远距离输电，这就需要各种升压、降压变电所和输配电线路。当电力网构成了环网时，对重要用户的供电就有了保证。系统中某些设备发生故障或某部分线路检修时，可通过变更电力网的运行方式，对用户连续供电，从而减少由于停电所造成的损失，使电力系统的运行更具灵活性。各地区也可以通过电力网互相支援，使必需的备用机组数量大大减少，从而减少系统的备用容量。

1.1.2　发电厂

1. 发电厂类型

人类使用的所有电能不能直接从一次能源中获得，而必须由其他形式的能源（如水能、热能、风能和光能等）转化而来。发电厂是实现这种能源转化的场所，它是电力系统的中心环节。发电厂按照所利用的能源种类不同，可分为水力、火力、风力、核能、太阳能发电厂等。现阶段我国的发电厂主要是火力发电厂和水力发电厂，核电厂也在大力发展中。近年来，国家开始建立起一批利用可再生能源进行发电的发电厂，如风力发电厂、潮汐发电厂、太阳能发电厂、地热发电厂和垃圾发电厂等，以逐步缓解能源短缺和绿色环保的问题，做到因地制宜，合理利用。

根据发电厂容量大小及其供电范围不同，可分为区域性发电厂、地方性发电厂和自备发电厂等。区域性发电厂大多建在水力、煤炭资源丰富的地区附近，其容量大，距离用电中心较远（往往是几百公里至一千公里以上），需要超高压输电线路进行远距离输电。地方性发电厂一般为中小型发电厂，建在用户附近。自备发电厂建在大型厂矿企业附近，作为自备电源，对重要的大型厂矿企业和电力系统起到后备作用。

2. 发电厂发出的电的电压和频率

一般发电厂的发电机发出的是对称的三相正弦交流电（有效值相等、相位差分别相差120°，三相电压为 e_U、e_V、e_W，如图1-3所示）。在我国，区域性和地方性发电厂发出的电的电压主要有 3.15 kV、6.3kV 和 10.5kV 等，一般自备发电厂发出的电的电压有 230V、400V 和 690V，频率则同为 50Hz，此频率通常称为"工频"。工频的频率偏差一般

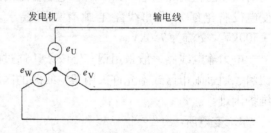

图1-3　对称的三相正弦交流电源

不得超过 ±0.5Hz。频率的调整主要是依靠调节发电机的转速来实现。电力系统中所有的电气设备都是在一定的电压和频率下工作的。能够使电气设备长时间连续正常工作的电压就是其额定电压，各种电气设备在额定电压下运行时，其经济性和技术性能最佳。频率和电压是衡量电能质量的两个基本参数。由于发电厂发出的电压不能满足各种用户的需要，同时电能在输送过程中会产生不同程度的损耗，所以需要在发电厂和用户之间建立电力网，使电能安全、可靠、经济地输送和分配给用户。

1.1.3　电力网

1. 电力网的概念

在电力系统中，发电厂、变电所和电力用户之间，用不同电压等级的电力线路将它们

连接起来，这些不同电压等级的电力线路和变电所的组合，叫做电力网，简称为电网。电网的任务是输送和分配电能，即将由各发电厂发出的电能经过输电线路传送并分配给用户。

2. 电网分类

电网按种类特征的不同，可分为：直流电网和交流电网；电网按电压等级不同，可分为6kV 电网、35kV 电网和 110kV 电网等；我国电网按地区划分，可分为东北电网、华北电网、西北电网、华东电网和华中电网五大跨地区电网；我国的电网按额定电压等级不同，可分为0.22kV、0.38kV、3kV、6kV、10kV、35kV、60kV、110kV、220kV、330kV 和 500kV 电网。

通常，为了便于分析研究，将电网分成区域电网和地方电网。其中，电压在 110kV 以上、供电区域较大的电力网叫区域电网；电压在 60kV 以下、供电范围不大的电力网叫地方电网。为了减少电能损耗，电网应简化电压等级、减少变压层次、优化网络结构，因为在电能传输容量相同的条件下，高电压电网能减小传输导线中的电流。目前有些城市已开始使用20kV 电网代替 10kV 电网。

3. 输电线路

在电力传输领域，"高压"的概念是不断改变的，鉴于实际研究工作与电网运行的需要，对线路电压等级范围的划分，目前习惯上称 10kV 及以下线路为配电线路，10kV 以上线路为输电线路，35～220kV 线路为高压线路，330kV 及以上、1000kV 以下的电压线路称为超高压线路，1000kV 及以上的电压称为特高压线路。另外，通常将 1kV 以下的电力设备及装置称为低压设备，1kV 以上的设备称为高压设备。

在输电线路中，为节省资源，一般采用三相三线方式输电，并有时采取同塔双回、甚至同塔四回的超高压输电线路。随着电能输送的距离越来越远，输送的电压也越来越高，对输变电设备绝缘水平和线路走廊有更高要求。目前我国已运行的最高电压等级直流为±500kV，交流为 750kV。

电力输电线路一般采用钢芯铝绞线，通过架空线路将电能送到远方的变电所。但在跨越江河、通过闹市区或不允许采用架空线路的区域，则需采用电缆线路。电缆线路投资较大且维护困难。

4. 变电所

变电所可分为升压变电所与降压变电所。其中，升压变电所通常与大型发电厂结合在一起，将发电厂发出的电压升高，经由高压输电网将电能送向远方。降压变电所设在用电中心，通过将高压电能适当降压再向该地区用户供电。根据供电的范围不同，降压变电所可分为一次（枢纽）变电所和二次变电所。一次变电所是从 110kV 以上的输电网受电，将电压降到 35～110kV 后，供给一个大的区域。二次变电所大多数从 35～110kV 输电网络受电，将电压降到 6～10kV 后向较小范围供电。

5. 配电线路

"配电"就是电力的分配，配电变电站到用户终端的线路称为配电线路。配电线路的电压，简称配电电压。电力系统电压高低有不同的划分方法，但通常以 1kV 为界限划分。额定电压为 1kV 及以下的系统为低压系统；额定电压为 1kV 以上的系统为高压系统。常用高压配电线的额定电压有 3kV、6kV 和 10kV 三种，常用的低压配电线额定电压为220/380V。

1.1.4 电力负荷

1. 电力负荷的概念

电力用户从电力系统所取用的功率称为负荷，电力负荷是指电路中的电功率。在交流电路中，描述功率的量有有功功率、无功功率和视在功率。有功功率，又称为有功负荷，单位为千瓦；无功功率称为无功负荷，单位为千乏；视在功率是电压与电流的乘积，单位为千伏安。由于系统电压比较稳定，系统中的电力负荷，也可以通过负荷电流反映出来。

2. 按负荷发生的不同部位分类

（1）发电负荷　发电负荷是指发电厂的发电机向电网输出的电力。对电力系统来说，是发电厂输出给电网的总供电负荷。

（2）供电负荷　供电负荷是指发电厂输出的发电负荷扣除发电厂用电、发电厂变压器损耗以及线路损耗以后的负荷。

（3）线损负荷　线损负荷是指电力网在输送和分配电能的过程中线路和变压器功率损耗的总和。

（4）用电负荷　用电负荷是指电力系统中用户实际消耗的负荷。

3. 按照负荷发生的不同时间分类

（1）高峰负荷　高峰负荷又称最高负荷，是电网或用户在一天内所发生的最高负荷值。为了方便分析常以每小时用电量计。高峰负荷又分为日高峰负荷和晚高峰负荷。分析某单位的负荷率时，常选择一天 24h 中用电量最高的一个小时的平均负荷作为高峰负荷。

（2）低峰负荷　低峰负荷又称最低负荷，是电网或用户在 24h 内用电量最少的一个小时的平均电量。对于电力系统来说，高峰、低峰负荷差越小，用电越趋于合理。

（3）平均负荷　平均负荷是指电网或用户在某一确定时间段的平均小时用电量。分析负荷时，常用日平均负荷，即用一天的用电除以一天的用电小时。为了安排用电量，做好用电计划，平均负荷往往也用月平均负荷和年平均负荷来衡量。

4. 按用电性质及重要性分类

电力系统中的所有用电部门均为电力系统的用户。根据用户的重要程度和对供电的可靠性要求的不同，用电负荷可分为三个级别，且各级别的负荷应分别采用不同的方式供电。

（1）Ⅰ类负荷

1）停电会造成人身伤亡、火灾、爆炸等恶性事故的用电设备的负荷。例如，炼钢厂、医院手术室和煤矿等工作场所。

2）停电将造成巨大的甚至不可挽回的政治影响或经济损失的用电设备和用电单位的负荷。例如，卫星发射中心和大使馆等。

3）重要交通枢纽、通信枢纽及国际、国内带有政治性的公共活动场所。

对Ⅰ类负荷供电电源的要求：

1）应由两个或两个以上的独立电源供电。当一个电源发生故障时，其他电源仍可保证重要负荷的连续供电。

2）为保证重要负荷用电，严禁将其他非重要用电的负荷与其接入同一供电系统。

（2）Ⅱ类负荷

1）停电将大量减产或破坏生产设备，造成经济上较大损失的用电负荷。

2）停电将造成较大政治影响的重要单位。

对Ⅱ类负荷要求至少是双回路的电源供电。

（3）Ⅲ类负荷 Ⅲ类负荷是指不属于Ⅰ、Ⅱ类负荷的用电负荷。Ⅲ类负荷对供电没有特别要求，可非连续性地供电，如市镇公共用电、生产单位一般的辅助车间、小型加工作坊和农村照明负荷等，通常只用一路电源供电。

1.2 对供电系统的基本要求和电能质量

1.2.1 基本要求

1. 供电可靠性

供电系统应有足够的可靠性，特别是对要求连续供电的用户，要求供电系统在任何时间都能满足用户用电的需要，即使在供电系统局部出现故障的情况下，也不能对某些重要用户的供电产生大的影响。因此，为了保证可靠供电，要求电力系统至少具备10%~15%的备用容量。

2. 供电质量合格

供电质量的优、劣直接关系到用电设备能否安全经济运行，无论是电压还是频率，哪一个指标达不到标准，都会对用户造成不良的后果。因此，要求供电系统确保电能质量。

3. 安全、经济、合理

安全、经济、合理地供电，是供、用电双方要求达到的目标。这需要供、用电双方的共同努力，要求供电方做好技术管理工作（例如负荷、电量的管理，电压、无功功率的管理工作等），同时还要求用户积极配合，密切协作。

4. 电力网运行调度的灵活性

对于一个庞大的电力系统，必须做到运行方式灵活，调度管理先进。只有这样，才能使系统安全可靠地运行。只有灵活的调度，才能对系统局部故障及时地检修，从而使电力系统安全、可靠、经济和合理地运行。

1.2.2 电能质量指标

供电电能的质量指标，主要有以下几项：

1. 电压

供电系统向用户供电时，首先应保持在额定电压下运行，使受电端电压波动的幅度不应超过以下数值：

1）35kV及以上电压供电，电压正、负误差的绝对值之和不超过额定电压的10%。

2）10kV及以下高压电力用户和低压电力用户端电压波动幅度不超过额定电压的±7%。

3）低压照明用户受电端电压波动幅度不超过额定电压的+7%~-10%。

供电部门应定期对用户受电端的电压进行调查和测量，发现不符合质量标准的应及时采取措施，加以改善。

电压波动幅度可按下列公式计算

$$\Delta U\% = (U_L - U_N)/U_N \times 100\%$$

式中，U_L 是用户受电端实际电压；U_n 是供电额定电压。

2. 额定电压

额定电压是指电气设备长期稳定正常工作的电压。变压器、发电机、电动机等电气设备均有规定的额定电压，电器设备在额定电压下运行时经济效果最佳。同时因电气设备在电力系统中所处的位置不同，其额定电压也有不同的规定。

1）电力变压器直接与发电机相连接（即升压变压器）时，其一次侧额定电压与发电机额定电压相同，即高于同级线路额定电压的5%。如果变压器直接与线路连接，则一次侧额定电压与同级线路的额定电压相同。

2）变压器二次侧的额定电压是指二次侧开路时的电压，即空载电压。如果变压器二次侧供电线路较长（即主变压器），变压器的二次侧额定电压要比线路额定电压高10%；如果二次侧线路不长（配电变压器），变压器额定电压只需高于同级线路额定电压的5%。

我国交流电力网电气设备的额定电压如表1-1所示。

表1-1 我国电力网电气设备的额定电压

分 类	电力网和用电设备额定电压	发电机额定电压	电力变压器额定电压	
			一次绕组	二次绕组
高压/kV	3	3.15	3 及 3.15	3.15，3.3
	6	6.3	6 及 6.3	6.3，6.6
	10	10.5	10 及 10.5	10.5，11
	—	13.8，15.75，18，20		
	35	—	35	38.5
	63	—	63	69
	110	—	110	121
	220	—	220	242
	330	—	330	363
	500	—	500	550
	750	—	750	—
低压/V	220/127	230	220/127	230/133
	380/220	400	380/220	400/230
	660/380	690	660/380	690/400

我国低压动力用户供电额定电压规定为380V，低压照明用户为220V。高压供电的为10kV、35kV、63kV、110kV、220kV、330kV和500kV。除发电厂直配供电可采用3kV、6kV外，其他等级电压应逐步过渡到上述额定电压。

在电力网中，额定电压的选定是一项很重要的技术管理工作，对不同容量的用户及不同规模的变、配电所，要求选择不同的额定电压供电，额定电压的确定与供电方式、供电负荷、供电距离等因素有关。

3. 频率

（1）额定频率 额定频率是指电力系统中的电气设备（特别是电感性、电容性设备）能保证长期正常运行的工作频率。

一个国家或地区电气设备的额定频率是统一的，当前世界上的通用频率有 50Hz 和 60Hz 两种。我国和世界上大多数国家的额定频率为 50Hz。美国、加拿大、朝鲜、古巴以及日本等国家为 60Hz。

供电系统应保持额定频率运行，供电频率容许偏差为：

1）电力网容量在 $3 \times 10^6 kW$ 及以上时，要求绝对值不大于 0.2Hz。

2）电力网容量在 $3 \times 10^6 kW$ 以下时，要求绝对值不大于 0.5Hz。

（2）额定频率降低运行时对用户的危害 电力系统必须保证在额定频率状态下运行，供、用电之间有功功率的不平衡将会使系统的运行频率与额定频率有较大的偏差。一般实际消耗的有功功率超过供电的有功功率时，会造成频率下降。

如果系统的频率低于额定频率将会对用户和系统的运行造成下述不良影响：

1）频率降低将会造成发电厂的汽轮机叶片共振面断裂。

2）造成用户电动机转速下降，使电动机不能在额定转速下运转。

3）增加产品损耗，降低产品质量。

4. 可靠性

为保证对用户供电的连续性，应尽量减少对用户停电。供电系统与用户设备的计划检修应相互配合，尽量做到统一检修。供电部门的检修、试验应该统一安排，一般 35kV 以上的供电系统每年停电不超过一次，10kV 的供电系统每年停电不超过三次。

1.3 低压供电系统

1.3.1 供电系统接线方式

在三相交流电力系统中，作为供电电源的发电机和变压器的中性点有三种运行方式：电源中性点不接地、中性点经阻抗接地和中性点直接接地。前两种运行方式称为小接地电流系统或中性点非直接接地系统。后一种运行方式称为大接地电流系统或中性点直接接地系统。

我国 3～66kV 系统，特别是 3～10kV 系统，一般采用中性点不接地的运行方式。如果单相接地电流大于一定数值（3～10kV 系统中接地电流大于 30A，20kV 及以上系统中接地电流大于 10A），应采用中性点经消弧线圈接地的运行方式。对于 110kV 及以上的系统，则都采用中性点直接接地的运行方式。我国 220/380V 低压配电系统，广泛采用中性点直接接地的运行方式，而且在中性点引出中性线（neutral wire，代号 N）、保护线（protective wire，代号 PE）或保护中性线（PEN wire，代号 PEN）。

中性线（N 线）与相线形成单相回路，连接额定电压为相电压（220V）的单相用电设备。流经中性线的电流为三相系统中的不平衡电流和单相电流，同时，中性线还起到减小负荷中性点电位偏移的作用。

保护线（PE 线）是为保障人身安全、防止发生触电事故用的接地线。电力系统中所有设备的外露可导电部分（指正常不带电压但故障情况下可能带电压的易被触及的导电部分，如金属外壳、金属构架等）通过保护线接地，可在设备发生接地故障时减小触电危险。保护中性线（PEN 线）兼有中性线（N 线）和保护线（PE 线）的功能。

在低压配电系统中，按结构形式不同，可分为 TN 系统、TT 系统和 IT 系统。

TN 系统中的所有设备的外露可导电部分均接公共保护线（PE 线）或公共的保护中性线（PEN 线）。这种接公共 PE 线或 PEN 线也称"接零"。如果系统中的 N 线与 PE 线全部合为 PEN 线，则此系统称为 TN-C 系统，如图 1-4a 所示。如果系统中的 N 线与 PE 线全部分开，则此系统称为 TN-S 系统，如图 1-4b 所示。如果系统的前一部分，其 N 线与 PE 线合为 PEN 线，而后一部分线路，N 线与 PE 线则全部或部分地分开，则此系统称为 TN-C-S 系统，如图 1-4c 所示。

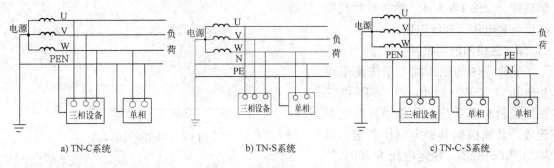

a) TN-C系统　　　　b) TN-S系统　　　　c) TN-C-S系统

图 1-4　低压配电的 TN 系统

TT 系统中的所有设备的外露可导电部分均各自经 PE 线单独接地，如图 1-5 所示。

IT 系统中的所有设备的外露可导电部分也都各自经 PE 线单独接地，如图 1-6 所示。它与 TT 系统不同的是，其电源中性点不接地或经 1000Ω 阻抗接地，且通常不引出中性线。

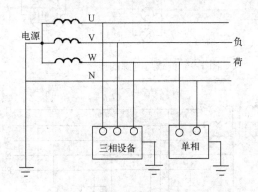

图 1-5　低压配电的 TT 系统

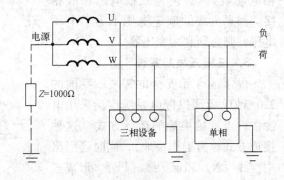

图 1-6　低压配电的 IT 系统

引出中性线的三相系统包括 TN 系统、TT 系统，也称为三相四线制系统。没引出中性线的三相系统，如 IT 系统，属于三相三线制系统。在三相交流电力系统中，作为供电电源的发电机和变压器的三相绕组的接法通常采用星形联结方式，如图 1-7 所示。将三相绕组的三个末端连在一起，形成一个中性点，从始端 U、V、W 引出三根导线作为电源线，称为相线或端线，俗称火线。从中性点引出一根导线，与三根相线分别形成单

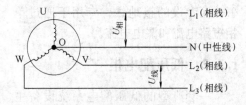

图 1-7　三相四线制系统

相供电回路，这根导线称为中性线（N）。以这种方式供电的系统称为三相四线制系统。通常 U、V、W 三根相线分别用黄、绿、红三种颜色的电线给予区分，中性线则采用黑色线，保护线采用黄绿双色线。

发电机（或变压器）每相绕组始端与末端的电压，即相线与中性线间的电压称为相电压，而任意两始端的电压即相线与相线间的电压称为线电压。这样三相四线制系统就能提供给负载两种电压，相电压与线电压。

1. 三相三线制系统

当发电机（或变压器）的绕组接成星形接法，但不引出中性线时，就形成了三相三线制系统，如图 1-8 所示。这种接法只能提供一种电压，即线电压。

2. 三相四线制系统

通常我国的低压配电系统是采用相电压为 220V，线电压为 380V 的三相四线制配电系统。负载如何与电源连接，必须根据其额定电压而定，具体如图 1-9 所示。额定电压为 220V 的单相负载（如白炽灯），应接在相线与中性线之间。额定电压为 380V 的单相负载，则应接在相线与相线之间。对于额定电压为 380V 的三相负载（如三相电动机），必须与三根电源相线相接。如果负载的额定电压不等于电源电压，则必须利用变压器。

3. 三相五线制系统

由于运行和安全的需要，我国的220/380V 低压供配电系统广泛采用电源中性点直接接地的运行方式（这种接地方式称为工作接地），同时还引出中性线（N）和保护线（PE），形成三相五线制系统，如图 1-10 所示。中性线应该经过漏电保护开关，可通过单相回路电流和三相不平衡电流。保护线是为保障人身安全、防止发生触电事故而专设的接地线，专用于通过单相短路电流和漏电电流。

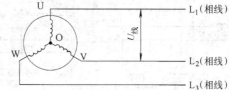

图 1-8　三相三线制系统

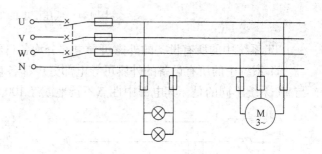

图 1-9　负载与电源的连接

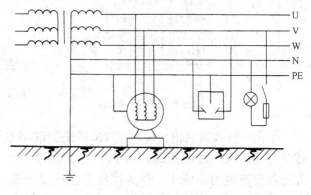

图 1-10　三相五线制系统

1.3.2　低压配电柜

一套典型的低压配电系统设备主要包括计量柜、进线柜、联络柜、出线柜、电容补偿柜等。配电变压器将 10kV 电压降压为

220/380V，经过计量柜送至进线柜，再由出线柜分别送到各用户。工业与民用建筑设施中 6 ～10kV 供电系统，当配电变压器停电或发生故障时，通过联络柜可将另外一路备用电源投入使用。图 1-11 给出一个典型的低压配电柜线路图。

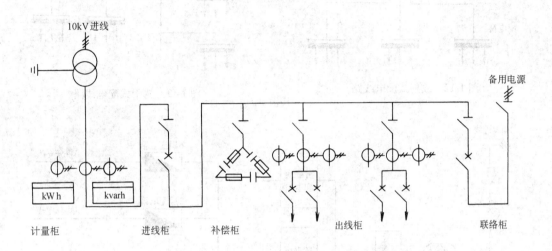

图 1-11　一个典型的低压配电系统线路图

1）进线柜是接通和断开变压器低压侧到低压配电屏的主要装置，主要由断路器和刀开关组成，其母线上串有计量回路的电流互感器。

2）计量柜是计量电能的装置，由电力部门安装校验，分有功计量和无功计量。有功计量是计量用户用电度数，按照峰、谷、平电价收费。无功计量是用于衡量用户单位负载功率因数情况。

3）联络柜是连接其他线路电源的装置，主要由断路器和刀开关组成。

4）电容补偿柜由电容器组、接触器和无功功率自动补偿器组成。其主要作用是对感性负载进行无功功率补偿。

5）出线柜是由许多断路器对多路低压负载供电的组合装置。

1.3.3　低压配电线路

低压配电线路是指经配电变压器，将高压 10kV 降低到 220/380V 等级的线路。车间变电所（配电室）到用电设备的线路就属于低压配电线路。通常一个低压配电线路的容量在几十千伏安到几百千伏安的范围，负责几十个用户的供电。为了合理地分配电能，一般都采用分级供电的方式，即按照用户地域或空间的分布，将用户划分成若干个供电区，通过干线、支线向各供电区供电，整个供电线路形成一个分级的网状结构。低压配电线路连接方式主要有放射式和树干式两种。放射式配电线路（如图 1-12 所示）线路可靠性好，但投资费用高。当负载点比较分散而各个负载点又具有很大的集中负载时，可采用这种线路。

树干式配电线路（如图 1-13 所示）敷设费用低廉，灵活性大，因此得到广泛的应用。但是采用树干式供电可靠性又比较低。图 1-14 是某校实验楼树干式供电线路的示意图。图 1-15 是某校照明和动力配电线路的接线图。

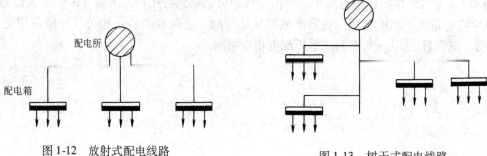

图 1-12　放射式配电线路　　　　　图 1-13　树干式配电线路

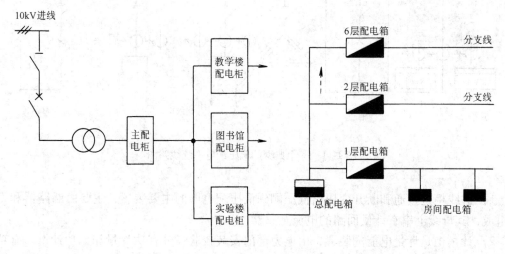

图 1-14　某校实验楼树干式供电线路示意图

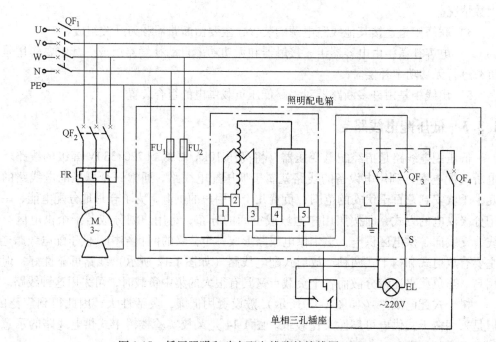

图 1-15　低压照明和动力配电线路的接线图

1.4　实训　电力系统及变配电所参观

1. 实训目的

1）通过听讲解和参观，了解电力系统和电力网的基本知识及概念。

2）通过听讲解和参观，熟悉和认识变、配电所的作用和结构组成。

3）通过听讲解和参观，熟悉和认识低压线路接线方式。

2. 实训设备

1）城市高低压供电系统模拟屏。

2）成套高、低压配电柜。

3）各种低压配电箱。

4）电力变压器。

3. 实训前准备

1）了解电力系统结构及基本知识。

2）了解高低压配电设备的作用。

4. 实训内容

1）进行以"安全、规范、严格、有序"教育为主的实训动员，明确任务和要求。参观过程中只允许看、听、问，不可随意走动，以免造成触电事故。

2）到某变电所现场参观，听取技术人员的介绍和讲解。

3）通过看、听、问，熟悉电力系统、电力网和变、配电所的工作运行情况。

4）认识电力设备。

5. 思考题

（1）什么叫电力系统和电力网？有什么作用？

（2）三相三线制、三相四线制和三相五线制系统有什么区别？

（3）为什么变压器二次电压要高于电网额定电压5%或10%？

（4）Ⅰ类负荷和Ⅱ类负荷有什么区别？如何保证Ⅰ类负荷供电？

（5）变电所和配电所的区别在哪里？

（6）Ⅰ类负荷对变压器和主接线有什么要求？

（7）电力系统供电的主要指标有哪些？

（8）典型低压配电系统都由哪些设备组成？

第2章 安全用电知识

内容提要： 本章主要介绍电工安全操作的要求，触电的原因及预防措施，电气防火和消防常识等内容。通过实训，学会逃生、触电急救和电气设备灭火等电工安全操作的基本技能。

电促进了人类社会的繁荣发展，但它也给人类的生产和生活蒙上了阴影，甚至酿成灾难。在用电过程中，常常因为不小心或操作不慎，而导致破坏性的严重后果。有人因触电事故而身亡，也有工厂企业因疏忽大意而造成电气火灾。因此如何正确地使用、支配电，避免类似事件再次发生，应引起人们的高度重视。据有关统计资料分析，用电过程中触电的主要原因有：私拉乱接；缺乏用电常识；违章作业；设备失修；设备安装不合格等。这些事故原因都直接或间接地与缺乏用电常识和电气知识有关。因此，宣传安全用电知识，使人们安全合理地使用电能，是避免用电事故发生的一大关键。

2.1 安全作业常识

随着科学技术的发展，现代化生产和人类生活都离不开电能。由于电气作业有其危险性和特殊性，从事电气工作的人员属于特种作业人员，必须经过专门的安全技术培训和考核，经考试合格取得安全生产监督部门核发的《特种作业操作证》后，才能独立作业。电工作业人员要严格遵守电工作业安全操作规程和各种安全规章制度，养成良好的工作习惯，严禁违章作业。

2.1.1 电工安全操作基本要求

1）电工在进行安装或维修电气设备时，应严格遵守各项安全操作规程，如"电气设备维修安全操作规程"和"手提移动电动工具安全操作规程"等。

2）做好操作前的准备工作（如检查工具的绝缘情况），并穿戴好劳动防护用品（如绝缘鞋、绝缘手套）等。

3）禁止带电操作，遵守停电操作的规定。操作前应先断开电源，再检查电器、线路是否已停电，未经检查的都应视为有电。

4）切断电源后，应及时挂上"禁止合闸，有人工作"等警示牌，必要时应加锁并带走电源开关内的熔断器或专人看护，然后再开始工作。

5）工作结束后应遵守送电制度，禁止约时送电。送电时，先取下警示牌，装上电源开关的熔断器，然后送电。

6）低压线路带电操作时，应设专人监护，使用有绝缘柄的工具，必须穿长袖衣裤，扣紧袖口，穿绝缘鞋，戴绝缘手套，工作时必须站在绝缘垫上。

7）发现有人触电，应立即采取抢救措施，绝不允许临危逃离现场。

2.1.2 电气设备安全运行的基本要求

1）对各种电气设备应根据环境的特点建立相适应的电气设备安装规程和电气设备运行

管理规程,以保证设备处于良好的安全工作状态。

2)为了保证电气设备正常运行,必须制定维护检修规程,定期对各种电气设备进行维护检修,消除隐患,防止设备事故和人身事故的发生。

3)应建立各种安全操作规程,如变配电室值班安全操作规程,电气装置安装规程,电气装置检修安全操作规程,及手持式电动工具的使用、检查和维修安全操作规程等。

4)对电气设备制定的安全检查制度应认真执行。例如,定期检查电气设备的绝缘情况、保护接零和保护接地是否牢靠、灭火器材是否齐全、电气连接部位是否完好等。发现问题应及时维护检修。

5)应遵守负荷开关和隔离开关操作顺序:断开电源时应先断开负荷开关,再断开隔离开关;接通电源时则应先合上隔离开关,再合上负荷开关。

6)为了尽快排除各种故障和不正常运行情况,电气设备一般都应装有过载保护、短路保护、欠电压和失电压保护、断相保护和防止误操作保护等装置。

7)凡有可能遭雷击的电气设备,都应装有防雷装置。

8)对于使用中的电气设备,应定期测定其绝缘电阻;对接地装置应定期测定接地电阻;对安全工具、避雷器、变压器油等,也应定期检查、测定或进行耐压试验。

2.1.3 停送电原则

在电气设备中,断路器装有灭弧装置,它具有接通和断开电流以及切断短路电流的能力。而隔离开关即刀开关没有灭弧装置,不能断开负荷电流,它的作用是在断开时能看到有明显的断点,以便在检修设备时保证安全。所以在执行停送电操作时,操作的基本原则是围绕不能带负荷拉、合隔离开关这一关键。基本原则为:停电操作时,必须先断开断路器切断负荷电流或短路电流,再断开隔离开关;合闸时,先合隔离开关,再合断路器,绝对禁止用隔离开关接通或断开负荷电流。隔离开关操作完毕,应检查其开、合位置,三相同时情况及触头接触插入深度是否正常。断路器操作完毕,应检查断路器位置状态。

为了防止带负荷拉(合)刀开关,缩小事故范围,在操作时要求遵循下列顺序:送电应该由电源端往负荷端一级一级送电;停电顺序相反,即由负荷端往电源端一级一级停电。图2-1所示为停送电操作模拟电路。QS为刀开关,QF为断路器,KM_1、KM_2为控制用接触器,EL_{1-3}为三相负载,HL为操作错误报警指示灯。送电顺序:合上QS→合上QF;停电顺序:断开QF→断开QS。

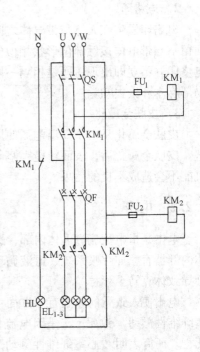

图2-1 停送电操作模拟电路

应指出的是:在操作过程中,若发现带负荷误断或误合隔离开关,则误断的隔离开关不得再合上,误合的隔离开关不得再拉开。

2.2　电流对人体的作用

触电一般是指人体触及带电体时，电流对人体所造成的伤害。电流对人体的伤害是多方面的，根据伤害性质不同，触电可分为电伤和电击两种。

2.2.1　电伤

电伤是指由于电流的热效应、化学效应和机械效应对人体的外表造成的局部伤害，如电灼伤、电烙印和皮肤金属化等。对于 1kV 以上的高压电气设备，人体距离该设备过近时，高电压可将空气电离，电流通过空气流经人体，此时还伴有高电弧，可能会将人烧伤。电伤一般无致命危险。

1. 电灼伤

电灼伤一般分接触灼伤和电弧灼伤两种。接触灼伤发生在高压触电事故时电流流过的人体皮肤进出口处。一般进口处比出口处灼伤严重，接触灼伤的面积较小，但深度大。大多数接触灼伤为 3 度灼伤。灼伤处呈现黄色或褐黑色，并可伤及皮下组织、肌腱、肌肉及血管，甚至使骨骼呈现碳化状态。

发生带负荷操作隔离开关及带地线闭合隔离开关时，所产生的强烈电弧可能引起电弧灼伤，其造成的伤害与火焰烧伤相似，会使皮肤发红、起泡，皮下组织烧焦、坏死。

2. 电烙印

电烙印发生在人体与带电体之间直接接触处。是指人体在不被电击的情况下，在皮肤表面留下与带电体接触部位形状相似的肿块痕迹。电烙印处，颜色呈灰黄色，有时在触电后，电烙印并不立即出现，而是相隔一段时间后才出现。电烙印一般不发炎或化脓，但往往造成局部麻木和失去知觉。

3. 皮肤金属化

皮肤金属化是由于高温电弧使周围金属熔化、蒸发并飞溅，渗透到皮肤表面所形成的伤害。皮肤金属化后，表面粗糙、坚硬。金属化后的皮肤经过一段时间后能自行脱落，对身体机能不会造成不良的后果。

2.2.2　电击

电击是指电流流过人体内部，造成对人体内部器官的伤害。当电流流过人体时会造成人体内部器官，如呼吸系统、血液循环系统、中枢神经系统等发生变化，机能紊乱，严重时还会导致休克乃至死亡。

电击使人致死的原因有三方面：一是流过心脏的电流过大、持续时间过长，引起"心室纤维性颤动"致死；二是因电流作用使人窒息死亡；三是因电流作用使心脏停止跳动而死亡。研究表明"心室纤维性颤动"致死是最根本、占比例最大的原因。

电击是触电事故中后果最严重的一种，绝大部分触电死亡事故都是由电击造成的。通常所说的触电事故，主要是指电击。电击伤害的严重程度取决于通过人体电流的大小、电压高低、持续时间、电流的频率、电流通过人体的途径以及人体的状况等因素。

1. 伤害程度与电流大小的关系

通过人体的电流越大，人体的生理反应越明显，致人死亡的危险性也就越大。按照工频交流电通过人体时对人体产生的作用，可将电流划分为以下三级：

（1）感知电流　引起人感觉的最小电流叫感知电流。成年男性的平均感知电流大约为 1.1 mA，女性为 0.7mA。感知电流一般不会对人体造成伤害。

（2）摆脱电流　人触电后能自主摆脱电源的最大电流称为摆脱电流。男性的摆脱电流为 9mA，女性的为 6mA，儿童较成人小。人体摆脱电源的能力是随触电时间的延长而减弱。一旦触电，不能立即摆脱电源，后果是比较严重的。

（3）致命电流　能在较短时间内危及生命的电流称为致命电流。电击致命的主要原因是电流引起心室颤动，引起心室颤动的电流一般在数百毫安以上。

一般情况下可将摆脱电流作为流经人体的允许电流。男性的允许电流为 9mA，女性的为 6mA。在线路或设备安装有防止触电的速断保护的情况下，人体的允许电流可按 30mA 考虑。

2. 伤害程度与通电时间的关系

电流对人体的伤害程度与流过人体的电流的持续时间有密切关系。电流持续时间越长，其对应的心脏致颤阈值越小，对人体的危害越严重。时间越长，体内积累的外能量越多，人体电阻因出汗和电流对人体组织的电解作用而变小，电流对人体的伤害程度进一步加深；另外，人的心脏每收缩、舒张一次，中间约有 0.1s 的间隙，在这 0.1s 的时间内，心脏对电流最敏感，如果电流在这一瞬间通过心脏，电流即使很小（几十毫安），也会引起心室颤动。一般认为，工频电流 15～20mA 以下及直流 50mA 以下，对人体是安全的，但如果持续时间很长，即使电流小到 8～10mA，也可能使人致命。因此，一旦发生触电事故，要尽快使触电者脱离电源。

3. 伤害程度与电流路径的关系

电流通过心脏时会引起心室颤动，较大的电流还会导致心脏停止跳动，血液循环中断，所以这个路径危险性最大；电流通过头部会使人昏迷，严重的会使人死亡；电流通过脊髓会导致肢体瘫痪；电流通过中枢神经有关部分，会引起中枢神经系统强烈失调而致残。

4. 伤害程度与电流种类的关系

电流种类不同，对人体的伤害程度也不一样。电压在 250～300V 以内时，触及频率为 50Hz 的交流电的危险性比触及相同电压的直流电大 3～4 倍。不同频率的交流电流对人体的影响也不相同。通常，50～60Hz 的交流电对人体危害最大。低于或高于此频率的电流对人体的伤害程度要显著减轻。但高频率的电流通常以电弧的形式出现，有灼伤人体的危险。频率在 20kHz 以上的交流小电流，对人体已无危害，在医学上可用于理疗。

5. 伤害程度与人体电阻大小的关系

人体触电时，流过人体的电流在接触电压一定时由人体的电阻决定，人体电阻越小，流过人体的电流越大，人体所遭受的伤害也越大。人体的不同部分（如皮肤、血液、肌肉及关节等）对电流呈现出一定的阻抗，即人体电阻。其大小不是固定不变的，它取决于许多因素，如接触电压、电流路径、持续时间、接触面积、温度、压力、皮肤厚薄及完好程度、潮湿程度及脏污程度等。

人体电阻一定时，作用于人体的电压越高，流过人体的电流越大，其危险性也越大。实际上，通过人体电流的大小，并不与作用于人体的电压成正比，随着作用于人体电压的升高，皮肤破裂及体液电解使人体电阻下降，导致流过人体的电流迅速增加，对人体的伤害也更加严重。

2.3 触电事故产生的原因

电气事故主要包括触电事故、静电事故、雷击事故、电磁场伤害事故、电路故障引发的电气火灾和爆炸事故、危及人身安全的电气线路事故等。由于物体带电不容易被人们觉察，因此其更具危险性。触电事故发生的原因是多方面的，但其也有一定的规律。了解这些原因和规律有助于防止触电，做到安全用电。引起触电的原因主要有以下几方面：

（1）缺乏电气安全知识 在日常生活中，有很多触电事故是由于缺乏电气安全知识造成的，如儿童玩耍带电导线、在高压电线附近放风筝等。

（2）违章操作 由于电气设备种类繁多以及电工工种的特殊性，国家各有关部门制订了具体的安全操作规程。但还是存在由于从业人员违章操作而发生触电事故的现象。例如违反《停电检修安全工作制度》，因误合闸造成维修人员触电；违反《带电检修安全操作规程》，使操作人员触及电器的带电部分；乱拉临时照明线等。

（3）设备不合格 市场上的一些伪劣产品，生产中使用劣质材料，粗制滥造，设备的绝缘等级、抗老化能力很低，很容易造成触电。

（4）维修不善 如大风刮断的低压线路和刮倒的电杆未能得到及时处理，电动机接线破损使外壳长期带电等。

（5）偶然因素 如大风刮断的电力线掉落到人体上等。

调查研究发现，触电事故具有以下特点：①具有明显的季节性（春、夏季事故较多，6~9月最集中）；②低压触电多于高压触电；③农村触电事故多于城市；④中、青年人触电和单相触电事故多；⑤"事故点"多数发生在电气连接部位等。掌握这些规律对于安排和进行安全检查、对于制定和实施安全技术措施具有很大的意义。

2.4 触电方式

按照人体触及带电体的方式和电流通过人体途径的不同，触电可分为单相触电、两相触电和跨步电压触电三种情况。

1. 单相触电

当人体直接碰触带电设备其中的一相时，电流通过人体流入大地，这种触电现象称为单相触电。对于高压带电体，人体虽未直接接触，但由于超过了安全距离，高电压对人体放电，也属于单相触电。大部分触电事故是单相触电事故。一般情况下，接地电网比不接地电网的单相触电危险性更大。图2-2为电源中性点接地系统的单相触电，这时人体处于相电压的作用下，危险性较大。图2-3为电源中性点不接地系统的单相触电，通过人体的电流取决于人体电阻及输电线对地绝缘电阻的大小。若输电线绝缘良好、绝

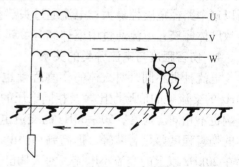

图2-2 电源中性点接地系统的单相触电

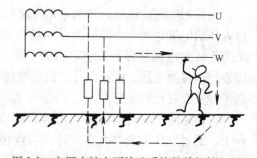

图2-3 电源中性点不接地系统的单相触电

缘电阻较大时，则这种触电对人体的危害性比较小。

2. 两相触电

人体同时接触带电设备或线路中的两相导体，或在高压系统中，人体同时接近两相带电导体，而发生电弧放电，电流从一相导体通过人体流入另一相导体，构成一个闭合回路，这种触电方式称为两相触电，如图 2-4 所示。人体在电源线电压的作用下，其危险性比单相触电危险性大。

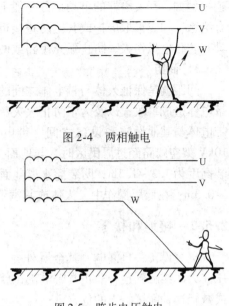

图 2-4 两相触电

图 2-5 跨步电压触电

3. 跨步电压触电

带电体接地有电流流入地下时，在接地点周围土壤中形成强电场。当人站在接地点周围时，两脚之间会承受一定的电压，即为跨步电压，由此引起的触电事故叫作跨步电压触电，如图 2-5 所示。高压故障接地处或有大电流流过的接地装置附近都可能出现较高的跨步电压。一般情况下在离开接地点 20m 处，电压就接近于零。人的跨步距离一般按 0.8m 考虑。

2.5 预防触电事故的措施

预防触电事故，保证电气工作的安全措施可分为组织措施和技术措施两方面。在电气设备上工作，保证安全的组织措施体现为认真执行下列四项制度：工作票制度，工作许可制度，工作监护制度，工作间断、转移和终结制度。保证安全的技术措施主要有：停电、验电、挂接地线、挂警示牌及设遮栏。为防止偶然触及或过分接近带电体造成的直接电击，可采取绝缘、屏护、间距等安全措施。为防止触及正常不带电而意外带电的导电体造成的间接电击，可采取接地、接零和采用漏电保护等安全措施。

2.5.1 绝缘、屏护和间距

1. 绝缘

绝缘就是用绝缘材料将带电体封闭起来。瓷、玻璃、云母、橡胶、木材、胶木、塑料、布、纸和矿物油等，都是常用的绝缘材料。应当注意，很多绝缘材料受潮后会降低或丧失绝缘性能，在强电场作用下，会遭到破坏，丧失绝缘性能。良好的绝缘不仅能保证设备正常运行，还能保证人体不会接触带电部分。设备或线路的绝缘必须与所采用的电压等级相符，与周围的环境和运行条件相适应。绝缘的好坏，主要由绝缘材料所具有的电阻的大小来反映。绝缘材料的绝缘电阻是加于绝缘的直流电压与流经绝缘的电流（泄露电流）之比。足够的绝缘电阻可以将泄露电流限制在很小的范围内，防止漏电造成的触电事故。不同线路或设备对绝缘电阻有不同的要求。例如，新装和大修后的低压电力线路和照明线路，要求绝缘电阻值不低于 0.5MΩ。运行中的线路可降低到每伏 1000Ω（即每千伏不小于 1MΩ）。绝缘电阻通常用绝缘电阻表测定。

2. 屏护

屏护是采用遮栏、护罩、护盖或箱匣等将带电体同外界隔绝开来，以防止人身触电的措施。例如，开关电器的可动部分一般不能包以绝缘，就需要屏护。对于高压设备，不论是否有绝缘，均应采取屏护或其他防止接近的措施。除有防止触电的作用之外，有的屏护装置还具有防止电弧伤人、防止弧光短路或便于检修等作用。

3. 间距

间距就是保证人体与带电体之间的安全距离。为了避免车辆或其他器具碰撞或过分接近带电体造成事故，以及为了防止火灾、过电压放电和各种短路事故，在带电体与地面之间、带电体与其他设施和设备之间、带电体与带电体之间均需保持一定的安全距离。例如，10kV 架空线路经过居民区时，与地面（或水面）的最小距离为 6.5m；常用低压开关设备安装高度为 1.3~1.5m；明装插座离地面高度应为 1.3~1.5m；暗装插座离地面高度可取 0.2~0.3m；在低压操作中，人体或其携带工具与带电体之间的最小距离应不小于 0.1m 等。

2.5.2 接地和接零

电气设备一旦漏电，其金属外壳、支架以及与其相连的金属部分会呈现一定的对地电压。人体接触到这种非正常带电部位就会造成触电事故。电网中采取了各种接地措施以防止或减轻这种间接触电的危害。

接地就是将电源或用电设备的某一部分，通常是其金属外壳用接地装置同大地作电的紧密连接。接地装置由埋入地下的金属接地体和接地线组成。接地分为正常接地和故障接地。正常接地，即人为接地，有工作接地和安全接地之分。安全接地主要包括防止触电的保护接地、防雷接地、防静电接地及屏蔽接地等。故障接地，即电气装置或电气线路的带电部分与大地之间意外的连接。

1. 工作接地

在三相交流电力系统中，作为供电电源的变压器低压中性点接地称为工作接地，如图 2-6 所示。工作接地有如下作用：

（1）减轻高压窜入低压侧的危险 配电变压器中存在高压窜入低压侧的可能性。一旦高压窜入低压侧，整个低压系统都将带上非常危险的对地电压。有了工作接地，就能稳定低压电网的对地电压，高压窜入低压侧时将低压系统的对地电压限制在规定的 120V 以下。

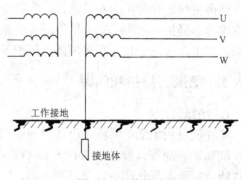

图 2-6 工作接地

（2）减轻低压一相接地时的触电危险 在中性点不接地系统中，一相接地时，导线和地面之间存在电容和绝缘电阻，可构成电流的通路，但由于阻抗很大，以致接地电流很小，不足以使保护装置动作而切断电源，所以接地故障不易被发现，可能长时间存在。而在中性点接地的系统中，一相接地后的接地电流较大，接近单相短路，保护装置迅速动作，断开故障点。

我国的 220/380V 低压配电系统，都采用了中性点直接接地的运行方式。工作接地是保证低压电网正常运行的主要安全设施。工作接地电阻必须不大于 4Ω。

2. 保护接地

为防止电气设备外露的不带电导体意外带电造成危险，将该电气设备经保护接地线与深埋在地下的接地体紧密连接起来，叫作保护接地。

　　由于绝缘破坏或其他原因而可能呈现危险电压的金属部分，都应采取保护接地措施。如电机、变压器、开关设备、照明器具及其他电气设备的金属外壳都应采取保护接地措施。一般低压系统中，保护接地电阻应小于 4Ω。如图 2-7 所示，保护接地是中性点不接地低压系统的主要安全措施。

　　当设备的绝缘损坏（如电动机某一相绕组的绝缘受损）而使外壳带电，且外壳没有保护接地的情况下，人体一旦触及外壳就相当于单相触电，如图 2-8 所示。这时接地电流 I_e（经过故障点流入大地中的电流）的大小取决于人体电阻 R_b 和线路绝缘电阻 R_0。当系统的绝缘性能下降时，就有触电的危险。

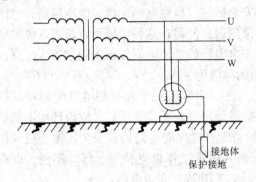

图 2-7　保护接地

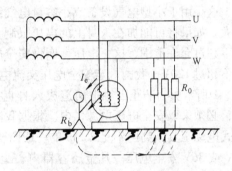

图 2-8　没有保护接地时的触电危险

　　如果设备的绝缘损坏（如电动机某一相绕组的绝缘受损）而使外壳带电，在外壳已进行保护接地的情况下，若人体触及外壳，如图 2-9 所示。由于人体电阻 R_b 与接地电阻 R_e 并联，通常接地电阻远远小于人体电阻，通过人体的电流很小，不会有危险。

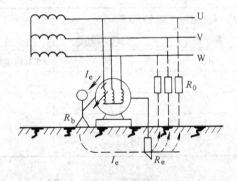

图 2-9　有保护接地时的触电危险

3.　保护接零

　　就是将电气设备在正常情况下不带电的金属部分与电网的零线（或中性线）紧密地连接起来，如图 2-10 所示。当电动机某一相绕组因绝缘损坏而与外壳相接时，就形成相应电源相线与零线的直接短路。很大的短路电流（通常可以到达数百安培）使电路上的保护装置迅速动作，例如使熔断器烧断或使断路器跳闸，从而及时切断电源，使外壳不再带电。它是中性点接地的三相四线制和三相五线制低压配电电网采取的最主要的安全措施。在保护接零系统中，零线回路不允许装设熔断器和

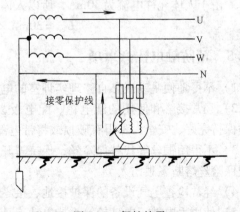

图 2-10　保护接零

开关，以防止零线断线。

2.5.3　安装漏电保护装置

漏电保护装置可以防止因设备漏电而引起的触电、火灾和爆炸事故，它广泛应用于低压电网，也可用于高压电网。当漏电保护装置与断路器组装在一起，就成为漏电自动开关。这种开关具备短路、过载、欠电压、失电压和漏电等多种保护功能。为保证在故障情况下人身和设备的安全，应尽量装设漏电自动开关。

2.5.4　采用安全电压

这是用于小型电气设备或小容量电气线路的安全措施。根据欧姆定律，电压越高，电流越大。如果将可能加在人身上的电压限制在某一范围内，使得在这种电压下，通过人体的电流不超过允许范围，这一电压就叫做安全电压。安全电压的交流电有效值不超过 50V，直流电不超过 120V。我国规定安全电压交流电有效值的等级为 42V、36V、24V、12V 和 6V，如表 2-1 所示。为防止因触电而造成人身直接伤害，在一些容易触电和有触电危险的特殊场所，必须采取安全电压电源供电。根据我国国家标准规定，凡手提照明灯、危险环境下的携带式电动工具、高度不足 2.5m 的一般照明灯，如果没有特殊安全结构或安全措施，应采用 42V 或 36V 安全电压。凡金属容器内、隧道内、矿井内等工作地点狭窄、行动不便、以及周围有大面积接地导体的环境，使用手提照明灯时应采用 12V 安全电压。

表 2-1　安全电压等级

安全电压（交流有效值）/V		选用举例
额定值	空载上限值	
42	50	在有触电危险的场所使用手持式电动工具
36	43	潮湿场所（如矿井）、多导电粉尘场所等所使用的行灯等
24	29	某些带有人体可能偶然触及的带电体的设备选用
12	15	
6	8	

安全电压与人体电阻存在一定的关系。从人身安全的角度考虑，人体电阻一般按 1700Ω 计算。由于人体允许电流为 30mA，所以人体允许持续接触的安全电压为

$$U_{\text{saf}} = 30\text{mA} \times 1700\Omega \approx 50\text{V}$$

2.5.5　预防触电注意事项

1）不得随便乱动或私自修理实训室的电气设备。

2）经常接触和使用的配电箱、配电板、刀开关、按钮开头、插座、插头以及导线等，必须保持完好、安全，不得有破损或将带电部分裸露出来。

3）不得用铜丝等代替保险丝，保持刀开关、磁力开关等盖面完整，以防短路时发生电弧或保险丝熔断飞溅伤人。

4）经常检查电气设备的保护接地、接零装置，保证连接牢固。

5）使用手电钻、电砂轮等手持电动工具时，必须安装漏电保护器，工具外壳要进行防

护性接地或接零，并要防止移动工具时导线被拉断。操作时，应戴好绝缘手套并站在绝缘板上。

6）移动电风扇、照明灯、电焊机等电气设备时，必须先切断电源，保护好导线，以免磨损或拉断导线。

7）在雷雨天，不要走进高压电杆、铁塔、避雷针的接地导线周围 20m 之内。当遇到高压线断落时，周围 10m 之内，禁止人员入内；若已经在 10m 范围之内，应单足或并足跳出危险区。

8）对设备进行维修时，一定要切断电源，并在明显处放置"禁止合闸，有人工作"的警示牌。

2.6 触电急救

人触电后，有些伤害程度较轻，神志清醒；有些伤害程度严重，会出现神经麻痹、呼吸中断、心脏停止跳动等症状。如果处理及时和正确，因触电而假死的人有可能获救。触电急救一定要做到动作迅速，方法得当。触电后一分钟内开始救治者，90% 有良好的效果。但如果触电后十几分钟才开始救治，救活的可能性就很小了。广大群众普遍缺乏必要的电气安全知识，一旦发现人身触电事故往往惊慌失措，国家规定电业从业人员必须具备触电急救的知识和能力。

2.6.1 脱离电源

人触电后，如果流过人体的电流大于摆脱电流，则人体不能自行摆脱电源。使触电者尽快脱离电源是救护触电者的首要步骤。

1. 低压触电事故脱离电源

对于低压触电事故，如果触电者触及带电设备，救护人员应设法迅速拉开电源开关或拔出电源插头，或者使用带有绝缘柄的电工钳切断电线。电线搭接在触电者身上或被压在身下时，可用干燥的衣服、手套、木棒等绝缘物作为工具，拉开触电者或挑开电线，使触电者脱离电源。

2. 高压触电事故脱离电源

对于高压触电事故，救护人应带上绝缘手套，穿上绝缘靴，使用相应电压等级的绝缘工具拉开电源开关，或者抛掷金属线使线路短路、接地，迫使保护装置动作，切断电源。对于没有救护条件的，应该立即电话通知有关部门停电。

救护人员既要救人，又要注意保护自己。救护人员可站在绝缘垫上或干木板上进行救护。触电者未脱离电源之前，不得直接用手触及触电者，也不能抓触电者的鞋，最好用一只手进行救护。触电者处在高处的情况下，还应考虑到触电者脱离电源后可能会从高处坠落，要同时作好防摔措施。

2.6.2 急救处理

触电者脱离电源以后，必须迅速判断触电程度的轻重，立即对症救治，同时通知医生前来抢救。

1）如果触电者神智清醒，应使之就地平躺，暂时不要站立或走动，严密观察的同时还要注意保暖和保持空气新鲜。

2）如果触电者已神志不清，应使之就地平躺，确保气道通畅，特别要注意他的呼吸心跳状况。注意不要摇动触电者头部。

3）如果触电者失去知觉，停止呼吸，但心脏微有跳动，应在通畅气道后立即采用口对口（或鼻）人工呼吸急救法救治。

4）如果触电者伤势非常严重，呼吸和心跳都已停止，对触电者应立即就地采用口对口（或鼻）人工呼吸法和胸外心脏挤压法进行抢救。有时应根据具体情况采用摇臂压胸呼吸法或俯卧压背呼吸法进行抢救。

2.6.3 口对口人工呼吸法

1）迅速松开触电者的上衣、裤带或其他妨碍呼吸的装饰物，使其胸部能自由扩张。

2）使触电者仰卧，清除触电者口腔中血块、痰唾或口沫，取下假牙等杂物，然后使其头部尽量往后仰（最好用一只手托在触电者颈后），鼻孔朝天，使其呼吸道畅通，如图2-11所示。

图2-11 呼吸道畅通

3）如图2-12a所示，救护人捏紧触电者鼻子，吸气后向触电者口中吹气 500～600mL，为时约2s。吹气完毕后救护人应立即离开触电者的嘴巴，放松触电者的鼻子，使之自身呼气，为时约3s，如图2-12b所示。

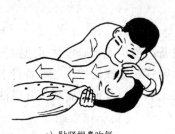

a）贴紧捏鼻吹气

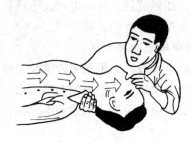

b）放松呼气

图2-12 口对口人工呼吸法

按照上述要求对触电者反复吹气、换气，每分钟约12次。对儿童使用人工呼吸法时，只可小口吹气，以免使其肺泡破裂。如果触电者的口无法张开，则改用口对鼻人工呼吸法进行抢救。

2.6.4 胸外心脏挤压法

1）解开触电者衣服和腰带，清除口腔内异物，使其呼吸道通畅。

2）使触电者仰卧，头部往后仰，注意后背着地处的地面必须平整牢固，如硬地或木板等。

3）救护人位于触电者的一侧，最好是跪跨在触电者臀部位置，两手相叠，右手掌按图2-13a所示的位置放在触电者心窝稍高一点的地方，大约胸骨中、下1/3处，左手掌复压在右手手背上。

4）救护人向触电者的胸部垂直用力向下挤压，压出心脏里的血液。对成人应压陷4～5cm，如图2-13b所示。

5）按压后，掌根迅速放松，但手掌不要离开胸部，让触电者胸部自动复原，心脏扩张，血液又回到心脏，如图2-13c所示。

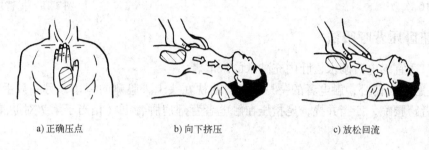

a) 正确压点　　　　　　b) 向下挤压　　　　　　c) 放松回流

图2-13　胸外心脏挤压法

按照上述要求反复地对触电者的心脏进行按压和放松。按压与放松的动作要有节奏，每分钟100次效果最好。急救者在挤压时，切忌用力过大，以防造成触电者内伤，但也不可用力过小，使挤压无效。如果触电者是儿童，则可用一只手按压，用力要轻，以免损伤胸骨。

对心跳和呼吸都停止的触电者的急救，要同时采用人工呼吸法和胸外心脏挤压法。如果现场只有一人，可采用单人操作。单人进行抢救时，先给触电者吹气两次，然后再挤压30次，如图2-14a所示，交替重复进行。由两人合作进行抢救更为适宜。方法是上述两种方法的组合，但在吹气时应将其胸部放松，挤压只可在换气时进行，如图2-14b所示。

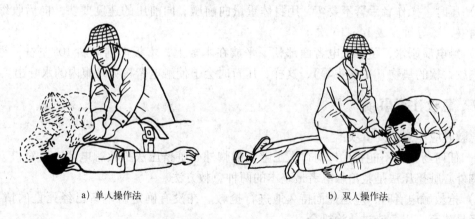

a) 单人操作法　　　　　　　　　　　b) 双人操作法

图2-14　对心跳和呼吸均停止者的急救

2.6.5　摇臂压胸呼吸法

1）使触电者仰卧，头部后仰。

2）操作者在触电者头部，一只脚作跪姿，另一只脚半蹲。两手将触电者的双手向后拉直，压胸时，将触电者的手向前顺推，至胸部位置时，将两手向胸部靠拢，用触电者两手压胸部。在同一时间内还要完成以下动作：跪着的一只脚向后蹬（成前弓后箭状），半蹲的前脚向前倒，然后用身体重量自然向胸部压下。压胸动作完成后，将触电者的手向左右扩张。完成后，将两手往后顺向拉直，恢复原来位置。

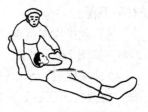

3）压胸时不要有冲击力，两手关节不要弯曲；压胸深度要看对象，对小孩不要用力过大，对成年人，如图 2-15 所示，每分钟完成 14～16 次。

图 2-15　摇臂压胸法

2.6.6　俯卧压背呼吸法

此法只适宜触电后溺水、肚内充满水的触电者。

1）使触电者俯卧，触电者的一只手臂弯曲枕在头上，脸侧向一边，另一只手在头旁伸直。操作者跨腰跪，四指并拢，尾指压在触电者背部肩胛骨下（相当于第 7 对肋骨），如图 2-16 所示。

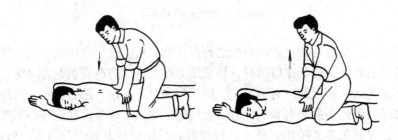

图 2-16　俯卧压背法

2）压时，操作者手臂不要弯，用身体重量向前压。向前压的速度要快，向后收缩的速度可稍慢，每分钟完成 14～16 次。

3）触电后溺水，可将触电者面部朝下平放在木板上，木板向前倾斜 10°左右，触电者腹部垫放柔软的垫物（如枕头等），这样，压背时会迫使触电者将吸入腹内的水吐出。

2.6.7　急救注意事项

急救时应注意下列事项：

1）任何药物都不能替代口对口人工呼吸和胸外心脏挤压法抢救触电者。口对口人工呼吸和胸外心脏挤压法是救治触电者最基本的两种急救方法。

2）抢救触电者时，应迅速而持久地进行抢救。在没有确定触电者已经死亡的情况下，不要轻易放弃，以免错过救治机会。

3）要慎重使用肾上腺素。只有经过心电图仪鉴定心脏确已停止跳动且配备有心脏除颤装置时，才允许使用肾上腺素。

4）对于与触电同时发生的外伤，应分别酌情处理。

2.6.8　FSR—Ⅲ型心肺复苏模拟人介绍

采用模拟人作训练，只能练习口对口人工呼吸及胸外心脏挤压法，其他方法不能练习。国内生产的模拟人，其胸部是用一只很粗的弹簧来代替人体心脏，每次下压的力量约为

36～45kgf，如果用这种力量去抢救触电者，很快就会把胸骨压断。模拟人肺部是用一只塑料袋来代替，要很大的进气量才能将塑料袋吹涨，如果用这种方法去抢救触电者，会将肺泡吹爆。FSR—Ⅲ型心肺复苏模拟人的主要结构如图 2-17 所示。

心肺复苏急救方法：

1）将模拟人仰卧躺平，然后将控制器 15 芯插头插入右侧腰部插座上。

2）接插电源。若选用 220V，需将控制器上的电源插头插入交流 220V 插座；若选用直流 12V，需在电池盒内按放 8 节 1 号电池，再将控制器背面板上电源选择开关拔到直流位置。

3）按电源键，控制器有工作电压，计数器为零，瞳孔放大。

4）按节拍键，以帮助操作者按 100 次/min 的节拍频率进行训练。

5）按功能选择键。①训练灯亮可进行人工呼吸或胸外按压的操作。呼吸操作，指示灯亮并计数；按压操作，位置时正确灯亮、计数，颈动脉随按压而搏动；按压位置不正确则错位灯亮，颈动脉停止跳动。②单人灯亮。先进行两次人工呼吸，并在规定的 60～75s 内按压 30 次，呼吸两次，依次重复五遍的单人复苏操作。③双人灯亮。先进行两次人工呼吸，并在规定的 60～75s 内，按压五次，呼吸两次，依次重复五遍的双人复苏操作。然后检查颈动脉，查看眼睛瞳孔模拟放大、缩小。操作不当时，控制器的计数器自动封锁，出现报警音调，以示错误。此时应按选择键重新开始。

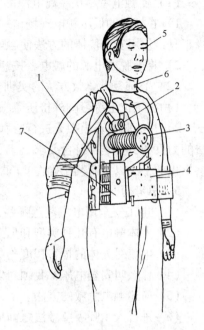

图 2-17　FSR—Ⅲ型心肺复苏
模拟人的主要结构图
1—男性成人躯体　2—呼吸系统
3—按压装置　4—记录仪　5—眼睛
6—颈动脉　7—电池盒

6）按记录键，输出记录纸。记录纸上记录进气量和次数，按压量和次数，以及按压错位点。教师可根据记录曲线评分。

2.7　实训　触电急救

1. 实训目的

1）通过安全用电知识的学习，增强安全防范意识，掌握安全用电的方法。

2）学习掌握使触电者尽快脱离电源的方法。

3）掌握胸外挤压法和口对口人工呼吸法两种触电急救方法。

2. 实训材料与工具

1）模拟的低压触电现场。

2）各种工具（含绝缘工具和非绝缘工具）。

3）绝缘垫一张。

4）心肺复苏模拟人一套。

3. 实训前准备

1）了解电流对人体的伤害、人体触电的形式及相关因素。

2）了解触电急救的方法（脱离电源、抢救准备与心肺复苏）。

4．实训内容

（1）使触电者尽快脱离电源的实训步骤

1）在模拟的低压触电现场请一学生模拟被触电的各种情况，要求两名学生用正确的绝缘工具，使用安全快捷的方法使触电者脱离电源。

2）将已脱离电源的触电者按急救要求放置在木板上。

（2）心肺复苏急救方法的实训步骤

1）在工位上练习胸外挤压急救法和口对口人工呼吸法的动作和节奏。

2）用心肺复苏模拟人进行心肺复苏训练，根据打印输出的训练结果，检查学生急救手法的力度和节奏是否符合要求（若采用的模拟人无打印输出，可由指导教师通过计时和观察学生的手法以判断其正确性），直至学生掌握急救方法为止。

5．思考题

（1）电工安全用电应注意哪些事情？

（2）人体触电有几种类型和形式？

（3）电流对人体的损害程度与哪些因素有关？

（4）什么叫安全电压？我国对安全电压是如何规定的？

（5）简述触电急救的方法。

（6）进行人工呼吸急救法之前应注意什么？

2.8 电气火灾知识

电气火灾是指由电气原因引发燃烧而造成的灾害。几乎所有电器故障，如短路、过载、漏电、接触不良等都可能导致火灾。设备自身缺陷、施工安装不当、电气接触不良、雷击静电引起的高温、电弧和电火花是导致电气火灾的直接原因，周围存放易燃易爆物是电气火灾的环境条件。

2.8.1 电气火灾的主要原因

1．设备或线路发生短路故障

短路电流可达正常电流的几十倍甚至上百倍，产生的热量（正比于电流的平方）使温度上升，当温度超过自身和周围可燃物的燃点时就会引起燃烧，从而导致火灾。造成短路的原因主要有绝缘损坏、电路年久失修、操作失误及设备安装不合格等。

（1）安装、接线疏忽引起的相间短路　例如断路器接线端子的连接螺钉未达到国家标准规定值，连接松弛（特别是在有振动的场所内），使接触电阻增大，时间略长，便产生火花，进而引起相间短路。

（2）安装环境潮湿　如果安装断路器的场所严重潮湿，断路器虽未合闸，但在刀开关合上的情况下，在断路器电源端的相间（如连接为裸铜排）布满水气，容易引起相间击穿而短路，进而造成配电箱被烧，楼房建筑物起火。

（3）泄漏电流　当线路绝缘受损或线路对地电容大时，会产生泄漏电流。如泄漏电流达 300mA（对额定电流为 40A 的线路，泄漏电流是 100mA），故障处的消耗功率约为 20W，时间延续 2h 以上时，绝缘进一步遭损，造成相线对地短路。时间略长，容易引起火花放电，酿成火灾。

2．过载或负载不平衡引起电气设备过热

如果线路或设备选择不合理，使线路的负载电流量超过了导线额定的安全载流量，或电气设备长期超载（超过额定负载能力）以及三相负载不平衡容易引起线路或设备过热而导致火灾。

（1）断路器（熔断器）的额定电流选择偏大　由于设计时选择的断路器（熔断器）额定电流比线路的允许持续载流量、配电保护整定值大很多，当发生过载时，断路器（熔断器）在规定的时间内不动作，线路长期处于过载状态，从而对绝缘、接线端子和周围物体形成损害，严重时将引起短路。

（2）线路实际载流量超过设计载流量　其后果是断路器频繁跳闸，无法用电。若强行使用（如用铜丝代替熔丝或拆除断路器），就会因过载造成短路。

（3）三相负载不平衡　电力系统中存在大量的单相设备，如果三相负载不平衡，会引起某相电流增大，严重时将烧毁单相用电设备，导致起火。

3．接触不良或断线引起过热

接头连接不牢或不紧密、动触头压力过小等都会使接触电阻过大，接触部位发生过热。

（1）中性线断裂引起电器设备烧毁　中性线断裂后，若保护不当，则电气设备绝缘会受损，单相设备可能会烧坏，产生电气火灾。引起中性线断裂的原因有：

1）因装设马虎、受风雨侵袭或某些机械原因使中性线中断。

2）一些非线性负载（如舞台调光用晶闸管、家用电器中的微波炉、电子镇流器等）的三次谐波很大，最大将超过额定电流的 30%，加上三相负载不平衡，使中性线的电流最大可达额定电流的 2 倍以上。

3）中性线的截面积设计为相线截面积的 1/2 甚至 1/3，使零线容易烧断。

（2）单相接地故障　对于 IT 系统，当相线碰到外壳或金属管道时会引起短路事故，通常受接地电阻的限制，短路电流约为 15.7A，这使得多数熔断器或断路器无法在如此小的电流下熔断或跳闸，从而引起打火或接弧；对于 TN 系统，如果 PE 线端子和接头发生接触不良，一旦发生碰壳等接地故障，将迸发高阻抗的电火花或拉电弧，限制了短路电流，也使保护电器不能及时动作。电弧、电火花的局部高温都会使易燃物起火。

4．通风散热不良

大功率设备缺少通风散热设施或通风散热设施损坏时，容易过热，而引发火灾。

5．电炉等使用不当

如电炉、电熨斗、电烙铁等未按要求使用，或用后忘记断开电源。

6．电火花和电弧

有些电气设备正常运行时就能产生电火花、电弧，如大容量开关、接触器触头的分、合操作，都会产生电弧和电火花。电火花温度可达数千度，遇可燃物便可点燃，遇可燃气体会发生爆炸。

2.8.2　火灾现场逃生

发现火灾后，首先要迅速打电话报警。我国火警电话号码为"119"。报警时，要简明扼要地将发生火灾的确切地址、单位、起火部位、燃烧物和着火程度说清楚。

火灾发生后，若判断已经无法扑灭时，应该马上逃生。特别是在人员集中且较封闭的厂房、车间、工棚内以及在公共场所（如影剧院、宾馆、办公大楼或高层集体宿舍等）发生火灾时，更要尽快逃离火灾现场。火灾现场逃生时，要注意以下几点：

1）不要惊慌，尽可能做到沉着、冷静，更不要大吵大叫，互相拥挤。

2）正确判断火源、火势和蔓延方向，以便选择合适的逃生路线。

3）回忆和判断安全出口的方向、位置（平时要养成良好的习惯，每到一个新场所，先要观察安全通道、安全出口的位置，以防不测时正确逃生），以便能在最短时间内找到安全出口。

4）准备好各种救生设备。疏散时，要先确认火灾的方位，找准出口，就近从消防通道逃生，切不可乘坐电梯。

5）要有互助友爱精神，听从指挥，有秩序地撤离火场。在克拉玛依火灾事故中，正是由于没有统一指挥，不少人挤到安全出口时乱作一团，造成不少学生惨死在出口处，这是一个惨痛的教训。

6）如火势较大伴有浓烟，撤离较困难时，则必须采取特殊措施。因为火灾现场的浓烟是有毒的，而且浓烟集聚在室内的上方，越低的地方，越安全。逃生者要就地将衣服、帽子、手帕等物弄湿，捂住自己的嘴、鼻，防止呛入烟气或毒气中毒，同时，采用低姿或爬行的方法逃离；火灾现场视线不清时，可用手摸墙撤离。

7）楼道内烟雾过浓无法撤离时，应利用窗户、阳台逃生，可以利用安全绳、床单或管道逃生，若不具备条件，切不可盲目跳楼，应将门关好并用湿布塞住门缝，用水给门降温。

8）无法逃离火场时，要选择相对安全的地方。火若是从楼道方向蔓延的，可以关紧房门，向门泼水降温，挥动醒目的标志向外求救或设法呼救，同时应尽量找一安全的地方躲避，等待援救。注意不要鲁莽行事，造成其他伤害。

2.8.3 火灾逃生面具

火灾逃生面具，又称消防过滤式自救呼吸器，由多种特种化学药剂合成，在佩戴时由于药剂与外界毒气发生反应，具有一定的自供氧作用，从而达到防毒效果。火灾逃生面具是宾馆、娱乐场所和住宅等预防火灾必备的个人防护保护装置。

（1）结构特点　一般火灾逃生面具由全头罩和滤毒罐组成，如图2-18所示。头罩由阻燃隔热铝箔材料制成，具有防火耐高温作用。同时，头罩还使用了特殊的反光材料，夜光标志明显，增强了火场中的识别能力。头罩上附有单眼式大眼窗，眼窗镜片由光学塑料制成，表面经特殊处理，具有耐磨、耐冲击和良好的光性能，表面为弧面结构，视野广阔，防雾；口鼻罩由软橡胶制成，适合各种头型曲面，吻合严密，漏气系数小。滤毒罐可有效地防护由于各种材料燃烧而产生的有毒有害气体和烟雾，如氨、氯化氢、硫化

图2-18　火灾逃生面具

氢等，特别对 CO（一氧化碳）和 HCN（氰氢酸）及烟雾有很好的防护性能。滤毒罐进出气孔采用软橡胶密封，密封长期保持，确保产品在有效期内性能不变。

（2）使用方法 打开盒盖，取出真空包装袋；撕开真空包装袋，拔掉前后罐塞；戴上头罩，拉紧头带，确保口鼻罩与面部吻合严密，不漏气，如图2-19所示。

（3）使用注意事项

1）火灾发生时，应立即佩戴火灾逃生面具，以免受毒气和烟雾的威胁。

2）火灾逃生面具在使用过程中，CO（一氧化碳）的存在会使呼吸产生燥热不舒服的感觉，但绝不要因此脱下面具，一定要坚持直到逃离火场。

3）注意防毒时间，一般防毒时间不大于40min。

图2-19 火灾逃生面具佩戴方法

4）火灾逃生面具为真空包装，一次性使用，平时切勿打开。

5）面具应放在通风干燥处。

2.8.4 电气火灾的扑救

电气火灾是由于电路短路、过载、接触电阻增大、设备绝缘老化、产生火花或电弧，以及操作人员或维护人员违反安全操作规程而造成的。它会造成严重的设备损坏及人员伤亡事故，给国家带来极大的损失。因此，在电气设备管理和电气操作中严格遵守电气防火规程，是每一个从事电气工作的人员所必须时刻谨记的。

1. 发生电气火灾时的消防方法

1）电气设备发生火灾，应马上切断电源，再进行灭火，并立即拨打火警电话报警，向公安消防部门求助。扑救电气火灾时应注意触电危险，为此要及时切断电源，通知电力部门派人到现场指导和监护扑救工作。

2）正确选择使用电气灭火器。在扑救尚未确定断电的电气火灾时，应选择适当的灭火器和灭火装置，否则，有可能造成触电事故和更大危害，如使用普通水枪射出的直流水柱或泡沫灭火器射出的导电泡沫会导致触电。

3）若无法切断电源，应立即采取带电灭火的方法，选用二氧化碳、四氯化碳、1211、干粉灭火剂等不导电的灭火剂灭火。灭火器和人体与10kV及以下的带电体要保持0.7m以上的安全距离；与35kV及以下的带电体要保持1m以上的安全距离。灭火过程中要确保人身安全并防止火势蔓延。

4）用水枪灭火时，应使用喷雾水枪，同时采取安全措施，要穿绝缘鞋，戴绝缘手套，水枪喷嘴应作可靠接地。带电灭火时使用喷雾水枪比较安全。水枪喷嘴与带电体的距离可参考以下数据：10kV及以下者不小于0.7m；35kV及以下者不小于1m；110kV及以下者不小于3m；220kV不小于5m。

5）带电灭火时必须有人监护。

6）使用四氯化碳灭火器灭火时，灭火人员应站在上风侧，以防中毒；灭火后空间要注意通风。使用二氧化碳灭火时，若其浓度达85%，人就会感到呼吸困难，要注意防止窒息。

灭火人员应站在上风位置进行灭火，当发现有毒烟雾时，应马上戴上防毒面罩。凡是转动的电气设备或器件着火，不准使用泡沫灭火器和砂土灭火。

7）若火灾发生在夜间，应准备足够的照明和消防用电。

8）室内着火时，千万不要急于打开门窗，以防止因空气流通而加大火势。只有做好充分灭火准备后，才可有选择地打开门窗。

9）若灭火人员身上着火，可就地打滚或撕脱衣服。不能用灭火器直接向灭火人员身上喷射，而应使用湿麻袋、石棉布或湿棉被将灭火人员覆盖。

2. 灭火的基本原理

由于燃烧具备有可燃物、助燃物和着火源的三个基本燃烧条件可以得知，灭火就是破坏燃烧条件使燃烧反应终止的过程。其基本原理归纳为以下四个方面：冷却、窒息、隔离和化学抑制。

（1）冷却灭火　对一般可燃物来说，持续燃烧的条件之一就是它们在火焰或热的作用下达到了各自的着火温度。因此，对一般可燃物火灾，可将可燃物冷却到其燃点或闪点以下，从而中止燃烧反应。水的灭火机理主要是冷却作用。

（2）窒息灭火　各种可燃物的燃烧都必须在其最低氧气浓度以上进行，否则燃烧不能持续进行。因此，通过降低燃烧物周围的氧气浓度可以起到灭火的作用。通常使用的二氧化碳、氮气、水蒸气等的灭火机理主要是窒息作用。

（3）隔离灭火　将可燃物与引火源或氧气隔离开来，燃烧反应就会自动中止。火灾中，关闭有关阀门，切断流向着火区的可燃气体和液体的通道，或者打开有关阀门，使已经发生燃烧的容器或受到火势威胁的容器中的液体可燃物通过管道流至安全区域，这些都是隔离灭火的措施。

（4）化学抑制灭火　就是使灭火剂与链式反应的中间体自由基反应，使燃烧的链式反应中断，从而使燃烧不能持续进行。常用的干粉灭火剂、卤代烷灭火剂的主要灭火机理就是化学抑制作用。

3. 常用灭火器的使用

根据灭火的需要，各种场合必须配置相应种类、数量的消防器材、设备和设施，如消防桶、消防梯、铁锹、安全钩、沙箱（池）、消防水池（缸）、消防栓和灭火器。灭火器是一种可由人力移动的轻便灭火器具，它能在其内部压力作用下将所充装的灭火剂喷出，用来扑灭火灾。由于它的结构简单，操作方便，使用面广，对扑灭初期火灾具有一定效果，因此，在工厂、企业、机关、商店、仓库，以及汽车、轮船、飞机等交通工具上，几乎随处可见，它已成为群众性的常规灭火器具。

灭火器的种类很多，按其移动方式可分为手提式和推车式；按驱动灭火剂的动力来源可分为贮气瓶式、贮压式和化学反应式；按所充装的灭火剂则又可分为泡沫、干粉、二氧化碳、清水和卤代烷灭火器。目前常用的灭火器有泡沫灭火器、酸碱灭火器、干粉灭火器、二氧化碳灭火器和1211灭火器五种灭火器。灭火器种类不同，其性能、使用方法和保管检查方法也有差异，下面分别予以介绍：

（1）清水　水是自然界中分布最广、最廉价的灭火剂，由于水具有较高的比热（4.186J/g℃）和潜化热（2260J/g），因此在灭火中其冷却作用十分明显，水的灭火机理主要依靠冷却和窒息作用进行灭火。水灭火剂的主要缺点是容易产生水渍、造成污染和不能用于带电火灾的扑救。火灾时常将喷雾水枪接上消防栓，可用来扑灭含碳固体可燃物，如木材、纸张等燃烧的火灾。使用时，打开消防栓的门，卸下消防栓出水口上的堵头，接上水带、喷雾水枪，最后打开消防栓的水闸即可使用。消防栓和喷雾水枪如图2-20所示。

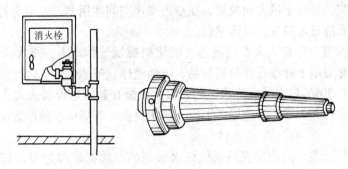

图 2-20　消防栓和喷雾水枪

（2）二氧化碳灭火器　二氧化碳灭火器利用其内部充装的液态二氧化碳的蒸气压能将二氧化碳喷出灭火。由于二氧化碳灭火剂具有灭火不留痕迹，并有一定的电绝缘性能等特点，它可用来扑救600V以下的带电电器、贵重设备、图书资料、仪器仪表等所在场所的初起火灾，以及一般可燃液体的火灾；但不能扑救钾、钠、镁、铝等物质的火灾。

使用二氧化碳灭火器灭火时，将灭火器从架上或消火箱中取出，提到或扛到火场，在距燃烧物3～5m左右的地方，放下灭火器，拔出保险销，一只手握住喷射软管前端的喷嘴处，先将喷嘴对准燃烧根部，另一只手用力压下压把，使灭火剂喷射并不断推进，直至将火焰扑灭，如图2-21所示。有喇叭筒的灭火器，应将喇叭筒往上扳70～90°。使用时，不能直接用手抓住喇叭筒外壁或金属连接管，以防止手被冻伤。对没有喷射软管的二氧化碳灭火器，可一手握住开启压把，另一只手扶住灭火器底部的底圈部分。灭火时，若可燃液体呈流淌状燃烧时，使用者应将二氧化碳灭火剂的喷流由近而远向火焰喷射；若可燃液体在容器内燃烧时，使用者应将喇叭筒提起，从容器的一侧上部向燃烧的容器中喷射，但不能将二氧化碳喷流直接冲击在可燃液面上，以防止可燃液体冲出容器而扩大火势，造成灭火困难。

推车式二氧化碳灭火器一般由两个人操作，使用时由两人一起将灭火器推或拉到燃烧处，在离燃烧物10m左右停下，一人快速取下喇叭筒并展开喷射软管后，握住喇叭筒根部

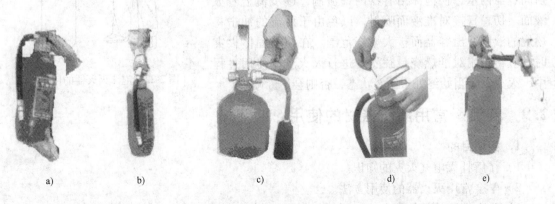

a)　　　　b)　　　　c)　　　　d)　　　　e)

图 2-21　二氧化碳灭火器的使用

的手柄，另一人快速按顺时针方向旋动手轮，并开到最大位置。灭火方法与手提式的方法一样。

使用二氧化碳灭火器应注意，当空气中二氧化碳含量达到10%时，会使人感到窒息。在室外使用的，应选择在上风方向喷射，在室内窄小空间使用的，一定要打开门窗，保证通风，灭火后操作者应迅速离开，以防窒息。

（3）干粉灭火器　干粉灭火器以液态二氧化碳或氮气作动力，将灭火器内干粉灭火剂喷出进行灭火。它适用于扑救石油及其制品、可燃液体、可燃气体、可燃固体物质的初期火灾等。由于干粉有50kV以上的电绝缘性能，因此也能扑救带电设备火灾，但不宜扑救旋转电动机的火灾。这种灭火器广泛应用于工厂、矿山及油库等场所。使用方法与二氧化碳灭火器相同。

（4）卤代烷灭火器　凡内部充装卤代烷灭火剂的灭火器统称为卤代烷灭火器。常用的有1211灭火器。1211灭火器利用装在筒体内的氮气压力将1211灭火剂喷出灭火。由于1211灭火剂是化学抑制灭火，其灭火效率很高，具有无污染、绝缘等优点，可适用于除金属火灾外的所有火灾，尤其适用于扑救精密仪器、计算机、珍贵文物及贵重物资仓库等的初期火灾。

1211灭火器使用时不能颠倒，也不能横卧，否则灭火剂不会喷出。另外在室外使用时，应选择在上风方向喷射，因1211灭火剂也有一定毒性，在室内窄小空间灭火时，灭火后操作者应迅速撤离，以防对人体的伤害。

（5）泡沫灭火器　指灭火器内充装的为泡沫灭火剂，可分为化学泡沫灭火器和空气泡沫灭火器。化学泡沫灭火器内装硫酸铝（酸性）和碳酸氢钠（碱性）两种化学药剂。使用时，两种溶液混合引起化学反应产生泡沫，并在压力作用下喷射出去进行灭火。泡沫灭火剂可用于扑救油类或其他易燃液体的火灾，不能扑救忌水和带电物体的火灾。

化学泡沫灭火器的使用方法：手提筒体上部的提环靠近火场，在距着火点6m左右，将筒体颠倒过来，稍加摇动，一只手握紧提环，另一只手握住筒体的底圈，将喷流对准燃烧物，如图2-22所示。在扑救可燃液体火灾时，如已呈流淌状燃烧，则将泡沫由远及近喷射，使泡沫完全覆盖在燃烧液面上；如在容器内燃烧，应将泡沫射向容器内壁，使泡沫沿容器内壁流淌，逐步覆盖着火液面。切忌直接对准液面喷射，以免由于射流的冲击将燃烧的液体冲出容器而扩大燃烧范围。在扑救固体火灾时，应将喷流对准燃烧最猛烈处进行灭火。在使用过程中，灭火器应当始终处于倒置状态，否则会中断喷射。

图2-22　泡沫灭火器的使用

2.9　实训　常用消防器材的使用

1. 实训目的

1）了解扑灭电气火灾的知识。

2）学会常用灭火器的使用方法。

3）学会消防栓的使用方法。

4）学会火灾逃生面具的使用方法。

2．实训器材与工具

1）模拟的电气火灾现场（在有确切安全保障和防止污染的前提下点燃一盆明火）。

2）本实训楼的室内消防栓（使用前要征得消防主管部门的同意）、水带和水枪。

3）XHZLC40 或 XHZLC60 消防过滤式自救呼吸器。

4）干粉灭火器和泡沫灭火器（或其他灭火器）。

3．实训前准备

1）了解有关电气火灾扑救的消防知识。

2）了解室内消防栓、水带与喷雾水枪的使用方法。

3）了解干粉灭火器和泡沫灭火器的使用方法。

4）了解火灾逃生面具的使用方法。

5）准备一个合适的地点作模拟火场，准备好点火材料并切实做好意外灭火措施。

4．实训内容

（1）使用水枪扑救电气火灾的训练步骤

将学生分成数人一组，点燃模拟火场，让学生完成下列操作：

1）断开模拟电源。

2）穿上绝缘靴，戴好绝缘手套。

3）跑到消防栓前，将消防栓门打开，将水带按要求滚开至火场，正确接驳消防栓与水枪，将水枪喷嘴可靠接地。

4）持水枪并说明安全距离，然后打开消防栓水掣将火扑灭。

要求学生分工合作，动作迅速、正确，符合安全要求。

（2）使用干粉灭火器和泡沫灭火器（或其他灭火器）扑救电气火灾的训练步骤

1）点燃模拟火场。

2）让学生手持灭火器对明火进行扑救（要求学生掌握正确的使用方法）。

3）清理现场。

（为了节约成本，可将实训安排在灭火器药品更换期时进行。）

（3）使用火灾逃生面具逃离火灾现场的训练步骤

1）打开盒盖，取出真空包装袋。

2）撕开真空包装袋，拔掉前后两个罐塞。

3）戴上头罩，拉紧头带。

4）选择路径，果断逃生。

（要求学生在 1min 内正确使用，关键是戴紧口鼻套，密封性好）。

5．思考题

（1）安全用电应注意哪些事情？

（2）安全用电有哪些预防措施？

（3）实训现场起火，你应该怎办？

（4）带电设备起火，应如何进行灭火？

（5）不带电设备起火，应如何进行灭火？

（6）你在商场购物时，发生火灾，你应怎样逃生？

第3章 电工工具与电工材料

内容提要： 本章主要介绍电工常用工具的使用和维护，电工材料的选用，线头加工等电工常用基本技术。结合实训，使学生熟悉和了解电工常用的各种工具的规格、性能、用途，学会正确使用和维护常用电工工具、正确连接导线和绝缘恢复等基本操作技能。

电工材料是构成电路的基本要素。常用电工工具的正确使用和维护是电气操作人员必须掌握的基本技能。电工工具质量的好坏、使用方法的正确与否，都将直接影响电气工程的施工质量和工作效率。

3.1 常用电工工具

3.1.1 验电笔

1. 结构

维修电工使用的低压验电笔，又称测电笔，由氖管、电阻、弹簧和笔身等组成，如图3-1 所示。验电笔可分为钢笔式和螺钉旋具式两种。

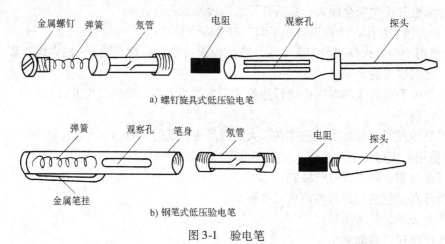

a) 螺钉旋具式低压验电笔

b) 钢笔式低压验电笔

图3-1 验电笔

2. 功能及使用

使用验电笔时，使观察孔背光朝向自己，以便于观察。使用时，手拿验电笔，以一个手指触及金属笔挂或金属螺钉，使探头与被检查的设备接触，如氖管发亮说明设备带电。氖管越亮则电压越高，越暗电压越低。

另外，验电笔还有如下几个用途：

1）在 220/380V 三相四线制系统中，可检查系统故障或三相负载不平衡。不管是相间短路、单相接地、相线断线，还是三相负载不平衡，中性线上均会出现电压。若验电笔氖管亮，说明系统故障或负载严重不平衡。

2）检查相线接地。在三相三线制系统（Y接线）中，用验电笔分别触及三相，若发现接触其中两相时氖管较亮，而接触另一相时氖管较暗，则表明灯光暗的一相有接地现象。

3）检查设备外壳漏电。当电气设备（如电动机、变压器）有漏电现象时，其外壳可能会带电，此时用验电笔测试，氖管发光；如果外壳原是接地的，氖管发亮则表明接地保护断线或其他故障（接地良好时氖管不亮）。

4）用以检查电路接触不良。当发现氖管闪烁时，表明电路接头接触不良（或松动），或者是两个不同的电气系统相互干扰。

5）用以区分直流、交流及直流电的正负极。验电笔通过交流电时，氖管的两个电极同时发亮。验电笔通过直流电时，氖管的两个电极只有一个发亮。这是因为交流电正负极交变，而直流电正负极不变。将验电笔连接在直流电的正负极之间、氖管亮的那端为负极。人站在地上，用验电笔触及正极或负极，氖管不亮证明直流不接地，否则直流接地。

3．使用注意事项

在使用中要防止金属笔尖触及皮肤，以避免触电，同时也要防止金属体笔尖引起短路事故。验电笔只能用于 220/380V 系统。验电笔使用前须在有电设备上验证是否良好。

3.1.2　钢丝钳

1．结构

钢丝钳由钳头、钳柄及钳柄绝缘柄套等组成，绝缘柄套的耐压为 500V。

2．功能

钳口用来弯绞或钳夹导线线头，齿口用来固紧或起松螺母，刀口用来剪切导线或剖切导线绝缘层，铡口用来铡切导线芯线和钢丝等，如图 3-2 所示。

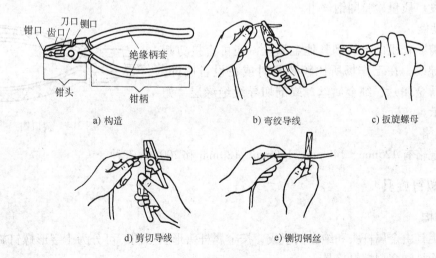

图 3-2　钢丝钳

3．规格

以钳身长度计，有 150mm、180mm、200mm，即 6″、7″、8″三种。

钢丝钳质量检验：绝缘柄套外观良好，无破损，整体外观良好；目测钳口，应密合不透光；钳柄绕垂直钳身大面转动灵活，但不能沿垂直钳身方向运动。

4. 使用注意事项

使用钢丝钳前应检查其绝缘柄套是否完好，绝缘柄套破损的钢丝钳不能使用；用以切断导线时，不能将相线和中性线或不同的相线同时在一个钳口处切断，以免发生事故；不能当锤头和撬杠使用，使用时要爱护绝缘套柄。

3.1.3 尖嘴钳

1. 结构

尖嘴钳由钳头、钳柄及钳柄上耐压为500V的绝缘柄套等组成。尖嘴钳钳头细长成圆锥形，接近端部的钳口上有一段棱形齿纹。

2. 功能

由于钳头尖而长，故尖嘴钳适应在较窄小的工作环境中夹持较轻的工件或线材，剪切或弯曲细导线，如图3-3所示。

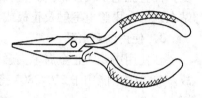

图 3-3 尖嘴钳

3. 规格

根据钳头的长度不同，可分为短钳头（钳头为尖嘴钳全长的1/5）和长钳头（钳头的为尖嘴钳全长的2/5）两种。规格以钳身长度计，有125mm、140mm、160mm、180mm和200mm五种。

3.1.4 斜口钳

1. 结构

斜口钳由钳头、钳柄和钳柄上耐压为1000V的绝缘柄套等组成，其特点是剪切口与钳柄成一角度。质量检验同钢丝钳。

2. 功能

用以剪断较粗的导线和其他金属丝，还可直接剪断低压带电导线。在工作场所比较狭窄时或在设备内部，用以剪切薄金属片、细金属丝，或剖切导线绝缘层，如图3-4所示。

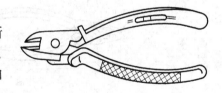

图 3-4 斜口钳

3. 规格

常用规格有125mm、140mm、160mm、180mm和200mm五种。

3.1.5 螺钉旋具

1. 结构

螺钉旋具由金属杆头和绝缘柄组成，按金属杆头形状不同，可分为十字形螺钉旋具，一字形螺钉旋具和多用螺钉旋具。

2. 功能

是用来旋动头部带一字形或十字形槽的螺钉。使用时，应按螺钉的规格选用合适的螺钉旋具。任何"以大代小，以小代大"使用，均会造成螺钉或电气元件的损坏。电工使用的螺钉旋具必须带有绝缘柄，不允许金属杆直通柄根。为避免金属杆触及皮肤或邻近带电体，宜在金属杆上穿套绝缘套管，如图3-5所示。

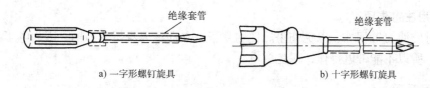

a) 一字形螺钉旋具　　　　　　　　　　　b) 十字形螺钉旋具

图 3-5　螺钉旋具

3. 规格

以其在绝缘柄外金属杆长度和刀口尺寸计，有：50mm × 3（5）mm、65mm × 3（5）mm、75mm × 4（5）mm、100mm × 4mm、100mm × 6mm、100mm × 7mm、125mm × 7mm、125mm × 8mm、125mm × 9mm、150mm × 7（8）mm 等。

4. 使用注意事项

不得当凿子或撬杠使用。

3.1.6　剥线钳

1. 结构

剥线钳由钳头和手柄两部分组成，钳头由压线口和切口组成。钳头上有直径大小不同（在 0.5 ~ 3mm 间）的多个切口，以适应不同规格芯线的剥削。

2. 功能

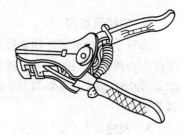

专用于剥离导线头部的一段表面绝缘层。使用时，切口大小应略大于导线芯线直径，否则会切断芯线或不能剥离导线绝缘层。它的特点使用方便、剥离绝缘层时不伤线芯，适用于芯线截面积为 6mm^2 以下的导线的绝缘层的剥离，如图 3-6 所示。

3. 规格

常用规格有 140mm、180mm 两种。

图 3-6　剥线钳

4. 使用注意事项

不允许带电剥线。

3.1.7　电工刀

1. 结构

电工刀也是电工常用的工具之一，是一种切削工具，如图 3-7 所示。

2. 功能

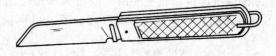

主要用于剥削导线绝缘层、剥削木榫等。

图 3-7　电工刀

有的多用电工刀还带有手锯和尖锥，可用于电工材料的切割等。电工刀还用于切割棉纱绝缘等。

3. 规格

电工刀有一用刀、二用刀和多用刀。根据刀柄长度不同，有 1 号、2 号和 3 号电工刀，其刀柄长度分别为 115mm、105mm 和 95mm。

4. 使用注意事项

使用时应使刀口朝外，以免伤手。使用完毕，立即将刀身折入刀柄。因为电工刀柄不带绝缘装置，所以不能带电操作，以免触电。

3.1.8 活扳手

1. 结构

活扳手由头部和手柄组成，头部由呆扳唇、活扳唇、蜗轮和轴销等组成。旋动蜗轮可以调节扳口的大小，以便于在它规格范围内适应不同大小螺母的使用。其结构与使用方法如图3-8所示。

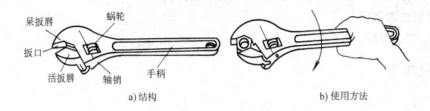

a) 结构   b) 使用方法

图 3-8　活扳手

2. 功能及使用

活扳手是用来紧固和装拆六角或方角螺钉、螺母的一种专用工具。使用活扳手时，应按螺母大小选择适当的规格。扳大螺母时，需用较大力矩，所以手应握在手柄尾部，以利于扳动；扳小螺母时，需要的力矩较小，但容易打滑，手可握在靠近头部的位置，以方便用拇指调节蜗轮。

3. 规格

常用规格有 150mm×19mm、200mm×24mm、250mm×30mm 和 300mm×36mm 等几种，前面的数表示活扳手总长度，后面的数表示开口最大尺寸。

3.1.9 压接钳

1. 结构种类

用于压接导线的压接钳，其外形与剥线钳相似，适于芯线截面积为 $0.2 \sim 6\text{mm}^2$ 的软导线的端子压接。它主要由压接钳头和钳把组成，压接钳口带有一排直径不同（介于 $0.5 \sim 3\text{mm}$ 之间）的压接口，其外形如图3-9a所示。

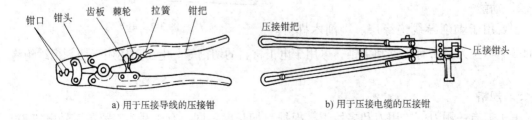

a) 用于压接导线的压接钳   b) 用于压接电缆的压接钳

图 3-9　压接钳

用于压接电缆的压接钳，其体积较大，手柄较长，适用于芯线截面积为 $10\sim240\mathrm{mm}^2$ 电缆的端子压接。其压接钳口镶嵌在钳头上，可自由拆卸，规格从 $10\sim240\mathrm{mm}^2$，与电缆芯线截面积相对应，其外形如图 3-9b 所示。

2. 功能

压接钳是用于导线或电缆压接端子的专用工具，用它实现端子压接，具有操作方便、连接良好等特点。

3. 使用注意事项

1）压接端子的规格应与压接钳口的规格保持一致。

2）电缆压接钳型号较多，常见的有机械式和液压式，使用时应严格按照产品说明书操作使用。

3.1.10　喷灯

1. 结构

喷灯是利用喷射火焰对工件进行加热的一种工具，火焰温度可达 900℃，常用于锡焊、焊接电缆和接地线等。根据所使用燃料油的不同，喷灯分为煤油喷灯和汽油喷灯两种，喷灯结构如图 3-10 所示。

2. 喷灯的使用方法

喷灯的使用方法如下：

（1）加油　旋下加油阀上的螺栓，按喷灯要求加燃料油，一般不超过筒体的 3/4，保留一部分空间存储空气，加油完毕拧紧加油阀上的螺栓。

（2）预热　在预热燃烧盘中倒入适量燃油，用火点燃，预热火焰喷头。

（3）喷火　待火焰喷头预热后，打气 3~5 次，将放油调节阀旋松，使阀杆开启，让油雾喷出并着火，继续打气，直至火焰正常为止。

（4）熄火　需要熄灭喷灯时，应先关闭放油调节阀，直至火焰熄灭。再慢慢旋松加油阀上的螺栓，放出筒体内的压缩空气。

3. 使用注意事项

使用喷灯应注意以下几点：

1）使用前要检查一下喷灯的各个部位是否漏油、是否漏气，喷油嘴是否畅通等。

2）喷灯要进行修理或加油、放油操作时，必须先灭火。

3）喷灯点火时，火焰喷头前严禁站人。

4）喷灯工作时，应保持火焰与带电体有足够的安全距离。使用喷灯时，工作场所内不能存放有易燃、易爆危险物。

5）喷灯使用时间不宜过长，筒体发烫时应停止使用。

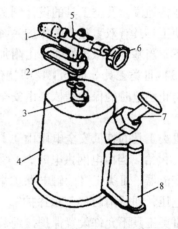

图 3-10　喷灯
1—火焰喷头　2—预热燃烧盘
3—加油阀　4—筒体
5—喷油针孔　6—放油调节阀
7—打气阀　8—手柄

3.1.11 电动工具

1. 电动工具的分类

电动工具按电气安全保护的方法分为以下三类:

(1) Ⅰ类工具　Ⅰ类工具即普通型电动工具,其额定电压超过50V。Ⅰ类工具在防止触电的保护方面不仅依靠它本身的基本绝缘,还包含一个附加的安全预防措施。该预防措施是将可触及的可导电零件与安装在固定线路中的保护(接地)导线可靠连接,使可触及的可导电零件在基本绝缘损坏的事故中不成为带电体。

Ⅰ类工具中在基本绝缘失效时会成为带电体的可触及的可导电(金属)零件,都应永久地、可靠地与工具内的接地端子连接起来。对于装有不可重接电源插头的工具,工具内的接地端子必须与软电缆(或软线)中的用作保护接地的芯线可靠连接。

(2) Ⅱ类工具　Ⅱ类工具即绝缘结构全部为双重绝缘结构的电动工具,其额定电压也超过50V。

Ⅱ类工具分为绝缘外壳Ⅱ类工具和金属外壳Ⅱ类工具。

通俗地说,Ⅱ类工具的设计制造者将操作者的个人防护用品以可靠有效的方法置于工具上,使工具具有双重独立的保护系统。并且,通过结构设计和绝缘材料的选用,保证在故障状态下,当基本绝缘损坏时,由附加绝缘提供触电保护。

(3) Ⅲ类工具　Ⅲ类工具即特低安全电压电动工具,其额定电压不超过50V。Ⅲ类工具在防止触电时的保护是依靠由安全特低电压供电和在工具内部不会产生比特低电压高的电压。

Ⅲ类工具的特低安全电压由工具内部电源或其他独立电源(例如电池、小型内燃发电机组)供给。当由电网供电时,必须通过安全隔离变压器或具有同等隔离程度的、单独绕组的变流器。Ⅲ类工具的触电保护采用可靠的基本绝缘、电源对地绝缘和选用50V以下的安全电压,即所谓的"三重保护",使工具具有较高的使用安全性能。

Ⅲ类工具不允许设置保护接地装置。电源插头采用专门设计的插头。

2. 手电钻

(1) 结构　手电钻是一种专用电动钻孔工具,主要分手提式电钻、手枪式电钻和冲击电钻,其外形如图3-11所示。电源一般为220V或380V,也有用干电池供电的手提式电钻。钻头大致也分为两类,一类为麻花钻头,一般用于在金属上打孔;另一类为冲击钻头,用于

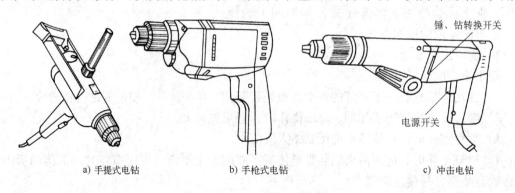

a) 手提式电钻　　　　　b) 手枪式电钻　　　　　c) 冲击电钻

锤、钻转换开关

电源开关

图3-11　手电钻

在砖和水泥柱上打孔。由干电池供电的手提式电钻功率较小，常用于紧固螺母，多用在维修和家具行业上。

（2）原理　手电钻用电动机大多数是单相交、直流两用串激电动机，它的工作原理是接入 220V 交流电源后，电流通过换向器将电流导入转子绕组，转子绕组所通过电流的方向和定子激磁电流所产生的磁通的方向是同时变化的，从而使手电钻上的电动机按一定方向转动。

（3）功能及使用　手电钻是电工在安装或维修设备时常用的工具之一，它不但体积小、重量轻，并且还便于移动。近年来，手电钻的功能不断扩展，其功率也越来越大，不但能对金属钻孔，带有冲击功能的手电钻还能对砖墙进行打孔。冲击电钻当作普通电钻使用时，可将转换开关调到标记为"钻"的位置；当作为冲击电钻使用时，可将转换开关调到标记为"锤"的位置，即可用来冲打砌块或砖墙等建筑材料的木楔孔和导线穿墙孔，通常可冲打直径为 6～16mm 的圆孔。

（4）使用注意事项

1）长期搁置不用的冲击钻使用前必须用 500V 绝缘电阻表测定绕组与金属外壳的绝缘电阻。Ⅰ类其值应不小于 2MΩ，Ⅱ类其值应不小于 7MΩ。

2）使用时首先要检查外壳、手柄是否有裂缝或破损，电缆线及插头是否完好无损、绝缘是否良好，如果电缆线有破损处，可用胶布包好。最好使用三芯橡胶软线，并将手电钻外壳接地，应牢固可靠。

3）检查手电钻的额定电压与电源电压是否一致，开关是否灵活可靠、有无缺陷、破裂，转动部分是否转动灵活。

4）手电钻属Ⅰ类工具的，电源接入必须带漏电开关，接入后要用验电笔测试外壳是否带电，不带电方可使用。操作时需接触手电钻的金属外壳时，应戴绝缘手套、穿电工绝缘鞋并站在绝缘板上。

5）拆装钻头时应使用专用工具，切勿用螺钉旋具或锤子敲击钻夹。

6）装钻头时，要注意钻头与钻夹保持同一轴线，以防止钻头在转动时来回摆动。

7）在使用手电钻过程中，钻头应垂直于被钻物体，用力要均匀。

8）在钻孔时遇到坚硬物体时不能加过大压力，以防止钻头退火或冲击钻因过载而损坏，冲击钻因故突然堵转时，应立即切断电源并进行检查，以免烧坏电动机。

9）在钻孔过程中，应经常将钻头从钻孔中抽出以便排除钻屑。

3.1.12　交流电弧焊机

1. 结构

交流电弧焊机的价格较低、结构简单、维修方便，在工业生产中被广泛使用，它的主体就是电焊变压器。电焊变压器是一种特殊的降压变压器，其结构原理如图 3-12 所示，主要由变压器和电抗器两部分组成。电焊变压器和普通变压器相同，一、二次绕组分别套在两个铁心柱上，为了改变输出的空

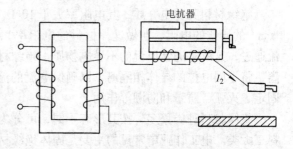

图 3-12　电焊变压器的结构原理图

载电压，一次绕组中装有分接头；电抗器由一个可调气隙的电感线圈组成，通过调节气隙的大小，可以改变其电抗值，电感线圈串联在变压器二次绕组中。

2. 原理

使用电焊变压器工作时，选择一次绕组分接头位置，输出适当的起弧电压。焊条接触工件起弧，造成负载短路，因受绕组阻抗和电抗器线圈的限制，这时的短路电流不太大。调节电抗器的气隙，改变其电抗值，可以控制电焊变压器的焊接电流。起弧后，焊条与工件应有一定距离，二者之间约有 30V 电压，电弧比较稳定，放电热量熔化金属，电焊变压器正常工作。

3. 交流电弧焊机的主要性能

1）空载时，输出约 60 ~ 70V 的起弧电压。

2）正常焊接时，输出约 30V 的维弧电压。

3）短路时，短路电流增加不多，以保证电焊变压器的正常工作。

4. 交流电弧焊机的维护与检修

1）交流电弧焊机一般是单相的，在使用前必须检查一次绕组的额定电压是否和电源电压相符，并检查接线端子板上的接线是否正确，外壳应有保护接地，并装有漏电保护器，对于外接电抗器还应检查焊接变压器与电抗器的接线是否正确。内部各线圈与外壳必须有良好的绝缘，如果是第一次投入运行或长期停用后的交流弧焊机，还需要使用 500V 的绝缘电阻表测量各绕组对铁心和绕组间的绝缘电阻，不应低于 0.5MΩ。

2）交流电弧焊机一次侧、二次侧接线板上的螺母、铜接线片和导线间的接触必须紧密可靠。如果接触不好，会使螺栓、螺母和连接片烧坏。因此在运行一个时期以后应使用细砂布将各接触面的氧化层擦净，再将螺栓紧固。

3）交流电弧焊机一次侧到电源的接线一般用三芯电缆软线，也可用 BXR 型橡胶绝缘铜芯软导线，外皮不应有破损，绝缘层应完好；焊接用电缆可用 YHH 型橡套铜芯软电缆。

4）利用电动机通风的交流电弧焊机，在第一次接通电动机电源时，必须注意电动机的转动方向是否正确。交流电弧焊机在工作时，通风机不应停止，以免弧焊机过热烧坏。

5）交流电弧焊机的容量必须满足要求，不可过载，以免绕组过热烧坏。在室外运行时，应避免雨水渗入。

6）焊接体的周围（特别是下方）不得有易燃易爆物品，与易燃易爆物品应保持一定的安全距离，如无法清理的应采取其他防护措施。

3.2 常用绝缘材料

绝缘材料又称电介质，其电阻率大于 $10^7 \Omega \cdot m$（某种材料制成的长度为 1m、截面积为 $1mm^2$ 的导线的电阻，叫做这种材料的电阻率），它在外加电压的作用下，只有很微小的电流通过，这就是通常所说的不导电物质。绝缘材料的主要功能是能将带电体与不带电体相隔离，将不同电位的导体相隔离，以确保电流的流向和人身的安全。在某些场合，还起支撑、固定、灭弧、防晕和防潮等作用。

绝缘材料种类繁多，按其形态不同，可分为气体绝缘材料、液体绝缘材料和固体绝缘材料三大类。电工作业中常见的主要是固体绝缘材料。

绝缘材料按其化学性质不同，可分为有机绝缘材料、无机绝缘材料和混合绝缘材料。有机绝缘材料主要有橡胶、树脂、麻、丝、漆和塑料等，具有较好的机械强度和耐热性能。无机绝缘材料主要有云母、石棉、大理石、电瓷和玻璃等，其耐热性能和机械强度都优于有机绝缘材料。混合绝缘材料是由无机绝缘材料和有机绝缘材料经加工后制成的各种成型绝缘材料，常用作电器的底座和外壳等。

3.2.1　绝缘材料的基本性能

绝缘材料的品质在很大程度上决定了电工产品和电气工程的质量及使用寿命，而其品质的优劣与它的物理、化学、机械和电气等基本性能有关，这里仅就其中的耐热性、绝缘强度、机械性能作一简要的介绍。

1. 耐热性

耐热性是指绝缘材料承受高温而不改变电气、机械、物理和化学等特性的能力。通常，电气设备的绝缘材料长期在热态下工作，其耐热性是决定绝缘性能的主要因素。

绝缘材料在高温环境工作时，其性能往往在短时间内显著恶化，如温升使绝缘材料软化，使绝缘塑料因增塑剂挥发而变硬变脆等。绝缘材料在长期使用过程中，会发生物理变化和化学变化，使其电气性能和机械性能变坏，这就是通常所说的老化。引起绝缘材料老化的原因很多，过热是主要因素，温度过高会加速绝缘材料的老化过程。因此对各种绝缘材料都规定了使用时的极限温度，并将绝缘材料按其正常运行条件下允许的最高工作温度，分成7个耐热等级，如表 3-1 所示。

表 3-1　绝缘材料的耐热等级

级　别	绝 缘 材 料	极限工作温度/℃
Y	木材、棉花、纸、纤维等天然的纺织品，以醋酸纤维和聚酰胺为基础的纺织品，以及易于热分解和熔化点较低的塑料（脲醛树脂）等	90
A	工作于矿物油中的和用油或油树脂复合胶浸过的 Y 级材料，漆包线、漆布、漆丝的绝缘及油性漆、沥青漆等	105
E	聚酯薄膜和 A 级材料复合、玻璃布、油性树脂漆、聚乙烯醇缩醛高强度漆包、乙酸乙烯耐热漆包线等	120
B	聚酯薄膜、经合适树脂粘合式浸渍涂覆的云母、玻璃纤维、石棉等，聚酯漆包线	130
F	以有机纤维材料补强和石棉带补强的云母片制品，玻璃丝和石棉，玻璃漆布，以玻璃丝布和石棉纤维为基础的层压制品，以无机材料作补强和石棉带补强的云母粉制品，化学热稳定性较好的聚酯和醇酸类材料，复合硅有机聚酯漆	155
H	无补强或以无机材料为补强的云母制品、加厚的 F 级材料、复合云母、有机硅云母制品、硅有机漆、硅有机橡胶聚酰亚胺复合玻璃布、复合薄膜、聚酰亚胺漆等	180
C	不采用任何有机粘合剂及浸渍剂的无机物，如石英、石棉、云母、玻璃和电瓷材料等	180 以上

2. 绝缘强度

绝缘材料在高于某一极限数值的电压作用下，通过该绝缘材料的电流将会突然增加，这时绝缘材料被破坏而失去绝缘性能，这种现象称为电介质的击穿。电介质发生击穿时的电压称为击穿电压。单位厚度的电介质被击穿时的电压称为绝缘强度，也称击穿强度，单位为 kV/mm。

需要指出，固体绝缘材料一旦被击穿，其分子结构将发生改变，即使取消外加电压，它的绝缘性能也不能恢复到原来的状态。

3. 机械性能

绝缘材料的机械性能也有多种指标，其中主要一项是抗张强度，它表示绝缘材料承受力的能力。

3.2.2 电工绝缘材料

1. 塑料

塑料是由合成树脂或天然树脂、填充剂、增塑剂和添加剂等配合而成的高分子绝缘材料。它有密度小、机械强度高、介电性能好、耐热、耐腐蚀和易加工等优点，在一定的温度及压力下可以加工成各种规格、形状的电工设备绝缘零件，是主要的导线绝缘和护层材料。

2. 橡胶

橡胶分天然橡胶和人工合成橡胶。

（1）天然橡胶　天然橡胶由橡胶树分泌的浆液制成，主要成分是聚异戊二烯，其抗张强度、抗撕性和回弹性一般比人工合成橡胶好，但不耐热，易老化，不耐臭氧，不耐油，不耐有机溶剂，且易燃。天然橡胶适合制作柔软性、弯曲性和弹性要求较高的电线电缆的绝缘和护套，长期使用温度为 60～65℃，耐电压等级可达 6kV。

（2）人工合成橡胶　人工合成橡胶是碳氢化合物的合成物，主要用做电线电缆的绝缘和护套材料。

3. 绝缘薄膜

绝缘薄膜是由若干高分子聚合物，通过拉伸、流涎、浸涂、车削、辗压和吹塑等方法制成。选择不同材料和方法，可以制成不同特性和用途的绝缘薄膜。电工用绝缘薄膜厚度在 0.006～0.5mm 之间，具有柔软、耐潮、电气性能和机械性能好的特点，主要用做电动机、电器线圈和电线电缆绝缘以及电容器介质等。

4. 绝缘粘带

电工用绝缘粘带有三类：织物粘带、薄膜粘带和无底材粘带。

织物粘带是以无碱玻璃布或棉布为底材，涂以胶粘剂，再经烘焙、切带而成。薄膜粘带是在薄膜的一面或两面涂以胶粘剂，再经烘焙、切带而成。无底材粘带由硅橡胶或丁基橡胶和填料、硫化剂等经混炼、挤压而成。绝缘粘带多用于为导线、线圈做绝缘，其特点是在缠绕后自行粘牢，使用方便，但应注意保持粘面清洁。

黑胶布是最常用绝缘粘带，又称绝缘胶布带、黑包布、布绝缘胶带，是电工作业中用途最广、用量最多的绝缘粘带。黑胶布是在棉布上刮胶、卷切而成。胶浆由天然橡胶、炭黑、松香、松节油、重质碳酸钙、沥青及工业汽油等制成，有较好的粘着性和绝缘性能。它适用于交流电压 380V 以下（含 380V）的导线、电缆作包扎绝缘，在 -10～+40℃ 环境温度范围内使用。使用时，不必借用其他工具即可撕断，操作方便。外形如图 3-13 所示。

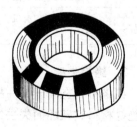

图 3-13　黑胶布

3.3　常用导电材料

导电材料的主要用途是输送和传导电流，是相对绝缘材料而言的，能够通过电流的材料称为导电材料，其电阻率与绝缘材料相比大大降低，一般都在 $10^{-5}\Omega\cdot m$ 以下。大部分金属都具有良好的导电性能，但不是所有金属都可作为理想的导电材料，作为导电材料应考虑这样几个因素：①导电性能好（即电阻系数好）；②有一定的机械强度；③不易氧化和腐蚀；④容易加工和焊接；⑤资源丰富，价格便宜。

导电材料分为一般导电材料和特殊导电材料。一般导电材料又称良导体材料，是专门传导电流的金属材料。要求其电阻率小、导热性优、线胀系数小、抗拉强度适中、耐腐蚀、不易氧化等。常用的良导体材料主要有铜、铝、铁、钨、锡和铅等，其中，铜和铝基本上符合上述要求，是优良的导电材料，因此是最常用的导电材料。在一些特殊的使用场合，也有用合金作为导电材料的。

3.3.1　铜和铝

铜的导电性能强，电阻率为 $1.724\times10^{-8}\Omega\cdot m$。因其在常温下具有足够的机械强度，延展性能良好，化学性能稳定，故便于加工、不易氧化和腐蚀，易焊接。常用导电用铜是含铜量在 99.9% 以上的工业纯铜。电机、变压器上使用的是含铜量在 99.5% ~99.95% 之间的纯铜俗称紫铜，其中硬铜做导电的零部件，软铜做电机、电器等的线圈。杂质、冷变形、温度和耐腐蚀性等是影响铜的性能的主要因素。

铝的导电性及腐蚀性能好，易于加工，其导电性能、机械强度稍逊于铜。铝的电阻率为 $2.864\times10^{-8}\Omega\cdot m$，但铝的密度比铜小（仅为铜的 33%），因此导电性能相同的两根导线相比较，则铝导线的截面积虽比铜导线大 1.68 倍，但重量反比铜导线的轻了约一半。而且铝的资源丰富、价格低廉，是目前推广使用的导电材料。目前，在架空线路、照明线路、动力线路、汇流排、变压器和中、小型电机的线圈都已广泛使用铝线。惟一不足是铝的焊接工艺较复杂，质硬塑性差，因而在维修电工中广泛应用的仍是铜导线。与铜一样影响铝性能的主要因素有杂质、冷变形、温度和耐蚀性等。

3.3.2　裸导线

导线又称为电线，是用来输送电能的。在安装工程中，常用的导线分为裸导线和绝缘导线两大类。裸导线是指导体外表面无绝缘层的导线。

1. 性能

裸导线应有良好的导电性能，有一定的机械强度，裸露在空气中不易氧化和腐蚀，容易加工和焊接，并希望导体材料资源丰富，价格便宜，常用来制作导线的材料有铜、铜锡合金（青铜）、铝和铝合金、钢材等。

裸导线包括各种金属和复合金属圆单线、各种结构的架空输电线用的绞线、软接线和型接线等，某些特殊用途的导线，也可采用其他金属或合金制成。对于负载较大、机械强度要求较高的线路，常采用钢芯铝绞线；熔断器的熔体、熔片需具有易熔的特点，应选用铅锡合金；电热材料需具有较大的电阻系数，常选用镍铬合金或铁铬合金；电光源的灯丝要求熔点高，需选用钨丝等。裸导线分单股和多股，主要用于室外架空线，常用的裸导线有铜绞线、铝绞线和钢芯铝绞线。

2. 规格型号

裸导线常用文字符号表示："T"表示铜，"L"表示铝，"Y"表示硬性，"R"表示软性，"J"表示绞合线。

例如，型号TJ—25，表示25mm² 铜绞合线；型号LJ—35，表示35mm² 铝绞合线；型号LGJ—50，表示50mm² 钢芯铝绞线。

常用的截面积有：16mm²、25mm²、35mm²、50mm²、70mm²、95mm²、120mm²、150mm²、185mm² 和240mm² 等。常用的裸导线有圆单线、裸绞线、软接线、电车线和型接线等。

3.3.3 绝缘导线

绝缘导线是指导体外表有绝缘层的导线。绝缘层的主要作用是隔离带电体或不同电位的导体，使电流按指定的方向流动。

根据其作用不同，绝缘导线可分为电气装备用绝缘导线和电磁线两大类。

1. 电气装备用绝缘导线

电气装备用绝缘导线包括：将电能直接传输到各种用电设备、电器的电源连接线，各种电气设备内部的装接线，以及各种电气设备的控制、信号、继电保护和仪表用导线。

电气装备用绝缘导线的芯线多由铜、铝制成，可采用单股或多股。它的绝缘层可采用橡胶、塑料、棉纱、纤维等。绝缘导线分塑料和橡胶绝缘导线，常用的符号有BV——铜芯塑料线，BLV——铝芯塑料线，BX——铜芯橡胶线，BLX——铝芯橡胶线。绝缘导线常用截面积有：0.5mm²、1mm²、1.5mm²、2.5mm²、4mm²、6mm²、10mm²、16mm²、25mm²、35mm²、50mm²、70mm²、95mm²、120mm²、150mm²、185mm²、240mm²、300mm² 和400mm²。

（1）塑料线　塑料线的绝缘层为聚氯乙烯材料，亦称聚氯乙烯绝缘导线。按芯线材料不同，可分成塑料铜线和塑料铝线。与塑料铝线相比较，塑料铜线的突出特点是：在相同规格条件下，载流量大、机械强度好，但价格相对昂贵。主要用于低压开关柜、电器设备内部配线及室内、户外照明和动力配线，用于室内、户外配线时，必须配相应的穿线管。

塑料铜线按芯线不同，可分成塑料硬线和塑料软线。塑料硬线有单芯和多芯之分，单芯规格一般从1~6mm²，多芯规格一般从10~185mm²；如图3-14a所示。塑料软线为多芯，其规格一般从0.1~95mm²，如图3-14b所示。这类导线柔软，可多次弯曲，外径小而质量

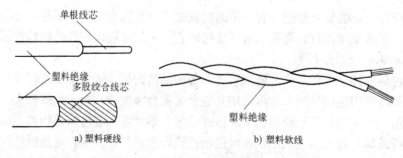

a) 塑料硬线　　　　　　　　　　　　　b) 塑料软线

图3-14　塑料铜线

轻，它在家用电器和照明电路中应用极为广泛，在各种交直流的移动式电器、电工仪表及自动装置中也适用，常用的有 RV 型聚氯乙烯绝缘单芯软线，塑料铜线的运行电压一般为500V。塑料铝线全为硬线，亦有单芯和多芯之分，运行电压也为500V。

（2）橡胶线　橡胶线的绝缘层外面附有纤维纺织层，按芯线材料不同，可分成橡胶铜线和橡胶铝线，其主要特点是绝缘护套耐磨，防风雨、日晒能力强。RXB 型棉纱编织橡胶绝缘平型软线和 RXS 型软线也常用于家用电器、照明电路中。使用时要注意工作电压，大多为交流 250V 或直流 500V 以下。RVV 型则用于交流 1000V 以下。橡胶铜线规格一般从 $1 \sim 185mm^2$；橡胶铝线规格从 $1.5 \sim 240mm^2$，其运行电压一般均为 500V。橡胶线主要用于户外照明和动力配线，架空时亦可明敷。

（3）塑料屏蔽线　在聚氯乙烯绝缘层外包一层金属箔，或编织一层金属网的绝缘导线（或软线），称作聚氯乙烯绝缘屏蔽线。这样既可以减小外界电磁波对内部导线的干扰，又可减小内部导线电流产生的电磁场对外界的影响。因而它广泛应用于要求防止相互干扰的电工仪表、电子设备、自动控制及电声广播等电路中。常用的型号为 BVP 型聚氯乙烯绝缘屏蔽线和 BYVP 聚氯乙烯型绝缘和护套屏蔽线。使用屏蔽导线时要注意将屏蔽金属层接地。

2. 电磁线

电磁线是实现电能与磁能互相转换的导电绝缘线。漆包线就是电磁线的一种，由铜材或铝材制成，其外涂有绝缘漆作为绝缘保护层。漆包线特别是漆包铜线，漆膜均匀、光滑柔软，有利于线圈的自动绕制，广泛应用于中小型电工产品中。漆包线也有很多种，按漆膜及作用特点不同，可分为普通漆包线、耐高温漆包线、自粘漆包线、特种漆包线等，其中普通漆包线是一般电工常用的品种，如 Q 型油性漆包线、QQ 型缩醛漆包线、QZ 型聚酯漆包线。

3. 其他导线

其他常用的导线还有护套软线。护套软线绝缘层由两部分组成：其一为公共塑料绝缘层，将多根芯线包裹在里面，其二为每根软铜芯线的塑料绝缘层，其规格有单芯、两芯、三芯、四芯、五芯等，且每根芯线截面积较小，一般从 $0.1 \sim 2.5mm^2$，常做照明电源线或控制信号线之用，它还可以在野外一般环境中用作轻型移动式电源线和信号控制线。此外，还有塑料扁平线或平行线等。

4. 各种常用导线型号及主要用途

各种常用导线型号及主要用途如表 3-2 所示。

表 3-2　各种常用导线型号及主要用途

名　　称	型　　号	主　要　用　途
铜芯塑料绝缘线	BV	室内外电器、动力、照明等固定敷设
铝芯塑料绝缘线	BLV	室内外电器、动力、照明等固定敷设
铜芯塑料绝缘软线	BVR	室内外电器、动力、照明等固定敷设，适宜安装要求较柔软场合
橡胶花线	BXH	室内电器、照明等固定敷设，适宜安装要求较柔软场合
铜芯塑料绝缘护套软线	RVV	电器设备、仪表等引接线、控制线

3.3.4　电缆

电缆就是将单根或多根导线绞合成线芯，裹以相应的绝缘层，再在外面包密封包皮（铅、铝、塑料等）。电缆种类繁多，按用途分有电力电缆、通信电缆、控制电缆等。最常用的电力电缆是输送和分配大功率电力的电缆。与导线相比，其突出特点是：外护层（护套）内包含一根至多根规格相同或不同的聚氯乙烯绝缘导线，导线的芯线有铜芯和铝芯之分，敷设方式有明敷、埋地、穿管、地沟和桥架等。

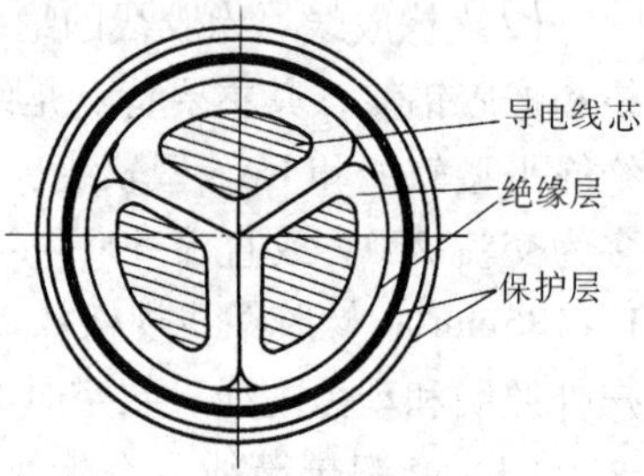

电力电缆由导电线芯、绝缘层和保护层三个主要部分构成，如图 3-15 所示。

图 3-15　电力电缆结构图

1）导电线芯又称缆芯，通常采用高导电率的铜或铝制成，截面有圆形、半圆形和扇形等多种，均有统一的标称等级。线芯有单芯、双芯、三芯和四芯几种。当线芯截面积大于 $25mm^2$ 时，通常采用多股导线绞合，经压紧成型，以便增加电缆的柔软性并使结构稳定。

2）绝缘层的主要作用是防止漏电和放电，将线芯与线芯、线芯与保护层互相绝缘和隔开。绝缘层通常采用纸、橡胶、塑料等材料，其中纸绝缘应用最广，它经过真空干燥再放到松香和矿物油混合的液体中浸渍以后，缠绕在电缆导电线芯上。对于双芯、三芯和四芯电缆，除每相线芯分别包有绝缘层外，在它们绞合后外面再用绝缘材料作统包绝缘。

3）电缆外面的保护层主要起机械保护作用，保护线芯和绝缘层不受损伤。保护层分内保护层和外保护层。内保护层保护绝缘层不受潮湿并防止电缆浸渍剂外流，常用铝或铅、塑料、橡胶等材料制成。外保护层保护绝缘层不受机械损伤和化学腐蚀，常用的有沥青麻护层、钢带铠等几种。

3.4　特殊导电材料

特殊导电材料是相对一般导电材料而言的，它不以输送电流为目的，而是为实现某种转换或控制而接入电路中。

常见的特殊导电材料有：电阻材料、电热材料、熔体材料和电碳制品等。

1. 常用电阻材料

电阻材料是用于制造各种电阻元件的合金材料，又称为电阻合金。其基本特性是具有很高的电阻率和很低的电阻温度系数。

常用的电阻合金有康铜丝、新康铜丝、锰铜丝和镍铬丝等。康铜丝以铜为主要成分，具有较高的电阻系数和较低的电阻温度系数，一般用于制作起分流、限流等作用的电阻器和变阻器。新康铜丝是以铜、锰、铬、铁为主要成份，不含镍，是一种新电阻材料，性能与康铜丝相似。锰铜丝是以锰、铜为主要成分，具有电阻系数高、电阻温度系数低及电阻性能稳定等优点，通常用于制造精密仪器仪表的标准电阻、分流器及附加电阻等。镍铬丝以镍、铬为主要成分，电阻系数较高，除可用做电阻材料外，还是主要的电热材料，一般用于电阻式加热仪器及电炉。

2. 常用电热材料

电热材料主要用于制造电热器具及电阻加热设备中的发热元件，常作为电阻接入电路，将电能转换为热能。对电热材料的要求是电阻率高，电阻温度系数小，耐高温，在高温下抗氧化性好，便于加工成形等。常用电热材料主要有镍铬合金、铁铬铝合金及高熔点纯金属等。

3. 常用熔体材料

熔体材料是一种保护性导电材料，作为熔断器的核心组成部分，具有过载保护和短路保护的功能。

熔体一般都做成丝状或片状，称为保险丝或保险片，统称为熔丝，是电工作业中经常使用的电工材料。

（1）熔体的保护原理　接入电路的熔体，当正常电流通过时，它仅起导电作用。当发生过载或短路时，导致电流增加，由于电流的热效应，会使熔体的温度逐渐上升或急剧上升，当达到熔体的熔点温度时，熔体自动熔断，电路被切断，从而起到保护电气设备的作用。

（2）熔体材料的种类和特性　熔体材料包括纯金属材料和合金材料，按其熔点的高低，分为两类：一类是低熔点材料，如铅、锡、锌及其合金（有铅锡合金、铅锑合金等），一般在小电流情况下使用；另一类是高熔点材料，如铜、银等，一般在大电流情况下使用。

3.5　绝缘导线的选择

3.5.1　绝缘导线种类的选择

导线种类主要根据使用环境和使用条件来选择。

室内环境如果是潮湿的，如水泵房、豆腐作坊，或者在有酸碱性腐蚀气体的厂房内，应选用塑料绝缘导线，以提高抗腐蚀能力保证绝缘。

比较干燥的房屋，如图书室、宿舍，可选用橡胶绝缘导线，对于温度变化不大的室内，在日光不直接照射的地方，也可以采用塑料绝缘导线。

电动机的室内配线，一般采用橡胶绝缘导线，但在地下敷设时，应采用地埋塑料电力绝缘导线。

经常移动的绝缘导线，如移动电器的引线，吊灯线等，应采用多股软绝缘护套线。

3.5.2　绝缘导线截面积的选择

绝缘导线使用时，首先要考虑最大安全载流量。某截面积的绝缘导线在不超过最高工作温度（一般为65℃）的条件下，允许长期通过的最大电流称为最大安全载流量。

1. 按允许载流量来选择

导线的允许载流量也叫导线的安全载流量或安全电流值。一般绝缘导线的最高允许工作温度为65℃，若超过这个温度时，导线的绝缘层就会迅速老化，变质损坏，甚至会引起火灾。所谓导线的允许载流量，就是导线的工作温度不超过65℃时可长期通过的最大电流值。

由于导线的工作温度除与导线通过的电流有关外，还与导线的散热条件和环境温度有关，所以导线的允许载流量并非某一固定值。同一导线采用不同的敷设方式（敷设方式不同，其散热条件也不同）或处于不同的环境温度时，其允许载流量也不相同。

线路负荷的电流，可由下列公式计算：

1）单相纯电阻电路

$$I = \frac{P}{U} \tag{3 1}$$

2）单相含电感电路

$$I = \frac{P}{U\cos\varphi} \tag{3-2}$$

3）三相纯电阻电路

$$I = \frac{P}{\sqrt{3}\,U_L} \tag{3-3}$$

4）三相含电感电路

$$I = \frac{P}{\sqrt{3}\,U_L\cos\varphi} \tag{3-4}$$

上面几个式子中，P 为负载功率，单位为 W；U_L 是三相电源的线电压，单位为 V；$\cos\varphi$ 为功率因数。

按导线允许载流量选择时，一般原则是导线允许载流量不小于线路负载的计算电流。

2. 按机械强度选择

负载太小时，按允许载流量来计算选择的绝缘导线截面积会较小，绝缘导线会较细，这往往不能满足机械强度的要求，容易发生断线事故，因此对于室内配线线芯的最小允许截面积有专门的规定，如表3-3所示，当按允许载流量选择的绝缘导线截面积小于表上的规定时，则应按表上绝缘导线的截面积来选择。

表 3-3　室内配线线芯最小允许截面积　　　（单位：mm²）

用途		线芯最小允许截面积		
		多股铜芯线	单根铜线	单根铝线
灯头下引线		0.4	0.5	1.5
移动式电器引线		生活：0.2 生产用：1.0	不宜使用	不宜使用
管内穿线		不宜使用	1.0	2.5
固定敷设导线支持点间的距离	1m 以内	不宜使用	1.0	1.5
	2m 以内		1.0	2.5
	6m 以内		2.5	4.0
	12m 以内		2.5	6.0

3. 按线路允许电压损失选择

若配线线路较长，导线截面积过小，则可能造成电压损失过大。这样会使功率不足或发热烧毁，电灯发光效率大大降低。所以一般对用电设备的受电电压都有如下的规定：

电动机的受电电压不应低于额定电压的95%；照明灯的受电电压不应低于额定电压的95%，即允许的电压降为5%。

室内配线的电压损失允许值，要根据电源引入处的电压值而定。若电源引入处的电压为额定电压值，可按上述受电电压允许降低值计算；若电源引入处的电压已低于额定值，则室内配线的电压损失值应相应减少，以尽量保证用电设备工作在允许的电压降范围内。

室内配线电压损失的计算：

（1）单相两线制（220V）

1）电压损失 ΔU。

$$\Delta U = IR \tag{3-5}$$

将式

$$I = \frac{P}{U\cos\varphi}$$

$$R = 2\rho\frac{l}{S}$$

代入（3-5）式得

$$\Delta U = \frac{2\rho l P}{S U\cos\varphi} \tag{3-6}$$

2）电压损失率 $\Delta U/U$。

$$\frac{\Delta U}{U} = \frac{2\rho l P}{S U^2\cos\varphi} \tag{3-7}$$

式中，ρ 为电阻率，铝线 $\rho = 0.0280\Omega \cdot mm^2/m$，铜线 $\rho = 0.0175\Omega \cdot mm^2/m$；$S$ 为导线的截面积，单位为 mm^2；l 为导线的长度，单位为 m；$\cos\varphi$ 为功率因数；P 为负载的有功功率，单位为 W；U 为电压，单位为 V。

（2）三相三线制或各相负载对称的三相四线制（380V）

1）三相线路的电压损失 ΔU。

$$\Delta U = \sqrt{3}\Delta U_{\varphi}$$

$$\Delta U = \sqrt{3}IR\cos\varphi \tag{3-8}$$

将式

$$I = \frac{P}{\sqrt{3}U_{\mathrm{L}}\cos\varphi}$$

及

$$R = \rho\frac{l}{S}$$

代入式（3-8）可得

$$\Delta U = \frac{\rho l P}{S U_{\mathrm{L}}} \tag{3-9}$$

2）电压损失率 $\Delta U/U$。

$$\frac{\Delta U}{U} = \frac{\rho l P}{S U_{\mathrm{L}}^2} \tag{3-10}$$

上面式子中，U_{L} 为三相电源的线电压，其他与前面意义相同。

3.6　绝缘导线的连接与绝缘恢复

配线过程中，常常因为导线太短和线路分支，需要将一根导线与另一根导线连接起来，再将出线与用电设备的端子连接，这些连接点通常称为接头。

绝缘导线的连接方法很多，有绞接、焊接、压接和螺栓连接等，各种连接方法适用于不同的导线及不同的工作地点。

绝缘导线的连接无论采用哪种方法，都不外乎下列四个步骤：剖削绝缘层；导线线芯连接；接头焊接或压接；恢复绝缘层。

3.6.1 导线线头绝缘层的剖削

导线线头绝缘层的剖削是导线加工的第一步，是为以后导线的连接作准备。电工必须学会用电工刀、钢丝钳或剥线钳来剖削绝缘层。

线芯截面积在 $4mm^2$ 以下的导线绝缘层的处理可采用剥线钳，也可用钢丝钳。

无论是塑料单芯导线，还是多芯导线，线芯截面积在 $4mm^2$ 以下的都可用剥线钳操作，且绝缘层剖削方便快捷。橡胶导线同样可以用剥线钳剖削绝缘层。用剥线钳剖削时，先定好所需的剖削长度，将导线放入相应的切口中，用手将钳柄一握，导线的绝缘层即被割破自动弹出。需注意，选用剥线钳的切口要适当，切口的直径应稍大于线芯的直径。

1. 塑料硬线绝缘层的剖削

（1）用钢丝钳剖削塑料硬线绝缘层　线芯截面积为 $4mm^2$ 及以下的塑料硬线，一般用钢丝钳进行剖削。剖削方法如下：

1）用左手捏住导线，在需剖削线头处，用钢丝钳刀口轻轻切破绝缘层，如图 3-16a 所示。但不可切伤线芯。

2）用左手拉紧导线，右手握住钢丝钳头部用力向外勒去塑料层，如图 3-16b 所示。

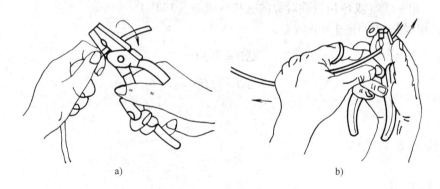

a)　　　　　　　　　　　　　　b)

图 3-16　钢丝钳剖削塑料硬线绝缘层

在勒去塑料层时，不可在钢丝钳刀口处加剪切力，否则会切伤线芯。剖削出的线芯应保持完整无损，如有损伤，应剪断后，重新剖削。

（2）用电工刀剖削塑料硬线绝缘层　线芯截面积大于 $4mm^2$ 的塑料硬线，可用电工刀来剖削绝缘层，方法如下：

1）在需剖削线头处，用电工刀以45°倾斜切入塑料绝缘层，注意刀口不能伤着线芯，如图 3-17a、b 所示。

2）刀面与导线保持25°左右，用刀向线端推削，只削去上面一层塑料绝缘，不可切伤线芯，如图 3-17c 所示。

3）将余下的线头绝缘层向后扳翻（见图 3-17d），将该绝缘层剥离线芯，再用电工刀切齐。

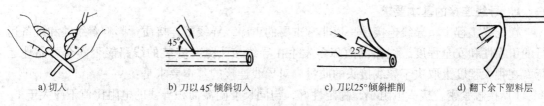

a) 切入　　　b) 刀以 45°倾斜切入　　　c) 刀以 25°倾斜推削　　　d) 翻下余下塑料层

图 3-17　电工刀剖削塑料硬线绝缘层

2. 塑料软线绝缘层的剖削

塑料软线绝缘层用剥线钳或钢丝钳剖削。剖削方法与用钢丝钳剖削塑料硬线绝缘层方法相同。一般不用电工刀剖削，因为塑料软线由多股铜丝组成，用电工刀容易损伤线芯。

3. 塑料护套线绝缘层的剖削

塑料护套线具有二层绝缘：护套层和每根线芯的绝缘层。塑料护套线绝缘层用电工刀剖削，方法如下：

（1）护套层的剖削

1）在线头所需长度处，用电工刀刀尖对准护套线中间线芯缝隙处划开护套层，如图 3-18a 所示。如偏离线芯缝隙处，电工刀可能会划伤线芯。

2）向后扳翻护套层，用电工刀将它齐根切去，如图 3-18b 所示。

a) 用刀尖在线芯缝隙处划开护套层　　　b) 扳翻护套层并齐根切去　　　c) 剖削好的

图 3-18　塑料护套线绝缘层的剖削

（2）内部绝缘层的剖削　在距离护套层 5～10mm 处，用电工刀以 45°倾斜切入绝缘层，其剖削方法与塑料硬线剖削方法相同，如图 3-18c 所示。

4. 橡胶线绝缘层的剖削

在橡胶线绝缘层外还有一层纤维编织保护层，其剖削方法如下：

1）将橡胶线纤维编织保护层用电工刀尖划开，将其扳翻后齐根切去，剖削方法与剖削护套线的保护层方法相同。

2）用与剖削塑料线绝缘层相同的方法削去橡胶层。

3）最后将松散棉纱层翻到根部，用电工刀切去。

5. 花线绝缘层的剖削

其剖削方法如下：

1）用电工刀在线头所需长度处将棉纱织物保护层四周割切一圈后将其拉去。

2）在距离棉纱织物保护层 10mm 处，用钢丝钳按照与剖削塑料软线相同的方法勒去橡胶层。

3.6.2 导线的连接

1. 导线连接的基本要求

在配线工程中，导线连接是一道非常重要的工序，导线的连接质量影响着线路和设备运行的可靠性和安全程度，线路的故障多发生在导线接头处。安装的线路能否安全可靠地运行，在很大程度上取决于导线接头的质量。对导线连接的基本要求是：

1）接触紧密，接头电阻小，稳定性好，与同长度同截面积导线的电阻比值不应大于1。

2）接头的机械强度应不小于导线机械强度的80%。

3）耐腐蚀。

4）接头的绝缘强度应与导线的绝缘强度一样。

注：不同金属材料的导体不能直接连接；同一档距内不得使用不同线径的导线。

2. 导线的连接种类

1）导线与导线之间的连接。

2）导线与接线柱的连接。

3）插座、插头的连接。

4）压接。

5）焊接等。

3. 铜导线的连接

首先要将导线拉直，常用两种方法：一是将导线放在地上，一端用钢丝钳夹住，另一端和手捏紧，用螺纹刀柄压住导线来回推拉数次；另一方法是用两手分别捏紧导线两端，将导线绕过有圆棱角的固定物体，用适当的力量使导线压紧圆棱角（如椅背）来回运动数次。常用导线连接的方式和方法如下：

（1）单股芯线直接连接

1）将两导线端去其绝缘层后作 X 相交，如图 3-19a 所示。

2）互相绞合 2~3 匝后扳直，如图 3-19b 所示。

3）两线端分别紧密向芯线上并绕 6 圈，多余线端剪去，钳平切口，如图 3-19c 所示。

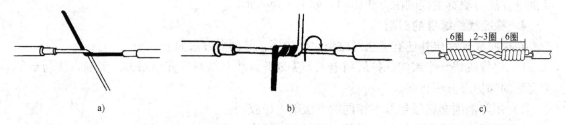

a)　　　　　　　　　　　b)　　　　　　　　　　　c)

图 3-19　单股芯线直接连接

（2）单股芯线 T 字分支连接　将两导线剖削去绝缘后，支线端和干线十字相交，在支线芯线根部留出约 3mm 后绕干线一圈，将支线端围本身线绕 1 圈，收紧线端向干线并绕 6 圈，剪去多余线头，钳平切口。如图 3-20a 所示。如果连接导线截面积较大，两芯线十字相交后，直接在干线上紧密缠 8 圈剪去多余线即可。如图 3-20b 所示。

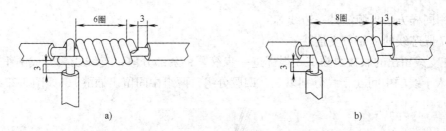

图 3-20　单股芯线 T 字分支连接

（3）7 股芯线的直接连接

1）先将除去绝缘层的两根线头分别散开并拉直，在靠近绝缘层的 1/3 线芯处将该段线芯绞紧，将余下的 2/3 线头分散成伞骨状，如图 3-21a 所示。

2）两个分散的线头隔根对叉，如图 3-21b 所示。然后放平两端对叉的线头，如图 3-21c 所示。

3）将一端的 7 股线芯按 2、2、3 股分成三组，将第一组的 2 股线芯扳起，垂直于线头，如图 3-21d 所示。然后按顺时针方向紧密缠绕 2 圈，将余下的线芯向右与线芯平行方向扳平，如图 3-21e 所示。

4）将第二组 2 股线芯扳成与线芯垂直方向，如图 3-21f 时所示。然后按顺时针方向紧压着前两股扳平的线芯缠绕 2 圈，也将余下的线芯向右与线芯平行方向扳平。

5）将第三组的 3 股线芯扳于线头垂直方向，如图 3-21g 所示。然后按顺时针方向紧压线芯向右缠绕。

6）缠绕 3 圈后，切去每组多余的线芯，钳平切口，如图 3-21h 所示。

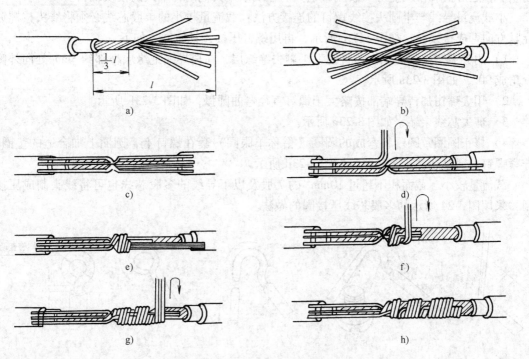

图 3-21　7 股芯线直接连接

7）用同样方法再缠绕另一边线芯。

（4）7股芯线的T字分支连接

1）在支线留出的联接线头1/8根部进一步绞紧，余部分散，支线线头分成两组，四根一组的插入干线的中间（干线分别以三、四股分组，两组中间留出插缝），如图3-22a所示。

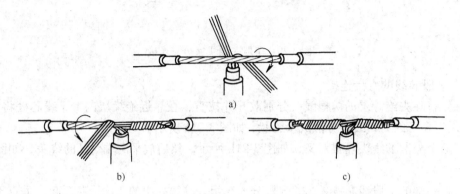

图3-22 7股芯线T字分支连接

2）将三股芯线的一组往干线一边按顺时针缠3～4圈，剪去余线，钳平切口，如图3-22b所示。

3）另一组用相同方法缠绕4～5圈，剪去余线，钳平切口，如图3-22c所示。

（5）线头与平压式接线柱的连接 平压式接线桩利用半圆头、圆柱头或六角头螺钉加垫圈将线头压紧，完成电连接。对载流量小的导线多采用半圆头接线螺钉，如常用的开关、插座、普通灯头和吊线盒等。载流量稍大的导线采用其他两种形式的接线螺钉。

小载流量导线与半圆头接线螺钉的连接方法：载流量较小的单股芯线必须将线头按螺钉旋紧方向弯成接线圈，如图3-23e所示，再用螺钉压接，具体方法如下。

1）用尖嘴钳按紧固螺钉的直径大小剥去绝缘层，在离导线绝缘层根部约3mm处向外侧折角成90°，如图3-23a所示。

2）用尖嘴钳加持导端部按略大于螺钉直径弯曲圆弧，如图3-23b所示。

3）剪去芯线余端，如图3-23c所示。

4）修正圆圈致圆。将弯成的圆圈（俗称羊眼圈）套在螺钉上，圆圈上加合适的垫圈，拧紧螺钉，通过垫圈压紧导线，如图3-23d所示。

载流量较小、截面积不超过$10mm^2$的7股及以下导线的多股芯线也可将线头制成压接圈，采用图3-24所示的多股芯线压接圈的做法。

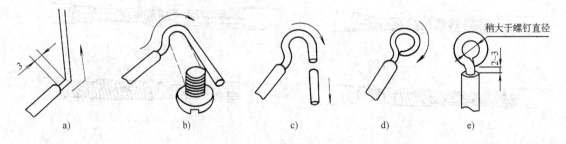

图3-23 单股芯线连接方法

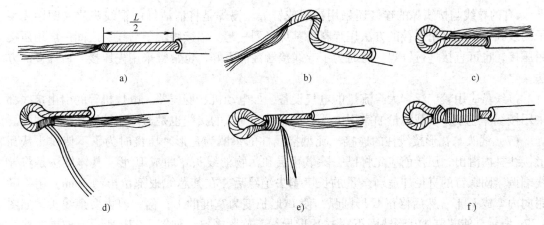

图 3-24　多股芯线压接圈的做法

　　螺钉平压式接线柱的连接工艺要求是：压接圈的弯曲方向应与螺钉拧紧方向一致，连接前应清除压接圈、接线柱和垫圈上的氧化层，再将压接圈压在垫圈下面，用适当的力矩将螺钉拧紧，以保证良好的接触。压接时注意不得将导线绝缘层压入垫圈内。

　　对于载流量较大、截面积超过 $10mm^2$ 或股数多于 7 的导线端头，应安装接线端子。

　　（6）导线通过接线鼻与接线螺钉连接　接线鼻又称接线耳，俗称线鼻子或接线端子，是用铜或铝制成。对于大载流量的导线，如截面积在 $10mm^2$ 以上的单股线或截面积在 $4mm^2$ 以上的多股线，由于线粗，不易弯成压接圈，同时弯成圈的接触面面积会小于导线本身的截面积，造成接触电阻增大，在传输大电流时易产生高热，因而多采用接线鼻进行平压式螺钉连接。接线鼻的外形如图 3-25 所示，从 1A 到几百安有多种规格。

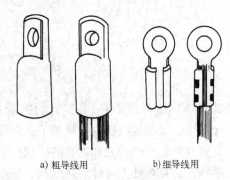

a) 粗导线用　　　b) 细导线用

图 3-25　接线鼻

　　用接线鼻实现平压式螺钉连接的操作步骤如下：

　　1）根据导线载流量选择相应规格的接线鼻。

　　2）对导线线头和接线鼻进行压接或锡焊连接。

　　3）根据接线鼻的规格选择相应的圆柱头或六角头接线螺钉，穿过垫片、接线鼻、旋紧接线螺钉，将接线鼻固定，完成电连接，导线的压接如图 3-26 所示。

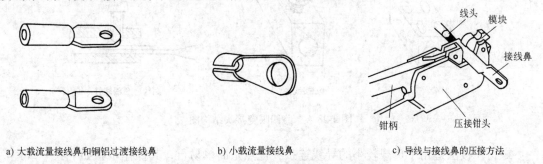

a) 大载流量接线鼻和铜铝过渡接线鼻　　　b) 小载流量接线鼻　　　c) 导线与接线鼻的压接方法

图 3-26　导线的压接

有的导线与接线鼻的连接还采用锡焊或钎焊。锡焊是将清洁好的铜线头放入铜接线端子的线孔内,然后用焊接的方法用焊料将其焊接到一起。铝接线端子与线头之间一般用压接钳压接,也可直接进行钎焊。有时为了导线接触性能更好,也常常采用先压接,后焊接的方法。

接线鼻应用较广泛,大载流量的电气设备,如电动机、变压器、电焊机等的引出接线都采用接线鼻连接;小载流量的家用电器、仪器仪表内部的接线也是通过小接线鼻来实现的。

(7)线头与瓦形接线柱的连接　瓦型接线柱的垫圈为瓦形。压接时为了不使线头从瓦形接线柱内滑出,压接前应先将已去除氧化层和污物的线头弯曲成U形。具体做法是将导线端按紧固螺钉的直径加适当余量的长度剥去绝缘后,在其芯线根部留出约3mm,用尖嘴钳向内弯成U形;然后修正U形圆弧,使U形长度为宽度的1.5倍,剪去多余线头,如图3-27a所示。使螺钉从瓦形垫圈下穿过U形导线,旋紧螺钉,如图3-27b所示。如果在接线柱上有两个线头连接,应将弯成U形的两个线头相重合,再卡入接线柱瓦形垫圈下方,压紧,如图3-27c所示。

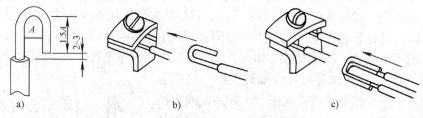

图3-27　导线头与瓦形接线柱的连接方式

(8)线头与针孔式接线柱的连接　这种连接方法叫螺钉压接法。使用的是瓷接头或绝缘接头,又称接线桥或接线端子,它用瓷接头上接线柱的螺钉来实现导线的连接。瓷接头由电瓷材料制成的外壳和内装的接线柱组成。接线柱一般由铜质或钢质材料制作,又称针孔式接线柱,接线柱上有针形接线孔,两端各有一只压线螺钉。使用时,将需连接的铝导线或铜导线接头分别插入两端的针形接线孔,旋紧压线螺钉就完成了导线的连接,图3-28所示是二路四眼瓷接头结构图。

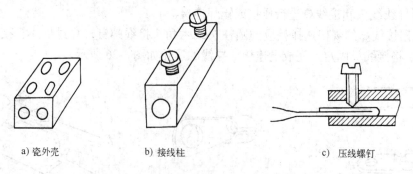

a) 瓷外壳　　　　　b) 接线柱　　　　　c) 压线螺钉

图3-28　二路四眼瓷接头结构图

螺钉压接法适用于负载较小的导线连接,优点是简单易行,其操作步骤如下:
1)如是单股芯线,且与接线柱头插线孔大小适宜,则将芯线线头插入针孔并旋紧螺钉即可，如图 3-29 所示。

2）如单股芯线较细，则应将芯线线头折成双根，插入针孔再旋紧螺钉。连接多股芯线时，先用钢丝钳将多股芯线绞紧，以保证压线螺钉顶压时不致松散，如图 3-30 所示。

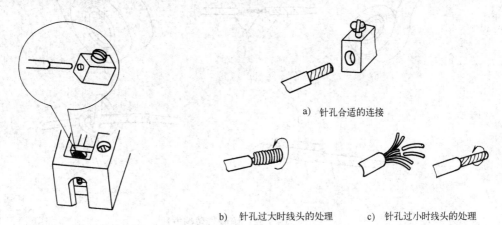

图 3-29　单股芯线与针孔式接线柱的连接

a)　针孔合适的连接

b)　针孔过大时线头的处理　　c)　针孔过小时线头的处理

图 3-30　多股芯线与针孔式接线柱的连接

　　无论是单股还是多股芯线的线头，在插入针孔时应注意：一是注意插到底；二是不得使绝缘层进入针孔，针孔外的裸线头的长度不得超过 2mm；三是凡有两个压紧螺钉的，应先拧紧近孔口的一个，再拧紧近孔底的一个，如图 3-31 所示。

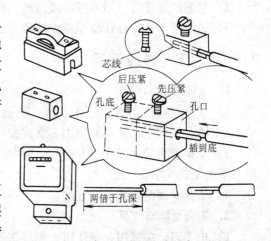

图 3-31　针孔式接线柱连接要求和方法

3.6.3　导线绝缘层的恢复

　　导线绝缘层破损和导线接头连接后均应恢复绝缘层。恢复后的绝缘强度不应低于原有绝缘层的绝缘强度。常用黄蜡带、涤纶薄膜带和黑胶带作为恢复导线绝缘层的材料。其中黄蜡带和黑胶带最好选用规格为 20mm 宽的。

　　（1）绝缘带包缠方法　将黄蜡带从导线左边完整的绝缘层上开始包缠，包缠两个带宽后就可进入连接处的芯线部分。包至连接处的另一端时，也同样应包入完整绝缘层上两个带宽的距离，如图 3-32a 所示。

　　包缠时，绝缘带与导线保持约 45°，每圈包缠压叠带宽的 1/2，见图 3-32b。包缠一层黄蜡带后，将黑胶带接在黄蜡带的尾端，按另一斜叠方向包缠一层黑胶带，也要每圈压叠带宽的 1/2，如图 3-32c、d 所示。或用绝缘带自身套结扎紧，如图 3-32e 所示。

　　（2）绝缘带包缠注意事项

　　1）恢复 380V 线路上的导线绝缘时，必须先包缠 1～2 层黄蜡带（或涤纶薄膜带），然后再包缠一层黑胶带。

　　2）恢复 220V 线路上的导线绝缘时，先包缠一层黄蜡带（或涤纶薄膜带），然后再包缠

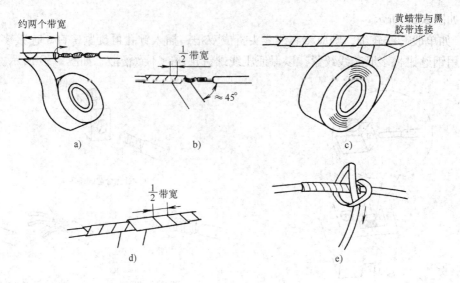

图 3-32　绝缘带包缠方法

一层黑胶带，也可只包缠两层黑胶带。

3）包缠绝缘带时，不可过松或过疏，更不允许露出芯线，以免发生短路或触电事故。

4）绝缘带不可保存在温度或湿度很高的地点，也不可被油脂浸染。

3.7　实训　导线连接

1. 实训目的

1）了解导线的分类及应用。

2）学会常用电工工具的使用，掌握使用的方法与技巧。

3）掌握常用的导线连接方法，学会单股绝缘导线和 7 股绝缘导线的直线和 T 形分支接法，掌握工艺要求。

4）掌握导线绝缘恢复的方法。

2. 实训材料与工具

1）电工刀、尖嘴钳、钢丝钳、剥线钳每人各一把。

2）芯线截面积为 $1mm^2$ 和 $2.5mm^2$ 的单股塑料绝缘铜线（BV 或 BVV）若干。

3）截面积为 $10mm^2$ 或 $16mm^2$ 的 7 股塑料绝缘铝线或铜线（每人 1m）。

4）黄蜡带和塑料绝缘胶带若干。

3. 实训前准备

1）了解钢丝钳、尖嘴钳和螺钉旋具的规格和用途。

2）了解导线的基本分类与常用型号。

3）明确单芯铜导线的直接连接和分支连接方法与工艺要求。

4）明确多芯导线的直接连接和分支连接方法与工艺要求。

5）熟悉各种接线鼻的结构。

4. 实训内容

（1）单股绝缘铜导线的直线连接的步骤

1）用钢丝钳剪出两根约 250mm 长的单股铜导线（截面积为 $1mm^2$），用剥线钳剖削其两端的绝缘层。

注意：导线直接绞接法的绝缘层剖削长度要使导线足够缠绕对方6圈以上；使用电工刀剖削导线绝缘层时要注意安全，同时要注意不能损伤芯线。

2）用单芯铜导线的直接绞接法，按直接连接的工艺要求，将2根导线的两端头对接。

3）用同样方法完成其他两根（截面积为2.5mm²）导线的对接。

4）用塑料绝缘胶带包扎接头。

5）检查接头连接与绝缘包扎质量。

（2）单股绝缘导线的T形分支连接的步骤

1）用钢丝钳剪出两根约250mm长的单股铜导线（截面积为1mm²），用电工刀剖削一根导线（支线）一端的端头绝缘层和另一根（干线）中间一段的绝缘层。

2）用单芯铜导线的直接绞接法，按T字分支连接的工艺要求，将支线连接在干线上。

3）用钢丝钳剪出两根约250mm长的单股铜导线（截面积为2.5mm²），用电工刀剖削其中一根导线（支线）一端的端头绝缘层和另一根（干线）中间一段的绝缘层。

4）用单芯铜导线的扎线缠绕法，按T字分支连接的工艺要求，将支线连接在干线上（加一条同截面积芯线后再用扎线缠绕）。

5）用塑料绝缘胶带包扎分支接头。

6）检查接头连接与绝缘包扎质量。

（3）7股绝缘铜导线的直接连接和T字分支连接的步骤

1）将7股16mm²导线剪为等长的两段，用电工刀剖削两根导线各一端部的绝缘层。

2）按7股导线的直接连接的工艺要求，将两线头对接。

3）将7股10mm²导线剪为等长的两段，用电工刀剖削一根导线一端的端部绝缘层（作支线），而选择另一根的中间部分作干线的接头部分，并将其绝缘层剖削。

注意：要先考虑好干线与支线的绝缘层剖削长度再下刀；使用电工刀剖削导线绝缘层时要注意安全，同时要注意不能损伤芯线。

4）按7股导线的T字分支连接的工艺要求，将支线端部芯线接在干线芯线上。

5）用塑料绝缘胶带包扎接头。

6）检查接头连接质量。

（4）压接圈与U形头的制作步骤

1）用钢丝钳剪出两根约250mm长的单股铜导线（截面积为1mm²）和两根约250mm长的单股铜导线（截面积为2.5mm²），用剥线钳剖削其一端的绝缘层。

注意：导线绝缘层剖削长度不能过长，一般为接线端头直径的3~4倍。

2）按压接圈与U形头的制作方法与工艺要求操作。

（5）接线端子的维修与更换步骤

根据实训工作台接线端子损坏程度维修或更换端子、螺钉等。

注意：选用的螺钉旋具规格要与端子螺钉规格相适应，否则会损坏端子绝缘部分或螺钉。

5. 安全文明要求

1）使用电工刀剖削绝缘层、导线连接时要按安全要求操作，不要误伤手指。

2）要节约导线材料（尽量利用使用过的导线）。

3）操作时应保持工位整洁，完成全部实训后应马上将工位清理干净。

6. 思考题

（1）验电笔使用时应注意哪些事项？

（2）钢丝钳在电工操作中，有哪些用途？使用时应注意哪些问题？

（3）如何用电工刀剖削导线的绝缘层？

（4）型号为 BLV 的导线名称是什么？主要用途是什么？

（5）导线连接有哪些要求？

（6）常用导线一般用什么材料制成，为什么？选用导线时应考虑哪些因素？

第4章 常用电工仪表

内容提要： 本章主要介绍万用表、绝缘电阻表和钳形电流表等常用电工仪表的结构、工作原理和使用方法，并通过实训使学生掌握正确使用电工仪表的基本技能。

测量各种电量和各种磁量的仪表统称为电工仪表。常用的电工仪表有电流表、电压表、万用表、钳形电流表、绝缘电阻表、功率表、电能表等多种。电子仪表不仅适用于电磁测量，而且通过适当的变换器可用来测量非电量，如温度、压力、速度等，是工程上必不可少的工具。电工测量仪表的种类繁多，其中万用表、绝缘电阻表、钳形电流表是电气线路及设备的安装、使用与维修过程中最常用的仪表。

4.1 万用表

4.1.1 指针式万用表（500型）

1. 概述

万用表是电工在安装、维修电气设备时用得最多的便携式电工仪表，在电工测量中起着重要的作用。它的特点是量程多、用途广、便于携带。一般万用表可测量直流电阻、直流电流，交、直流电压等。图4-1所示的是指针式万用表（500型）。有的万用表还可测量音频电平、交流电流、电感、电容和晶体管的 β 值。

2. 结构

（1）表头　表头是高灵敏度的磁电式直流电流表，面板上半部分的刻度盘是万用表进行各种测量的指示部分，如图4-2所示。

例如，500型万用表刻度盘最上方的一条弧形线，两侧标有"Ω"，此弧线指示的是电阻值。第二条弧形线，两侧标有"≈"，此弧形线表示的是交、直流电压值，直流电流值，第三条弧形线，两侧标有"10V"，是专供交流10V档用。最下层弧形线两侧标有"dB"，是供测音频电平时用的。

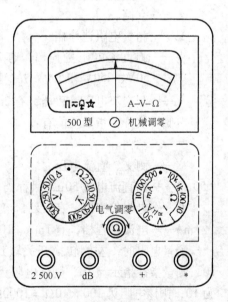

图4-1　指针式万用表（500型）

（2）测量电路　由测量各种电量和不同量程的电路构成，如测量电压的分压电路，测量电流的分流电路等。测量电阻的电路有内接电池。"R×1"、"R×10"、"R×100"、"R×1k"档用1.5V电池供电，"R×10k"用9V或更高电压，与电池串联的电阻称中心电阻，有10Ω、12Ω、24Ω、36Ω等系列。图4-3是最简单万用表测量线路图。

（3）转换开关　转换开关是用来切换测量电路的，以便与表头配合以实现多电量、多

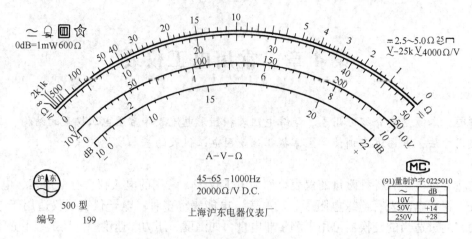

图 4-2　指针式万用表（500 型）表头

量程的测量。以 500 型万用表为例，它有两个转换开关，这两个转换开关互相配合使用，可以用来测量电阻、电压和电流。左侧转换开关指示功能有：

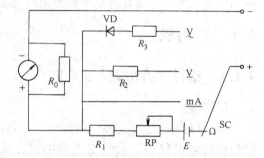

图 4-3　简单万用表测量线路

A——测量直流电流选择档。

●——空档。

Ω——测量电阻选择档。

V——测直流电压量程档，有 2.5V、10V、50V、250V 和 500V 五个量程。

V——测交流电压量程档，有 2.5V、10V、50V、250V 和 500V 五个量程。

右侧转换开关指示功能有：

●——空档。

V——测交、直流电压。

50μA——测直流电流 50μA 量程档。

Ω——电阻倍率档，有 ×1、×10、×100、×1k 和 ×10k。

mA——电流量程档，有 1mA、10mA、100mA、500mA 四个量程可供选择。

测量电阻时，左侧转换开关转到"Ω"，右侧转换开关转到倍率档，假设倍率档选用 10，测量指针指示为 10，则该电阻为 $10 \times 10\Omega = 100\Omega$，若倍率档选用 100，指针指示值仍为 10，则该电阻为 $100 \times 10\Omega = 1000\Omega$；测量交流电压 380V 时，右侧转换开关转到"V"，左侧转换开关量程选用交流电压 500V 档，指针指示在位置 38，测量交流电压 220V，量程则选用 250V，指针指示 220；测量直流电流 25mA 时，左侧转换开关旋转到 A，量程档选用 100mA，指针指示为 12.5。

测量电流、电压时：实际值 = 指针读数 × 量程/满偏刻度。

测量电阻时：实际值 = 指针读数 × 倍率。

3.　面板符号和数字的识别（以 500 型万用表为例）

面板符号和数字是仪表性能和使用简要说明书，应充分了解。

（1）面板符号

1）工作原理符号："Ω"表示磁电系整流仪表。

2）工作位置符号："⌐"表示水平放置。

3）绝缘强度："☆"表示绝缘强度试验电压为 6kV；"☆"内无数据时，绝缘耐压试验电压为 500V；"☆"内数据为 0 时，不进行绝缘试验。

4）防外磁电场级别符号："Ⅲ"表示三级防外磁场。

5）电流种类符号："≃"表示交直流；"＝"表示直流或脉动直流。

6）"A-V-Ω"表示可测量电流、电压和电阻。

（2）面板数字

1）表示准确度等级的数字："～5.0"表示交流 5.0 级；"＝2.5"表示直流或脉动直流 2.5 级；"Ω25"表示电阻档为 2.5 级准确度。

2）表示电压灵敏度的数字："V—2.5 kV 4000Ω/V"表示测量交流电压和 2.5kV 直流电压时，电压灵敏度为每伏 4000Ω；"20000Ω/V D. C."表示测量直流电压时电流灵敏度为每伏 20000Ω。每伏的电阻数值越大，则灵敏度越高。电压灵敏度越高，说明测量时对原电路影响越小。不同的表的表示方法略有不同，如 4000Ω/V，20000Ω/V 等。

3）表示使用频率范围的数字："45 – 65 – 1000Hz"表示频率在 45～65Hz 范围内，能保证测量的准确度，最高使用频率为 1000Hz。

4）"0dB = 1mW600Ω"表示测音频电压时，0dB 的标准为在 600Ω 电阻上消耗功率为 1mW。

（3）准确度等级符号说明　几种表示准确度等级的符号如表 4-1 所示。

表 4-1　准确度等级符号

符　号	说　明
1.5	以标度尺量限百分数表示的准确度等级，例如 1.5 级
∖1.5	以标度尺长度百分数表示的准确等级，例如 1.5 级
①1.5	以指示值百分数表示的准确度等级，例如 1.5 级

4. 基本使用方法

1）机械调零：在表盘下有一个一字塑料螺钉，用一字螺钉旋具调整仪表指针到 0 位。

2）正确选择表笔插孔：测电流、电压、电阻时，红表笔插 " + " 孔，黑表笔插 " – " 孔。

3）正确选择转换开关位置（包括测量种类和量程（或倍率）的选择）。

4）测量电流时万用表要串联于被测电路中，注意测量直流电路时高电位接与 " + " 孔相连的红表笔，低电位接与 " – " 孔相连的黑表笔。

5）测电压时，万用表与被测电路并联。测量直流电压时，高电位接红表笔，低电位接黑表笔。

6）测量电阻时，万用表与被测电路并联，每次转换量程都要先进行欧姆调零，也称为电气调零，欧姆调零旋钮在四个插孔中间，标有 "Ω" 符号。欧姆调零时，将两表笔短接，调节欧姆调零旋钮，使指针指在右边零位。

5. 注意事项

1）测量电压或电流时，不能带电转动转换开关，否则有可能烧坏转换开关触头。

2）测量电压、电流时，要正确选择量程，否则可能会烧坏表头。

3）测量电阻时，不能带电测量，两手不能同时触及表笔金属部分。正确选择倍率档，使指针指在表盘的 1/3~2/3 处，读数准确度较高。

4）万用表用毕后，将转换开关转到交流电压最高档量程处或将转换开关都转到空档（●）位置。

4.1.2　数字式万用表（DT—9202 型）

1. 面板结构

DT—9202 型数字式万用表具有精度高、性能稳定、可靠性高且功能全的特点，其面板结构如图 4-4 所示。

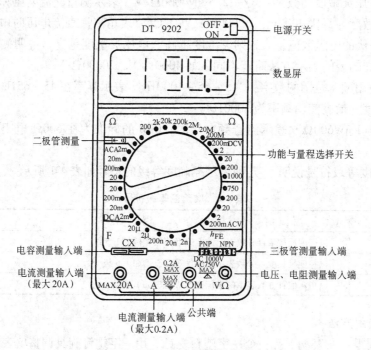

图 4-4　DT—9202 型数字式万用表

2. 基本使用方法

（1）仪表好坏检验　首先检查数字万用表外壳和表笔有无损伤，再做如下检查：

1）将电源开关打开，显示屏应有数字显示，若显示器出现低电压符号应及时更换电池。

2）表笔孔旁的"MAX"符号，表示测量时被测电路的电流、电压不得超过规定值。

3）测量时，应选择合适量程，若不知被测值大小，可将转换开关置于最大量程档，在测量中按需要逐步下降。

4）如果显示器显示"1"，一般表示量程偏小，称为"溢出"，需选较大的量程。

5）当转换开关置于"Ω"、"⊶▷├"档时，不得带电测量。

（2）直流电压的测量　直流电压的测量范围为 0～1000V，共分五档，被测量值不得高于 1000V 的直流电压。

1）将黑表笔插入"COM"插孔，红表笔插入"V/Ω"插孔。

2）将转换开关置于直流电压档的相应量程。

3）将表笔并联在被测电路两端，红表笔接高电位端，黑表笔接低电位端。

（3）直流电流的测量　直流电流的测量范围 0～20A，共分四档。

1）范围在 0～200mA 时，将黑表笔插入"COM"插孔，红表笔插入"mA"插孔；测量范围在 200mA～20A 时，红表笔应插入"20A"插孔。

2）转换开关置于直流电流档的相应量程。

3）两表笔与被测电路串联，且红表笔接电流流入端，黑表笔接电流流出端。

4）被测电流大于所选量程时，电流会烧坏内部熔体。

（4）交流电压的测量　测量范围为 0～750V，共分五档。

1）将黑表笔插入"COM"，红表笔插入"V/Ω"插孔。

2）将转换开关置于交流电压档的相应量程。

3）红黑表笔不分极性且与被测电路并联。

（5）交流电流的测量　测量范围为 0～20A，共分四档。

1）表笔插法与直流电流测量相同。

2）将转换开关置于交流电流档的相应量程。

3）表笔与被测电路串联，红黑表笔不需考虑极性。

（6）电阻的测量　测量范围为 0～200MΩ，共分 7 档。

1）黑表笔插入"COM"插孔，红表笔插入"V/Ω"插孔（注：红表笔极性为"＋"）。

2）将转换开关置于电阻档的相应量程。

3）表笔断路或被测电阻值大于量程时，显示为"1"。

4）仪表与被测电路并联。

5）严禁被测电阻带电，且阻值可直接读出，无需乘以倍率。

6）测量大于 1MΩ 电阻值时，几秒钟后读数方能稳定，这属于正常现象。

（7）电容的测量　测量范围为 0～20μF，共分五档。

1）将转换开关置于电容档的相应量程。

2）将待测电容两脚插入"CX"插孔，即可读数。

（8）二极管测试和电路通断检查

1）将黑表笔插入"COM"插孔，红表笔插入"V/Ω"插孔。

2）将转换开关置于"-▷⊦·))"位置。

3）红表笔接二极管正极，黑表笔接其负极，则可测得二极管正向压降的近似值。可根据电压降大小判断出二极管材料类型。

4）将两只表笔分别触及被测电路两点，若两点电阻值小于 70Ω 时，表内蜂鸣器发出叫声则说明电路是通的，反之，则不通。以此可用来检查电路通断。

（9）晶体管共发射极直流电流放大系数的测试

1）将转换开关置于"h_{FE}"位置。

2）测试条件为：$I_B = 10\mu A$，$U_{CE} = 2.8V$。

3）三只引脚分别插入仪表面板的相应插孔，显示器将显示出放大系数的近似值。

3. 注意事项

1）数字万用表内置电池后方可进行测量工作，使用前应检查电池电源是否正常。

2）检查仪表正常后方可接通仪表电源开关。

3）用导线连接被测电路时，导线应尽可能短，以减少测量误差。

4）接线时先接地线端，拆线时后拆地线端。

5）测量小电压时，应逐渐减小量程，直至合适为止。

6）数显表和晶体管（电子管）电压表过载能力较差。为防止损坏仪表，通电前应将量程选择开关置于最高电压档位置，并且每测一个电压以后，应立即将量程开关置于最高档。

4.2 绝缘电阻表

1. 概述

绝缘电阻表又称摇表、兆欧表，是一种不带电测量电器设备及线路绝缘电阻的便携式的仪表，如图4-5所示。绝缘电阻是否合格是判断电气设备能否正常运行的必要条件之一。绝缘电阻表的读数以兆欧为单位（$1M\Omega = 10^6 \Omega$）。

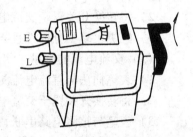

图4-5 绝缘电阻表

2. 结构与原理

（1）绝缘电阻表的主要结构

1）手摇直流发电机：手摇直流发电机的作用是提供一个便于携带的高电压测量电源，手摇直流发电机产生的电压常见的有 500V、1000V、2500V、5000V 等几种。发电机电压值称绝缘电阻表的电压等级。

2）磁电式比率表：是测量两个电流比值的仪表，与普通磁电式指针仪表结构不同，它不用游丝来产生反作用力矩，而是与转动力矩一样，由电磁力产生反作用力矩，在不使用时指针处于自由零位。

3）接线柱：L——接线路，E——接地，G——接保护环（屏蔽）。

（2）绝缘电阻表工作原理 图4-6所示为绝缘电阻表的工作原理图。F 为手摇发电机，磁电式比率表的主要部分是一个磁钢和两个转动线圈。因转动线圈内的圆柱形铁心上开有缺口，所以磁钢构成一个不均匀磁场，中间磁通密度较高，两边较低。两个转动线圈的绕向相反，彼此相交且成固定的角度，连同指针都固接在同一转轴上。转动线圈的电流采用软金属丝引入。当有电流通过时，转动线圈1产生转动力矩，转动线圈2产生反作用力矩，两者转向相反。

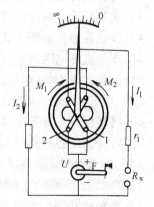

图4-6 绝缘电阻表工作原理示意图

当被测电阻 R_x 未接入时，摇动手柄发电机产生供电电压 U，这时转动线圈2有电流 I_2 通过，产生一个反时针方向的力矩 M_2。在磁场的作用下，转动线圈2停止在中性面上，绝缘电阻表指针位于"∞"位置，被测电阻呈无限大。

当接入被测电阻 R_x 时，转动线圈 1 在供电电压 U 的作用下，有电流 I_1 通过，产生一个顺时针方向的转动力矩 M_1，转动线圈 2 产生反作用力矩 M_2，在 M_1 的作用下指针将偏离"∞"点。当转动力矩 M_1 与反作用于力矩 M_2 相等时，指针即停止在某一刻度上，指示出被测电阻的数值。

指针所指的位置与被测电阻的大小有关，R_x 越小 I_1 越大，转动力矩 M_1 也越大，指针偏离"∞"点越远；在 $R_x=0$ 时，I_1 最大，转动力矩 M_1 也最大，这时指针所处位置即是绝缘电阻表的"0"刻度；当被测电阻 R_x 的数值改变时，I_1 与 I_2 的比值将随着改变，M_1、M_2 力矩相互平衡的位置也相应地改变。由此可见，绝缘电阻表指针偏转到不同的位置，指示出被测电阻 R_x 不同的数值。

从绝缘电阻表的工作过程看，仪表指针的偏转角取决于两个转动线圈的电流比率。发电机提供的电压是不稳定的，它与手摇速度的快慢有关。当供电电压变化时，I_1 和 I_2 都会发生相应的变化，但 I_1 与 I_2 的比值不变。所以发电机摇动速度稍有变化，也不致引起测量误差。

3．面板符号

面板符号如图 4-7 所示。

◨ᵪ——磁电式无机械反作用力。

☆——绝缘强度试验电压 1kV。

⑩——准确度 10 级（以指示值百分数表示准确度）。

□——水平放置。

500V——500V 绝缘电阻表。

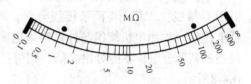

图 4-7　绝缘电阻表面板

4．绝缘电阻表的使用

（1）做好使用前的准备工作　切断电源，对设备和线路进行放电，确保被测设备不带电。必要时将被测设备加接地线，

（2）选表　根据被测设备的额定电压选择合适电压等级的绝缘电阻表。测量额定电压在 500V 以下的设备时，宜选用 500～1000V 的绝缘电阻表；额定电压在 500V 以上时，应选用 1000～2500V 的绝缘电阻表。在选择绝缘电阻表的量程时，不要使测量范围过多地超出被测绝缘电阻的数值，以免产生较大的测量误差。通常，测量低压电气设备的绝缘电阻时，选用 0～500MΩ 量程的绝缘电阻表；测量高压电器设备、电缆时，选用 0～2500MΩ 量程的绝缘电阻表。有的绝缘电阻表标度尺不是从零开始，而是从 1MΩ 或 2MΩ 开始，这种表不宜用来测量低压电气设备的绝缘电阻。绝缘电阻表表盘上刻度线旁有两黑点，这两黑点之间对应刻度线的值为绝缘电阻表的可靠测量值范围。如测低压电器设备绝缘电阻通常选 500V 绝缘电阻表，测 10kV 变压器绝缘电阻通常选 2500V 等级的表，测量几种电气设备绝缘电阻时，绝缘电阻表的选定参考表 4-2。

表 4-2　电气设备绝缘电阻与绝缘电阻表电压的选定

被 测 对 象	被测设备的额定电压/V	所选绝缘电阻表的电压/V
线圈的绝缘电阻	<500	500
线圈的绝缘电阻	>500	1000

（续）

被测对象	被测设备的额定电压/V	所选绝缘电阻表的电压/V
发电机绕组的绝缘电阻	<380	1000
电力变压器，发电机，电动机绕组的绝缘电阻	>500	1000～2500
电气设备绝缘	<500	500～1000
电气设备绝缘	>500	2500
瓷瓶、母线		2500～5000

（3）验表　绝缘电阻表内部由于无机械反作用力矩的装置，指针在表盘上任意位置皆可，无机械零位。所以在使用前不能以指针位置来判别表的好坏，而是要通过验表。首先将表水平放置，两表夹分开，一只手按住绝缘电阻表，另一只手以 90～130r/min 转速摇动手柄，若指针偏到"∞"则停止转动手柄，再将表夹短路，若指针偏到"0"，说明该表良好，可用。特别要指出的是：绝缘电阻表指针一旦到零应立即停止摇动手柄，否则将使表损坏。此过程又称校零和校无穷。简称校表。

（4）接线　一般情况只用 L 和 E 两接线柱。若被测设备有较大分布电容（如电缆）时，需用 G 接线柱。首先将两条接线分开，不要有交叉。将 L 端与设备高电位端相连，E 端接低电位端（如测电机绕组与外壳绝缘电阻时，L 端与绕组相连，E 端与外壳相连）。若被测设备的两部分电位不能分出高低，则可任意连接（如测电机两绕组间绝缘电阻时）。接线如图4-8所示。

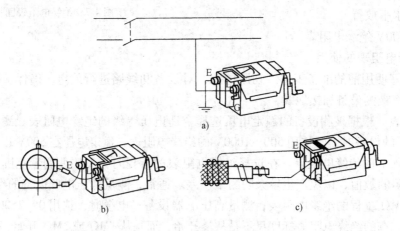

图 4-8　绝缘电阻表接线

（5）测量　先慢摇，后加速，加到以 120r/min 时，匀速摇动手柄 1min，并待表指针稳定时，读取指示值，即为测量结果。读数时，应边摇边读，不能停下来读数。

（6）拆线　拆线原则是先拆线后停表，即读完数后，不要停止摇动手柄，将 L 线拆开后，才能停摇。如果电器设备容量较小，其内无电容器或分布电容很小，亦可停止摇动手柄后再拆线。

（7）放电　拆线后对被测设备两端进行放电。

（8）清理现场

5. 测量的注意事项

电气设备的绝缘电阻都比较大，尤其是高压电气设备处于高电压工作状态，测量过程中保障人身及设备安全至关重要，同样测量结果的可靠性也非常重要。测量时，必须注意以下几点：

1) 测量前必须切断设备的电源，并接地短路放电，以保证人身和设备的安全，获得正确的测量结果。

2) 在绝缘电阻表使用过程中要特别注意安全，因为绝缘电阻表端子有较高的电压，在摇动手柄时不要触及绝缘电阻表端子及被测设备的金属部分。

3) 对于有可能感应出高电压的设备，要采取措施，消除感应高电压后进行测量。

4) 被测设备表面要处理干净，以获得准确的测量结果。

5) 绝缘电阻表与被测设备之间的测量线应采用单股线，单独连接；不可采用双股绝缘绞线，以免绝缘不良而引起测量误差。

6) 禁止在雷电时，用绝缘电阻表在电力线路上进行测量，禁止在邻近高压导体的设备附近测量绝缘电阻。

4.3　钳形表

1. 概述

钳形表其外形与钳子相似，使用时将导线穿过钳形铁心，因此称钳形表或钳形电流表，是电气工作者常用的一种电流表。用普通电流表测量电路的电流时，需要切断电路，接入电流表。而钳形表可在不切断电路的情况下进行电流测量，即可不停电测量电流，这是钳形表的最大特点。由于测量电流方便，被广泛使用。钳形表外形如图 4-9 所示。

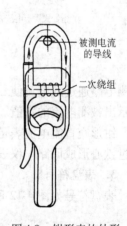

图 4-9　钳形表的外形

常用的钳形表有指针式钳形电流表和数字式钳形电流表。指针式钳形电流表测量的准确度较低，通常为 2.5 级或 5 级。数字式钳形电流表测量的准确度较高，用外接表笔和档位转换开关相配合，还具有测量交直流电压、直流电阻和工频电压频率的功能。

2. 结构与原理

(1) 结构　指针式钳形电流表主要由铁心、电流互感器、电流表及外表有胶壳的钳形扳手等组成。钳形电流表在不切断电路的情况下可进行电流的测量，是因为它具有一个特殊的结构，即有一个可张开和闭合的活动铁心，捏紧钳形电流表手柄，铁心张开，被测电路可穿入铁心；放松手柄，铁心闭合，被测电路作为互感器的一次绕组。图 4-10a 所示为其测量机构示意图。

数字式钳形电流表测量机构主要由具有钳形铁心的互感器（固定钳口、活动钳口、活动钳把及二次绕组）、测量功能转换开关（或量程转换开关）、数字显示屏等组成。图 4-10b 所示为 FLUKE337 型数字式钳形电流表的面板示意图。

(2) 工作原理　钳形交流电流表可看作是由一只特殊的变压器和一只电流表组成。被测电路相当于变压器的一次绕组，铁心上设有变压器的二次绕组，并与电流表相接。这样，

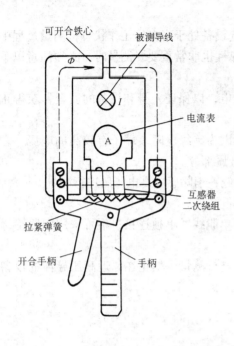

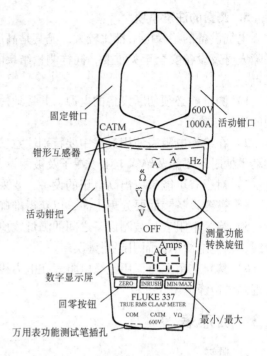

a) 指针式钳形电流表

b) 数字式钳形电流表

图 4-10　钳形电流表结构图

　　被测电路通过的电流使二次绕组产生感应电流，经整流送到电流表，使指针发生偏转，从而指示出被测电流的数值。电路原理如图 4-11 所示。

　　钳形交直流电流表是一个电磁式仪表，穿入钳口铁心中的被测电路作为励磁线圈，磁通通过铁心形成回路。仪表的测量机构受磁场作用发生偏转，指示出测量数值。

3.　表盘符号

　　表盘符号如图 4-12 所示。

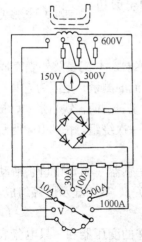

图 4-11　钳形交流电流表电路原理

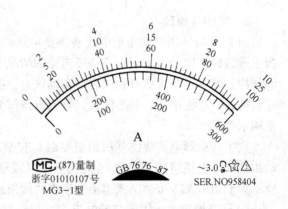

图 4-12　钳形表表盘符号

表盘符号含义：

～3.0——交流 3 级准确度。

☆——绝缘强度耐压 2kV。

⌴——磁电式整流系仪表。

⚠——A 组仪表（0～40℃）；B（-20～50℃）；C（-40～60℃）。

4．钳形表的使用

1）根据被测电流的种类、电路电压，选择合适型号的钳形表，测量前首先必须调零（机械调零）。

2）检查钳口，表面应清洁无污物，无锈。钳口闭合时应密合，无缝隙。

3）若已知被测电流的粗略值，则按此值选合适量程。若无法估算被测电流值，则应先选择最大量程，然后逐步减小量程，直到指针偏转不少于满偏的 1/4，如图 4-13 所示。

4）被测电流较小时，可将被测载流导线在铁心上绕几匝后再测量，实际电流数值应为钳形表读数除以放进钳口内的导线根数，如图 4-14 所示。

5）测量时，应尽可能使被测导线置于钳口内中心垂直位置，并使钳口紧闭，以减小测量误差，如图 4-15 所示。

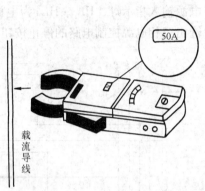

图 4-13 钳形表使用

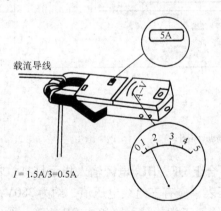

$I=1.5A/3=0.5A$

图 4-14 钳形表使用（多匝）

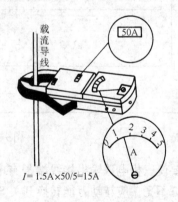

$I=1.5A×50/5=15A$

图 4-15 钳形表使用（位于中心垂直位置）

6）测量完毕后，应将量程转换开关置于交流电压最大位置，避免下次使用时误测大电流。

5．使用注意事项

1）测高压电流时，要戴绝缘手套，穿绝缘靴，并站在绝缘台上。

2）钳形表不用时，应将量程放到最大档。

3）测量时应使被测导线置于钳口内中心位置，并使钳口紧闭。

4）转换量程档位应在不带电的情况下进行，以免损坏仪表或发生触电危险。

5）进行测量时要注意保持与带电部分的安全距离，以免发生触电事故。

4.4　电工实训台介绍

1．实训台电源控制

图 4-16 所示是由交流接触器控制的电源电路，在电路中 N_1、U_1、V_1、W_1 是三相电源的输入端，QF 是断路器，KM 是交流接触器，FU_1、FU_2、FU_3 是短路保护用的熔断器，HL_U、HL_V、HL_W 为输出三相电源指示灯，Ⓐ为测量输出电流的电流表，Ⓥ为电压表，SC 为测三相输入电源线电压的万能转换开关，W、V、U、N 为三相电源输出接线端子，HL_2 为电源输入指示灯，HL_1、HL_3 为电源输出指示灯，S 为输出三相电源控制电路开关，SB_1 为输出三相电源控制电路的停止按钮，SB_2 为输出三相电源控制电路的启动按钮。

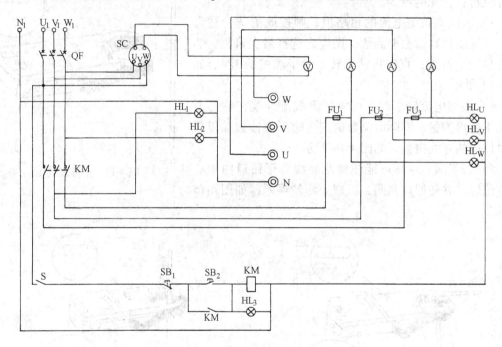

图 4-16　实训台电源原理图

当要使三相电源输出接线端子有电时，首先要合上 QF，HL_2 电源输入指示灯亮，若输入指示灯不亮，应转动万能转换开关 SC，观察电压表，应有三组线电压值，约为 380V，若三组无电压或不够三组电压值，应该检查电源是否输入正常，是否缺相或 QF 故障；然后把 S 合上，按下 SB_2，输出指示灯都应该亮，若输出无电压或电压不正常，就应该检查熔断器 FU 的熔丝是否烧断。

电源输出接线端子要停电时，按下 SB_1，再把 S 断开，拉下 QF。

2．实训台板面布置

图 4-17 所示是电工实训台板面布置图。学生可以在板面上根据不同的实训项目安装不同的电路。在实训台板面上已经安装有固定元器件的万能面板，三相电源进线端子 U、V、W、N，三相电源指示灯 HL_U、HL_V、HL_W，通电和保护用断路器 QF，保护用熔断器 FU，安装照明电路用的白炽灯 EL、荧光灯管 G、镇流器 L 和荧光灯辉光启动器 Z，供测量用的电压

表和电流表；供控制用的指示灯 $HL_1 \sim HL_8$、复合按钮 $SB_1 \sim SB_4$ 和常闭按钮 $SB_5 \sim SB_8$。为了安装方便和保证元器件使用寿命，所有已安装的元器件都用端子连接，安装接线时只需将导线接在元器件对应的端子的另一端上。

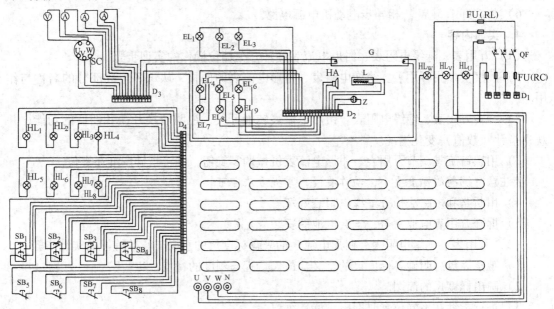

图 4-17　实训台板面布置图

QF—断路器　FU—熔断器　Ⓐ—电流表　Ⓥ—电压表　SB—按钮　SC—万能转换开关
HL—指示灯　EL—白炽灯　L—镇流器　Z—辉光启动器　G—灯管　D—接线端子　HA—扬声器
FU（RL）—螺旋式熔断器　FU（RC）—嵌入式熔断器

4.5　实训　常用电工仪表的使用

1. 实训目的

1）能正确使用万用表测量电阻、交流电压、直流电压与电流等电量。

2）能正确使用钳形电流表测量交流电流。

3）能正确使用绝缘电阻表测量电气设备的绝缘电阻。

2. 实训器材与工具

1）电工实训台一套。

2）1.5kW 三相异步电动机 1 台。

3）2.5mm^2 导线若干。

4）单相调压器 1 台。

5）指针式万用表（或数字式万用表）1 块。

6）钳形电流表 1 块（型号不限）。

7）500V 绝缘电阻表 1 块。

3. 实训前准备

1）了解万用表、钳形表、绝缘电阻表面板各部分的基本结构与作用。

2）明确万用表测量各基本电量时的使用方法与注意事项。

3）明确钳形电流表的使用方法与安全要求。

4）明确绝缘电阻表测量低压电器绝缘电阻时的使用方法与注意事项。

5）准备测量用的实训台三相四线电源（应有漏电保护装置）。

6）装接好 1.5kW 三相异步电动机电源电路。

4. 实训内容

（1）万用表、绝缘电阻表、钳形电流表旋转开关档位操作的实训步骤

1）观察实训用万用表、绝缘电阻表、钳形电流表的面板，认识各组成部分的名称与作用。

2）旋转万用表、绝缘电阻表、钳形电流表转换开关，说明转换开关各档位的功能，并观察指针（数值）变化情况。

3）用螺钉旋具调节万用表、钳形电流表机械调零旋钮，并将指针调准在零位。

（**注意**：调整的幅度要小，动作要慢，掌握方法即可。）

4）用断路和短路法检查绝缘电阻表好坏。

5）拆开万用表电池盒盖，学会电池的安装。

（2）万用表、绝缘电阻表、钳形电流表的表盘标度尺的意义与读数练习的实训步骤

1）观察表盘，明确各标度尺的意义、最大量程与刻度的特点。

2）画出标度尺的简图。

3）进行指针在不同位置时的电量读数练习。

（3）用万用表测量电阻的实训步骤

1）用万用表测量实训台上灯泡、灯管、镇流器、辉光启动器的阻值，并标出端子号和判别好坏，填入表 4-3 中。

表 4-3　实训台设备好坏测量

被测设备	EL_1	EL_2	EL_3	EL_4	EL_5	EL_6	EL_7	EL_8	EL_9	G	L	Z
电阻值										/		
端子号										/		
好与坏												

测量时要根据阻值大小调整量程，每次调整量程后，都要对万用表重新进行欧姆调零。

2）用万用表测量交流电动机定子绕组的电阻值。

先将电动机接线盒内的绕组各线头连接线拆出，据线头标志分别测量（$U_1 - U_2$），（$V_1 - V_2$）和（$W_1 - W_2$）三对线头的电阻值，并填入表 4-4 中。

表 4-4　电动机定子绕组电阻值测量

电动机定子绕组	$U_1 - U_2$	$V_1 - V_2$	$W_1 - W_2$
电阻值/Ω			
好与坏			

（4）用万用表测量交流电压、直流电压与电流的训练步骤

1）将万用表置交流电压 500V 档位，测量实训台三相交流电的线电压与相电压。

2）用交流调压器分别调出 100V，36V 和 12V 的电压值，根据不同的电压值选择合适的

交流电压量程来测量。

注意：测量时要严格按照安全要求操作，测量完毕应将电源关闭。

3）表笔接在直流稳压源（12～24V）的输出端子上，调节电压旋钮，分别测出电压值。

注意：要正确选择直流电压档位与量程；要确定被测点电位的高低；测量完毕应关闭电源。

4）用万用表测量各段线路的电流值。测量时，应先将测量点断开，将两表笔串入断开点。

数字万用表的使用：若使用数字万用表进行测量，除表盘标度尺与读数训练不需要进行外，其他训练内容都可与指针式万用表相同，并可根据需要增加交流电流和电路通断的测量。操作方法与安全要求请参考教材中的有关部分。

（5）使用500V绝缘电阻表测量三相电动机的相间绝缘与相对地绝缘的训练步骤

1）将电动机切断电源，把接线盒内的电动机绕组6条引出线拆开（如无记号应先作好记号，以便测试后恢复）。

2）按要求验表。

3）用绝缘电阻表测量电动机的三相相间绝缘电阻值与对地绝缘电阻值，并将测量数据填入表4-5中。

表4-5　测量电动机的三相相间绝缘电阻与对地绝缘电阻

测量对象	三相电动机绕组相间绝缘电阻			三相电动机绕组对地绝缘电阻		
	R_{U-V}	R_{V-W}	R_{W-U}	R_{U-E}	R_{V-E}	R_{W-E}
测量数据						

（6）使用钳形电流表测量三相电动机的起动电流和空载电流的实训步骤

1）将电动机的电源开关合上，使电动机空载运转；钳形电流表拨到合适量程的档位，将电动机电源线逐根卡入钳形电流表中，分别测量电动机的三相空载电流。

注意：电动机底座应固定好；合上电源前应作安全检查；运行中若电动机声音不正常或有过大的颤动，应马上将电动机电源关闭。

2）关闭电动机电源使电动机停转，将钳形电流表拨到合适的量程档位（按电动机额定电流值5～7倍估计），然后将电动机的一相电源线卡入钳形电流表中，在电动机合上电源开关的同时立刻观察钳形电流表的读数变化（起动电流值）。

注意：电动机短时间内多次连续起动会使电动机发热，因此应集中注意力观察起动瞬间的电流值，争取一次成功；测量完毕应马上将电动机电源开关断开。

（7）用钳形电流表测量实训台单相用电设备电流的实训步骤

1）检查安全后将大电流单相用电设备的电源开关合上，选择合适的量程档位，用钳形电流表分别测量大电流设备的其中一根电源线的电流值。

注意：电热设备通电时，会产生很高的温度，要做好安全防护措施。

2）将灯泡的一根电源线分别在铁心上绕3圈、5圈，安全检查后将220V灯泡的电源开关合上，钳形表选择合适的档位，将测得的电流值除以圈数算出流过灯泡的实际电流值。

将全部电源关闭，安全检查，放好仪表，完成实训报告。

5. 思考题

（1）什么是仪表的准确度等级？用准确度等级小的仪表测量结果是否一定较精确？

（2）指针式万用表在测量前的准备工作有哪些？用它测量电阻，注意事项有哪些？

（3）为什么测量绝缘电阻要用绝缘电阻表，而不能用万用表？

（4）用绝缘电阻表测量绝缘电阻时，如何与被测对象连接？

（5）某正常工作的三相异步电动机额定电流为10A，用钳形电流表测量时，如钳入一根电源线钳形电流表读数应为多大？如钳入二根或三根电源线呢？

（6）总结一下，在本实训室哪些设备要用万用表测量？为什么？

第 5 章　生活用电知识

内容提要： 本章主要介绍常用室内照明器具的结构、功能和安装施工要求。通过详细阐述常用生活用电器具、室内配线、电气照明图的识读和照明设备的安装等内容，结合实训，进一步熟悉各种室内布线、常用照明线路及住宅配电线路的基本类型和安装技巧，学会照明安装电路中正确选型、合理布线、规范安装等基本技能。

　　日常生活中的生活用电又称住宅用电，它是由导线、导线支撑物、连接件和用电器具等组成的线路。一般分为照明线路和插座线路。线路的安装有明线安装和暗线安装两种。其中，导线沿墙壁、天花板、梁及桥架等表面敷设，称为明线安装；导线穿管埋设在墙内、柱内、天花板里和地坪下等内部敷设，称为暗线安装。按线缆的不同，可分为电线布线和电缆布线两种。具体布线方式有：护套线布线、钢管（PVC 塑料管）布线、槽板布线等。

5.1　常用生活用电器具

5.1.1　固定用材料

　　一般电气线路的安装都需要悬挂体或支撑体，实际操作中，一般要先固定好悬挂体，再固定设备。用膨胀螺栓和木台固定，是目前最简单，最方便的固定器具的方法。下面简单介绍一下膨胀螺栓。

　　在砖或混凝土结构上安装线路和电气装置时，常用膨胀螺栓进行固定。与预埋铁件的施工方法相比，这种方法更简单方便，又可省去预埋铁件的工序。按膨胀螺栓所用胀管材料的不同，常用的膨胀螺栓有钢制膨胀螺栓和塑料膨胀螺栓两种。

　　1）钢制膨胀螺栓，简称膨胀螺栓，由金属胀管、锥形螺栓、垫圈、弹簧垫圈和螺母组成，如图5-1所示。

　　安装前，必须先用电钻钻孔，孔的直径和长度应与膨胀螺栓基本相同，安装时不需用水泥砂浆预埋。

　　安装膨胀螺栓时，先将压紧螺母的另一端嵌进墙孔内，再用锤子轻轻敲打，使螺栓的螺母内缘与墙面平齐，用扳手拧紧螺母，使螺栓和螺母一面拧紧，一面胀开外壳的接触片，使它挤压在孔壁上，直至将整个膨胀螺栓紧固在安装孔内，这样，螺栓和电气设备就可一起被紧固。常用的膨胀螺栓有 M6、M8、M10、M12 和 M16 等规格。

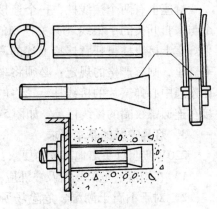

图 5-1　钢制膨胀螺栓

　　2）塑料膨胀螺栓，又称塑料胀管、塑料塞、塑料榫，由胀管和螺钉组成。胀管通常用乙烯、聚丙烯等材料制成。安装纤维填料式膨胀螺栓时，将它的胀管嵌进钻好的墙孔中，再将电气设备通过螺钉拧到纤维填料中，就可将膨胀螺栓的胀管胀紧，使电气设备固定。塑料膨胀螺栓的外形有多种，常见的有两种，如图5-2所示，其中乙型应用较多。

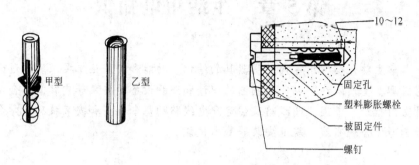

图5-2　塑料膨胀螺栓

使用膨胀螺栓时，应根据线路或电气装置的负荷，选择膨胀螺栓的种类和规格。通常，钢制膨胀螺栓承受负荷能力更强，用来安装固定受力大的电气线路和电气设备。塑料膨胀螺栓在照明线路中应用广泛，如插座、开关、灯具、布线的支持点，通常都采用塑料膨胀螺栓来固定。

5.1.2　照明灯具

灯具由灯座、灯罩、灯架、开关和引线等组成的。按其防护型式的不同，可分为防水防尘灯、安全灯和普通灯等；按其安装方式的不同，可分为吸顶灯、吊线灯、吊链灯和壁灯等。

1.　灯座

灯座是供普通照明用白炽灯泡（或气体放电灯管）与电源连接在一起的一种电气装置件。以前习惯将灯座叫做灯头，自1967年国家制定白炽灯灯座的标准后，全部改称灯座，灯泡上的金属头部叫做灯头。最常用的灯座有螺旋式（又称螺口式）和卡口式两种。

2.　灯座的安装

灯座上有两个接线柱，一个连接电源中性线；另一个与来自开关的一根线（开关控制的相线）连接。卡口平灯座上接线柱可任意连接上述的两个线头，但对螺旋平灯座，则有严格的规定：必须将来自开关的线头连接在连通中心弹簧片的接线柱上，将电源中性线的线头连接在连通螺纹圈的接线柱上，如图5-3所示。

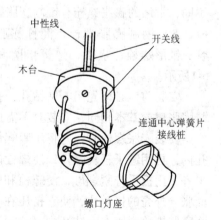

图5-3　螺旋平灯座安装

3.　灯具安装的基本要求

220V照明灯头离地高度的要求：

1）在潮湿、危险场所及户外应不低于2.5m。

2）对于不属于潮湿、危险场所的生产车间，办公室，商店及住房等一般不低于2m。

3）因生产和生活需要，将电灯放低时，灯头的最低垂直距离应不低于1m，在吊灯线上应加绝缘套管至离地2m的高度，并且要采用安全灯头。

4）灯头高度低于上述规定而又无安全措施的车间、行灯和机床的局部照明，应采用

36V 以下的电压。

5.1.3　照明开关

开关是接通或断开电源的器件。开关大都用于室内照明电路，故统称为室内照明开关，也广泛用于电气器具的电路通断控制。

1. 分类

开关的类型很多，一般分类方式如下：

1）按装置方式可分为：明装式，用于明线装置；暗装式，用于暗线装置；悬吊式，用于开关处在悬垂状态；附装式，装设于电气器具外壳上。

2）按操作方法可分为：跷板式、倒扳式、拉线式、按钮式、推移式、旋转式、触摸式和感应式等。

3）按接通方式可分为：单联（单投、单极）、双联（双投、双极）、双控（间歇双投）、双路（同时接通二路）等。

常用开关如图 5-4 所示。

2. 节电开关

目前，用于家用照明控制开关，主要是拉线开关和按钮开关。这类有触点的机械开关具有结构简单价格便宜、使用方便、可随时开闭电路的优点，至今仍有较大市场。但是，它们不能实现自动节电控制。随着电子技术，尤其是微电子技术的发展，已研制生产出许多新型的照明节电开关，其中主要有：触摸

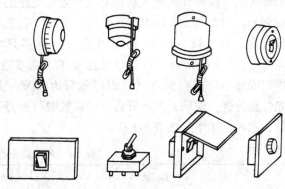

图 5-4　常用开关

延时开关，触摸定时开关，声光控制开关和停电自锁开关。这些照明节电开关的电路组成、采用器件各不相同，限于篇幅，本节只介绍最典型的几种。

1）触摸延时开关。触摸延时开关只要用手轻触开关位置，发光二极管熄灭，灯点亮；灯亮后延时 60s 左右自动熄灭，同时发光二极管发亮，指示开关位置。

目前市场上流行的触摸延时开关形式很多，有用分立元件构成的，有用通用数字集成电路组成的，还有用专用集成电路组成的。从性能上看，专用集成电路组成的触摸延时开关最好。但是从总体结构上讲，它们都是由主电路和控制电路组成。主电路中的开关元件主要有电磁继电器和晶闸管。控制电路主要是一个单稳态触发器。为了给单稳态触发器提供直流电压，还应该有整流降压电路。触摸延时开关的总体框图如图 5-5 所示。

2）声光控制开关。声光控制照明节电开关所控制的照明灯通常为交流 220V，最大功率为 60W 的白炽灯。该开关要求在白天或光线较亮时呈关闭状态，灯不亮；在夜间或光线较暗时呈预备工作状

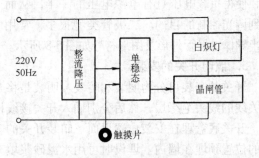

图 5-5　触摸延时开关的总体框图

态，灯也不亮；当有人经过该开关附近时，通过脚步声、说话声、拍手声等使控制开关起动，灯亮，并延时 40～50s 后开关自动关闭，灯灭。

声光控制照明节电开关的组成结构、电路形式很多，但其原理基本相同，如图5-6所示。

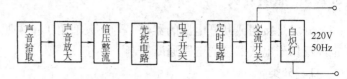

图5-6　声光控制照明节电开关的原理框图

3）计数开关。计数开关也称程控开关。吊灯作为家庭装饰的一部分已非常普及，但其亮度往往不能调节。当要求亮度不高时，若通电后所有灯全部点亮会浪费电能。靠增加开关数量调光，会因走线过多而带来诸多不便；用改变晶闸管导通角（即调压）的方法进行调光，会由于灯多，谐波电流大而严重干扰电源；对于紧凑型节能灯，若用调压法调光，需从最亮逐步调暗，不但不方便，而且在电压较低时，对节能灯的寿命影响很大。而计数开关只用一只开关，靠拨动开关的次数，来改变输出电路的数量进行调光，图5-7所示为计数开关的接线图。首先把所有灯分为三组（L_1～L_3），每组可接一只或多只灯（并联）。开关 S 每接通一次，灯被点亮的只数变化一次。现以安装有三只白炽灯（白炽灯每只为 25W）吊灯调光灯组为例，说明开关 S 开启不同次数时灯被点亮的数量，消耗的功率，如表5-1所示。

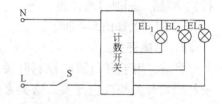

图5-7　计数开关接线图

表 5-1　吊灯调光灯组变化状态

灯组（只） ＼ 开关次数	1	2	3	4
L_1	√	√	√	√
L_2		√	√	√
L_3			√	√
白炽灯电功率/W	25	50	75	50

另外也有电路利用半导体二极管的单向导电性，实现对白炽灯的控制。半导体二极管由一个 PN 结加上引线及管壳构成，具有单向导电性。在调光电路中串联一只整流二极管，使交流电在一个周期中，二极管只导通半个周期，使得负载电压只有电源电压的一半，从而达到调光控制的目的。二极管类型很多，常用的半导体二极管外形及图形符号如图5-8所示。

图5-8　常用半导体二极管的外形及图形符号

3. 照明开关的安装

开关的安装可分为明装和暗装。明装是将开关底盒固定在安装位置的表面上，剥去两根开关线的线头绝缘层，然后分别插入开关接线柱，拧紧接线螺钉即可；暗装是事先将导线暗敷，开关底盒埋在安装位置里面。暗装开关的安装方法，如图5-9所示。将开关盒按图纸要求的位置预埋在墙内。埋设时可用水泥砂浆填充，要求平整、不能偏斜，开关盒口面应与墙的粉刷层平面一致。待穿完导线，接好开关接线柱后，即可将开关用螺钉固定在开关盒上。

1）单联开关的安装。开关明装时要安装在已固定好的木台上，将穿出木台的两根导线（一根为电源相线，一根为开关线）穿入开关的两个孔眼，固定开关，然后将剥去绝缘层的两个线头分别接到开关的两个接线柱上，装上开关盖。

单联开关控制一盏灯时，开关应接在相线（俗称火线）上，使开关断开后，灯头上没有电，以保证安全，如图5-10所示。

2）双联开关的安装。双联开关一般是用于在两地用两只双联开关控制一盏灯的情况，它的安装方法与单联开关类似，但其接线较复杂。双联开关有三个接线端，分别与三根导线连接。注意双联开关中间铜片的接线柱不能接错：一个开关的中间铜片接线柱应和电源相线连接；另一个开关的中间铜片接线柱与螺旋式灯座的中心弹簧片接线柱连接。每个开关还有两个接线柱，应用两根导线分别与另一个开关的两个接线柱连接。

双联开关可在两个地方控制一盏灯。这种控制方式，通常用于楼梯处和走廊内的灯的控制，如图5-11所示。

3）节电开关的安装。节电开关样式较多，一般都附有说明书和接线图。安装前，应看懂说明书和接线图，注意开关的进线端和出线端，灯位置的对称性和每只灯的功率。

无论是明装开关还是暗装开关，开关控制的都应该是相线。开关安装好后一般应该是往上扳电路接通，往下扳电路切断。

当今的住宅装饰几乎都是采用暗装跷板开关，简称跷板开关、扳把开关。从外形看，其扳把有琴键式和圆钮式两种。此外，常见的还有调光开关、调速开关、触摸开关和声控开关。它们均属暗装开关，其板面尺寸与暗装跷板开关相同。暗装开关通常安装在门边。为了开门后方便开灯，距门框边最近的第一个开关，离框边为15～20cm，以后各个开关相互之间紧挨着，其相互之间的尺寸由开关边长确定。触摸开关和声控开关是一种自控开关，一般安装在走廊、过道上，离地高度约为1.2～1.4m。暗装开关在布线时，应考虑到用户今后用电的需要（有可能增加灯的数量，或改变用途），一般要在开关上端设一个接线盒，接线盒离墙顶约15～20cm。

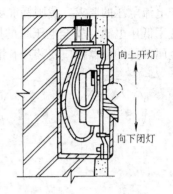

图5-9　暗装开关安装方法示意图

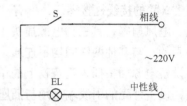

图5-10　单联开关控制一盏灯电路图

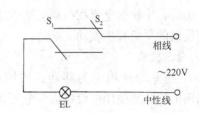

图5-11　双联开关控制一盏灯电路图

5.1.4　插头与插座

1. 插头

插头是为用电器具引取电源的插接器件，分单相插头和三相插头。单相插头一般可分为5A、10A、15A，电压为220V；三相插头有10A、15A、25A，电压为380V。插头的插脚样式很多，有圆形、方形、扁形、圆扁混合形等，如图 5-12 所示。选择插头要符合插座型式和电流电压的要求。我国标准规定插头为扁形插脚。为了保证用电安全，除了有绝缘外壳及使用低压电源（安全电压）的用电器具可以使用两线插头外，其他有金属外壳及可碰触的金属部件的电器都应安装带有接地线的插头。接地脚一般比其他脚粗，并且较长。

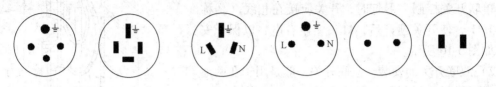

图 5-12　常用插头

三相插头一般有四个插脚，最上方插脚为接地线或零线。单相电源插头有两脚和三脚两种。两脚插头适用于不需要保护接零、接地的场合。插头上标有"L"的接线柱接相线，标有"N"的接线柱接零线，标有"⏚"的接线柱接地线。市场上销售的家用电器，如洗衣机、电风扇等，其三脚电源插头上标有"⏚"的插头（该头较长或较粗）是连接设备金属外壳的，与其他两端间均不连通，而且三只导电端头常事先用塑料浇铸在一起。使用时只要将设备电源插头插入建筑物上的单相三孔插座，即可实现保护接地。若加接设备电源三孔插座，设备外壳的引线端必须与插座上标有"⏚"的插孔相对应。切不可用煤气管、暖气管等作接地装置，否则可能导致触电事故。严禁将标有"⏚"的端头不接或去除。

另外，中性（零）线和地线是有区别的，中性线实际上含有线路电阻，当三相负载不平衡时，中性线电流在电阻上造成压降，因此用户家中的中性线对地电位不一定为零，而是随负载的平衡程度波动。

2. 插座

插座的作用是为移动式照明电器、家用电器或其他用电设备提供电源接口。

（1）分类　插座分为明式、暗式和移动式三种类型，是互配性要求较严而又型式多样的一大类器件。它连接方便、灵活多用，按其结构可分为单相双极双孔、单相三极三孔（有一极为保护接地或接零）和三相四极四孔（有一极为接零或接地）插座等。工作电压为 220V 和 380V。常用插座如图 5-13 所示。

a)圆扁通用双极插座　b)扁式单相三极插座　c)暗式圆扁通用双极插座

d) 圆式三相四极插座　　e) 防水暗式圆扁通用双极插座

图 5-13　常用插座

（2）插座的安装　插座的种类较多，用途各异。插座安装方式有明装和暗装两种，方法与开关安装一样。在住宅电气设计中，以暗装插座居多。在安装中，住宅照明、空调、家用电器（如空调、微波炉、电冰箱、消毒柜、电饭煲、电视等）所用插座多为两孔、三孔单相插座。安装插座时，插座接线孔要按一定顺序排列。单相双孔插座双孔垂直排列时，相线孔在上方，中性线孔在下方；单相双孔插座水平排列时，相线在右孔，中性线在左孔；单相三孔插座，保护接地在上孔、相线在右孔、中性线在左孔，如图 5-14 所示。安装三相四孔插座时，上边的大孔与保护接地线相连，下边三个较小的孔分别接三相电源的

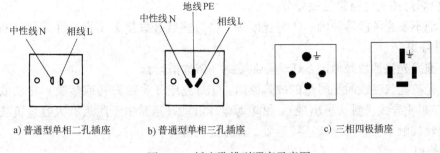

a) 普通型单相二孔插座　　　b) 普通型单相三孔插座　　　　c) 三相四极插座

图 5-14　插座孔排列顺序示意图

相线。

（3）家用插座安装要求

1）普通家用插座的额定电流为 10A，额定电压为 250V。

2）插座的安装位置距地面高度：明装时一般应不小于 1.3m，以防小孩用金属丝（如铁丝）探试插孔而发生触电事故。

3）对于电视、电脑、音响设备、电冰箱等，一般是安装插孔带防护盖的暗插座，其距地面高度不应小于 200mm，这是为了方便上述家电接插的需要。

4）住宅空调插座，通常使用单独电源线供电，功率较大的，选择额定电流为 16A 的插座。

5）电饭煲、电炒锅、电水壶等电炊具一般设在厨房灶台上，它们的插座通常安装在灶台的上方，且距离台板面不小于 200mm。

5.1.5　发光元件

1. 白炽灯

白炽灯具有结构简单、安装简便、使用可靠、成本低、光色柔和等特点，是应用最普遍的一种照明灯具。一般为无色透明灯泡，也可根据需要制成磨砂灯泡、乳白灯泡及彩色灯泡。

（1）白炽灯的构造　白炽灯由灯丝、玻璃壳、玻璃支架、引线和灯头等组成，如图 5-15 所示。灯丝一般用钨丝制成，当电流通过灯丝时，由于电流的热效应使灯丝温度上升至白炽程度而发光。功率在 40W 以下的灯泡，制作时将玻璃壳内抽成真空；功率在 40W 及以上的灯泡则在玻璃壳内充有氩气或氮气等惰性气体，使钨丝在高温时不易挥发。

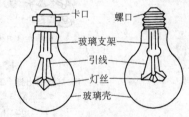

图 5-15　白炽灯泡的构造

（2）白炽灯的种类　白炽灯的种类很多，按其灯头结构可分为插口式和螺口式两种；按其额定电压分为 6V、12V、24V、36V、110V 和 220V 等 6 种。就其额定电压来说，有 6～36V 的安全照明灯泡，做局部照明用，如手提灯、车床照明灯等；有 220～230V 的普通白炽灯泡，做一般照明用。按其用途分为普通照明用白炽灯、投光型白炽灯、低压安全灯、红外线灯及各类信号指示灯等。各种不同额定电压的灯泡外形很相似，所以在安装使用灯泡时应注意灯泡的额定电压必须与线路电压一致。

（3）白炽灯照明电路常见故障分析

1）灯泡不发光的故障原因：①灯丝断裂；②灯座或开关接触不良；③熔丝烧断；④电路开路；⑤停电。

2）灯泡发光强烈故障原因：灯丝局部短路（俗称搭丝）。

3）灯光忽亮忽暗或时亮时熄的故障原因：①灯座或开关触头（或接线）松动或表面存在氧化层（铝质导线、触头易出现）；②电源电压波动（通常由于附近有大容量负载经常起动）；③熔丝接触不良；④导线连接不妥，连接处松散等。

2. 荧光灯

荧光灯俗称日光灯，其发光效率较高，约为白炽灯的四倍，具有光色好、寿命长、发光柔和等优点，其照明线路与白炽灯照明线路相似，同样具有结构简单、使用方便等特点，因此，荧光灯也是应用较普遍的一种照明灯具。荧光灯照明线路主要由灯管、镇流器、辉光启动器、灯座和灯架等组成。目前市场上出现各式各样形状和节能型荧光灯，管内壁荧光粉发光效率更高，采用电子镇流技术，体积更小，使用方便、美观。

（1）灯管 由玻璃管、灯丝和灯丝引出脚等组成，其外形结构如图 5-16a 所示。玻璃管内抽成真空后充入少量汞（水银）和氩等惰性气体，管壁涂有荧光粉，两端各有一根灯丝，灯丝通过灯丝引出脚与电源相接。

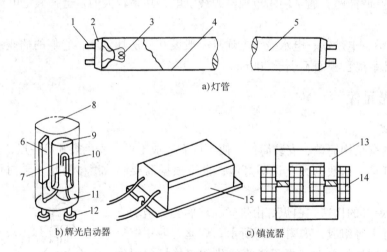

a) 灯管

b) 辉光启动器　　　　c) 镇流器

图 5-16　荧光灯照明装置的主要部件结构
1—灯丝引出脚　2—灯头　3—灯丝　4—荧光粉　5—玻璃管　6—电容器
7—静触片　8—外壳　9—氖泡　10—动触片　11—绝缘底座
12—出线脚　13—铁心　14—线圈　15—金属外壳

当灯丝引出脚与电源相接后，灯丝通过电流而发热，灯丝便发射出大量的电子。电子不断轰击水银蒸气，产生紫外线；紫外线射到管壁的荧光粉上，发出近似日光的可见光。氩气的作用是帮助启辉，保护电极，延长灯管使用寿命。灯管常用规格有 6W、8W、12W、15W、20W、30W 及 40W 等。灯管外形除直线形外，也有制成环形或 U 形等。

（2）辉光启动器 由氖泡、纸介质电容器、出线脚和外壳等组成，如图 5-16b 所示。氖泡内装有倒 U 形的动触片和一个固定的静触片，平时动触片和静触片分开，二者相距约 0.5mm。

　　辉光启动器相当于一个自动开关，使电路自动接通和断开。纸介电容器与两触片并联，它的作用是消除或减弱荧光灯对无线电设备的干扰。辉光启动器的外壳是铝质或塑料的圆筒，起保护作用。常用规格有 4 ~ 8W、15 ~ 20W、30 ~ 40W，还有通用型 4 ~ 40W 等。用于放置辉光启动器的辉光启动器座，常用塑料或胶木制成。

　　(3) 镇流器　　电感式镇流器主要由铁心和线圈等组成，如图 5-16c 所示。电感式镇流器有两个作用：在起动时与辉光启动器配合，产生瞬时高压，使灯管启辉；工作时限制灯管中的电流，以延长荧光灯的使用寿命。电感式镇流器有单线圈和双线圈两种结构形式。前者有两只接头，后者有四只接头，外形相同，单线圈镇流器应用较多。选择镇流器的功率时，必须与灯管的功率及辉光启动器的规格相符。

　　(4) 灯座　　荧光灯灯座有几种形式，常用灯座有开启式、弹簧式和旋拧式三种。灯座规格有大型的，适用于 15W 及以上的灯管；有小型的，适用于 6 ~ 12W 灯管。都是利用灯座的弹簧铜片卡住灯管两头的引出脚来接通电源，灯座还起支撑灯管的作用。灯座一般固定在灯架上，灯架有木制和铁制的。镇流器、辉光启动器等也装置在灯架上。灯架便于荧光灯安装，具有美观、防尘的作用。简易安装荧光灯时，也可省去灯座、灯架，用导线直接将镇流器、辉光启动器、灯管相连接。

　　(5) 电子镇流器简介
随着电子技术的发展，出现用电子镇流器代替普通电感式镇流器和辉光启动器的节能型荧光灯。它具有功率因数高、低压起动性能好、噪声小等特点。其内部结构及接线如图5-17 所示。

　　电子镇流器由四部分组成：①整流滤波电路，由 VD_1 ~ VD_4 和 C_1 组成桥式整流电

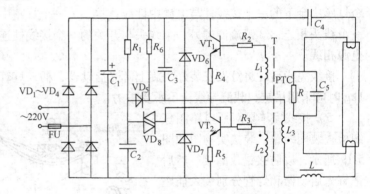

图 5-17　电子镇流器电路

容滤波电路，将 220V 单相交流电变为 300V 左右直流电。②由 R_1、C_2 和 VD_8 组成触发电路。③高频振荡电路由晶体管 VT_1、VT_2 和高频变压器等元件组成，其作用是在灯管两端产生高频正弦电压。④串联谐振电路由 C_4、C_5、L 及荧光灯灯丝电阻组成，其作用是产生启动点亮灯管所需的高压。荧光灯启辉后灯管内阻减小，串联谐振电路处于失谐状态，灯管两端的高启辉电压下降为正常工作电压，线圈 L 起稳定电流的作用。

　　(6) 荧光灯电路工作原理　　图 5-18 所示为常见荧光灯电路原理图，使用的是单线圈镇流器，其工作原理如下：

　　当开关合上时，电源接通瞬间，辉光启动器的动、静触片处于断开状态，电源电压经镇流器、灯丝全部加在辉光启动器的两触片间，使氖管辉光放电而发热。动触片受热后膨胀伸展与静触片相接，电路接通。这时电流流过镇流器和灯丝，使灯丝预热并发射电子。动、静触片接触

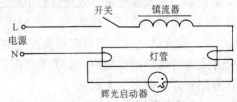

图 5-18　荧光灯电路原理图

后，氖管停止放电，动触片冷却后与静触片分离，电路断开。在电路断开瞬间，因自感作用，镇流器线圈两端产生很高的自感电动势，它和电源电压串联，叠加在灯管的两端，造成管内惰性气体电离，产生弧光放电，使灯管启辉。启辉后灯管正常工作，一半以上的电源电压加在镇流器上，镇流器起限制电流、保护灯管的作用。辉光启动器两触片间的电压较低时不能引起氖管的放电。

（7）荧光灯的安装　荧光灯的具体安装步骤如下：

1）安装前的检查。安装前先检查灯管、镇流器、辉光启动器等有无损坏，镇流器和辉光启动器是否与灯管的功率相配合。特别注意，镇流器与荧光灯管的功率必须一致，否则会烧毁镇流器或灯管。

2）各部件安装。悬吊式安装时，应将镇流器用螺钉固定在灯架的中间位置；吸顶式安装时，尽量不要将镇流器放在灯架上，以免散热困难，可将镇流器放在灯架外的其他位置。

3）将辉光启动器座固定在灯架的一端或一侧上，两个灯座分别固定在灯架的两端，中间的距离按所用灯管长度量好，使灯脚刚好插进灯座的插孔中。

4）电路接线。各部件位置固定好后，按图5-18所示电路进行接线。

①用导线将辉光启动器座上的两个接线柱分别与两个灯座中的一个接线柱连接；②将一个灯座中余下的一个接线柱与电源中性线连接，另一个灯座中余下的一个接线柱与镇流器的一个线头相连；③镇流器的另一个线头与开关的一个接线柱连接；④开关的另一个接线柱接电源相线。

接线完毕后，将灯架安装好，旋上辉光启动器，插入灯管。注意当整个荧光灯重量超过1kg时应采用吊链，载流导线应不承受重力。

5）接线完毕要对照电路图仔细检查装配线路，装接实物图如图5-19所示，以防接错或漏接，然后把辉光启动器和灯管分别装入插座内。接电源时，其相线应经开关连接在镇流器上。通电试验正常后即可投入使用。

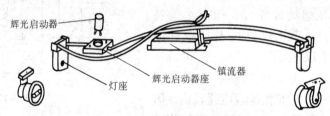

图5-19　荧光灯线路的装接实物图

（8）荧光灯常见故障　由于荧光灯的附件较多，故障比白炽灯多。荧光灯常见故障及原因如下：

1）接上电源后，荧光灯不亮的故障原因：①灯脚与灯座、辉光启动器与辉光启动器座接触不良；②灯丝断；③镇流器线圈断路；④新安装荧光灯接线错误；⑤电源未接通。

2）灯管寿命短或发光后立即熄灭的故障原因：①镇流器配用规格不合适或质量较差；②镇流器内部线圈短路，致使灯管电压过高烧毁灯丝；③受到剧震，使灯丝震断；④新安装灯管因接线错误将灯管烧坏。

3）荧光灯光闪动或只有两头发光的故障原因：①辉光启动器氖泡内的动、静触片不能分开或电容器被击穿短路；②镇流器配用规格不合适；③灯脚松动或镇流器接头松动；④灯管陈旧；⑤电源电压太低。

4）荧光在灯管内滚动或灯光闪烁的故障原因：①新管暂时现象；②灯管质量不好；③镇流器配用规格不合适或接线松动；④辉光启动器接触不良或损坏。

5）灯管两端发黑或生黑斑的原因：①灯管陈旧，寿命将终的现象；②如为新灯管，可能因辉光启动器损坏使灯丝发射物质加速挥发；③灯管内水银凝结，是灯管常见现象；④电源电压太高或镇流器配用不当。

6）镇流器有杂音或电磁声的故障原因：①镇流器质量较差或其铁心的硅钢片未夹紧；②镇流器过载或其内部短路；③镇流器受热过度；④电源电压过高引起镇流器发出声音；⑤辉光启动器不好，引起开启时辉光杂音；⑥镇流器有微弱声音，但影响不大。

7）镇流器过热或冒烟的故障原因：①镇流器内部线圈短路；②电源电压过高；③灯管闪烁时间过长。

5.1.6　电流互感器

电流互感器是一种特殊的变压器，广泛应用于工作电流较高的电力系统中，电流互感器是能够将大电流变成小电流的一种变压器，是供测量和继电保护用的重要电气设备，主要作用是电流变换和电路隔离，如图 5-20 所示。其特点是一次绕组匝数很少，只有一匝到几匝，它串联在被测电路中，流过被测电流，这个电流与普通变压器的一次电流不相同，它与电流互感器二次侧的负载大小无关。二次绕组的匝数比较多，常与电流表或其他电器和仪表的电流线圈串联形成闭合回路。

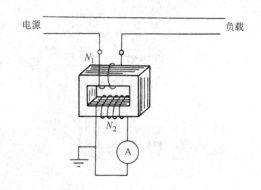

图 5-20　电流互感器原理图

1. 电流互感器安装

（1）选型　电流互感器二次额定电流通常为 5A，一次额定电流在 10～25000A 之间。在选择电流互感器时，必须按互感器的额定电压、二次额定电流（变比）、二次侧负载阻抗值及要求的准确度等级等适当选取。若没有与主电路额定电流相符的电流互感器，就选取容量接近而稍大的。

电流互感器铭牌上表示变比有三种方法。如表 5-2 和表 5-3 所示。

表 5-2　电流互感器铭牌表示

一次电流/A			50		
一次线圈匝数	1	2	3	5	10

表 5-3　电流互感器铭牌表示

一次电流/A	150	75	50	30	15
一次线圈匝数	1	2	3	5	10

1）如表 5-2 所示，在一次电流行中用钢字头打数字 50，50 下方对着数字 3。这说明该互感器变比为 50/5，穿芯导线圈数为 3，一次侧最大允许电流为 50A。

2）如表 5-3 所示，这种互感器，适用电流范围有五种。一次电流 150A 时，穿芯导线圈数为 1 圈，变比为 150/5。当一次电流 75A 时，穿芯导线圈数为 2 圈，变比为 75/5。如此类推。

3）在铭牌上直接表明一次电流最大值和变比，如 50/5；穿芯导线圈数，如 3 圈。例如电流互感器铭牌标有 LMZ1—0.5 代表穿芯式电流互感器，准确度为 0.5 级。

（2）接线 电流互感器外形及接线如图 5-21 所示。电流互感器应安装在电能表的前端；从电源端来的导线由 L_1 端穿过互感器，引到负载上；K_1、K_2 分别接电能表的电流端子或接电流表，并 端接地。

电流互感器二次侧标有"K_1"或"S_1"、"+"的接线柱要与电能表电流线圈的进线端连接，标有"K_2"或"S_2"、"－"的接线柱要与电能表电流线圈的出线端连接，不可接反，电流互感器的一次侧标有"L_1"或"P_1"、"+"的接线端应接电源进线，标有"L_2"或"P_2"、"－"的接线端应接电源出线；二次侧的"K_2"或"S_2"、"－"、外壳和铁心都必须可靠接地。

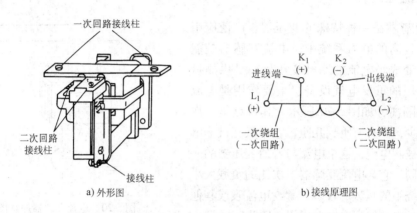

图 5-21 电流互感器外形及接线

2. 使用注意事项

使用电流互感器时，同样需注意以下几点：

1）电流互感器在运行时二次侧不得开路。因为运行中二次侧开路，二次侧电流表的去磁作用消失，而一次电流不变，互感器的磁势激增到 I_1N_1，使铁心中的磁通密度增大很多倍，磁路严重饱和，造成铁心过热，使绝缘加速老化或击穿，且开路时产生的过高电压将危及人身安全。因此，电流互感器的二次侧电路中绝对不允许接熔断器；在运行中如果要拆下电流表，应先将二次侧短路。

2）铁心和二次侧要同时可靠地接地，以免高压击穿绝缘时危及仪表和人身安全。

3）其二次侧接有功率表或电能表的电流线圈时，一定要注意极性。

4）电流互感器要与电流表匹配：一般电流互感器二次绕组额定电流为 5A，一次绕组有各种额定电流。

5）电流互感器的负载大小，影响到测量的准确度。一定要使二次侧的负载阻抗小于要求阻抗值，并且所用电流互感器的准确度等级比所接仪表的准确度等级高两级，以保证测量的准确度。

6）穿芯导线圈数是指载流导体穿过电流互感器内圈的次数。

5.1.7 电能表

电能表是累计记录用户一段时间内消耗电能多少的仪表，在工业和民用配电线路中应用广泛。

1. 分类

按使用功能分有功电能表和无功电能表。有功电能表的计量单位为"千瓦·小时"（即通常所说的"度"）或"kW·h"；无功电能表的计量单位为"千乏·小时"或"kvar·h"。按接线不同分为三相四线制和三相三线制两种。根据负载容量和接线方式不同又可分为直接式和间接式两种。直接式常用于电流容量较小的电路中，常用规格有 10A、20A、50A、75A 和 100A 等多种。间接式三相电能表用的规格是 5A 的，与电流互感器连接后，用于电流较大的电路中。电能表按其结构及工作原理可分为电气机械式、电子数字式等，其中电气机械式电能表数量多，应用最广，按其测量的相数分，可分为单相电能表和三相电能表。

2. 电能表读数

电能表面板上方有一个长方形的窗口，窗口内装有机械式计数器，右起最后一位数字为十分位小数，在这个数字之左，从右到左依次是个位、十位、百位和千位，如图5-22所示。电能表安装好后应记下原有的底数，作计量用电的起点。第二次抄表所得数字与底数之差，即为两次抄表时

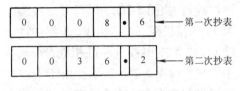

图 5-22　电能表读数

间间隔内用电的度（kW·h）数；若电能表安装经过了电流互感器连接，抄表所得数字与底数之差乘以电流互感器的变比，即为两次抄表时间间隔内用电的度（kW·h）数。

电能表表盘上有"1kW·h = □盘转数"或"□转/kW·h"；"1kvar·h = □盘转数"或"□转/kvar·h"表示电能表常数，就是电能表的计数器的指示数和圆盘转数之间的比例数，"□"即表示 1 度电或 1 千乏·小时转盘要转的圈数。

3. 单相电能表

（1）规格　单相电能表多用于家用配电线路中，其规格多用工作电流表示，常用规格有 1A，2A，3A，5A，10A，20A 等。单相电能表的外形如图 5-23 所示。

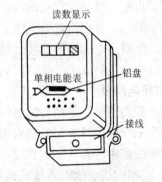

图 5-23　单相电能表的外形

（2）结构　单相电能表的内部结构如图 5-24所示。它的主要部分是两个电磁铁、一个铝盘和一套计数机构。电磁铁的一个线圈匝数多、线径小，与电路的用电器并联，称为电压线圈。另一个线圈匝数少、线径大，与电路的用电器串联，称为电流线圈。铝盘在电磁铁中因电磁感应产生感应电流，因而在磁场力作用下旋转，带动计数机构在电能表的面板上显示出读数。当用户的用电设备工作时，其面板窗口中的铝盘将转动，带动计数机构在其机械式

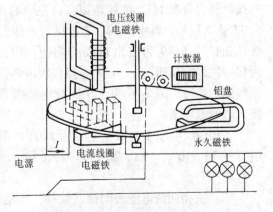

图 5-24　单相电能表的内部结构

计数器窗口中显示出读数。电路中负载越大，电流越大，铝盘旋转越快，单位时间内读数越大，用电也越多。

（3）单相电能表接线 一般家庭用电量不大，电能表可直接接在电路中，单相电能表接线盒里共有四个接线端，从左至右按1、3、4、5编号。直接接线方法一般有两种：1）按编号1、4接进线（1接相线，4接中性线），3、5接出线（3接相线，5接中性线），如图5-25a所示。2）按编号1、3接进线（1接相线，3接中性线），4、5接出线（5接相线，4接中性线）如图5-25b所示。由于有些电能表的接线方法特殊，在具体接线时，应以电能表接线盒盖内侧的线路图为准。

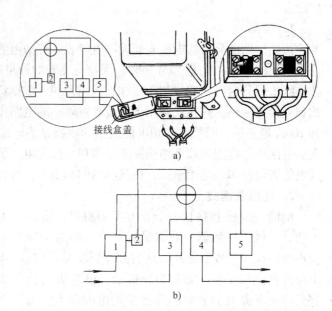

接线盒盖

a)

b)

图5-25 单相电能表接线

单相电能表的选用规格应根据用户的负载总电流来定。可根据公式 $P = UI\cos\varphi$ 计算出用电总功率，再来选择相应规格的电能表。判断电能表电压线圈和电流线圈端子的方法是将万用表置于电阻档，分别测量电阻值，测量结果电阻值大的是电压线圈，电阻值接近为零的为电流线圈。照明用电能表的安装，通常是在完成布线和安装完灯具、灯泡、灯管之后，才安装配电箱、电能表等。

4. 三相电能表

三相电能表主要用于动力配电线路中，由三个同轴的基本计量单位组成，只有一套计数器，其基本工作原理与单相电能表相似。多用于动力和照明混合供电的三相四线制线路中。随着大功率的家用电器（如空调器、热水器）的普及，三相电能表也正在步入家庭。

（1）三相四线电能表直接式接线 常用三相四线电能表有DT1和DT2系列。DT型三相四线电能表共有11个接线端钮，自左向右由1到11依次编号，其中1、4、7为接入电能表相线端钮；3、6、9为接出相线的端钮；10、11为接中性线的端钮；2、5、8为接仪表内部各电压线圈的端钮。图5-26为三相四线电能表直接接入时的原理图。

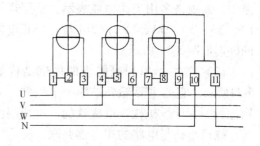

图5-26 三相四线电能表直接接入时的原理图

三相四线电能表的额定电压为220V，额定电流有5A、10A、15A、20A等多种，其中，额定电流为5A的必要时可以配电流互感器接入电路。

（2）三相四线电能表间接式接线 电能表总共有11个端子，电压线圈有2、5、8、10端子分别接电源U（黄线）、V（绿线）、W（红线）相线和N（黑线）中性线；电能表电流线圈入线 1、4、7 端子分别接电流互感器 K_1 端；电能表电流线圈出线 3，6，9 端子分别接电流互感器的 K_2 端；电流互感器的 K_2 端接地（黄绿双色线）；电能表外壳接地。接线如图 5-27 所示。

（3）三相三线电能表直接式接线　三相三线制电路的电能测量，一般使用 DS1 和 DS2 型三相三线电能表。它是由两个驱动元件组成的，两个铝盘固定在一个转轴上，称为二元件电能表。三相三线电能表共有 8 个接线端钮，直接接入时，1、4、6 为接入端钮；3、5、8 为接出端钮；2、7 为接表内电压线圈的端钮。在表内，端钮 1 与 2、6 与 7 相连接。图 5-28 为三相三线电能表直接接入时的原理图。

一般来说三相三线电能表的额定电压为 380V，额定电流有 5A、10A、15A、20A、25A 等多种。其中，额定电流为 5A 的电能表用于 5A 以上的电路计量时可以经电流互感器接入。

（4）无功电能表　具有一定容量的发电机、变压器和输电线路，发出和输送的视在功率是常数，若无功功率 Q 增大，有功功率 P 就要减小。无功功率的存在还会增大输电线路的电压损耗，使用电设备不能正常运行。无功电能的测定，在电力生产、输送和消耗过程中都是必要的，无功电能表的接线与有功电能表相同。但是内部电压线圈与有功电能表内部电压线圈的接线完全不同，DX862—2 型无功电能表内部电压线圈和电流互感器接线如图 5-29 所示。

1、4、7 端分别接 K_1；3、6、9 端分别接 K_2；2、5、8 端分别接电源 U、V、W 相线；

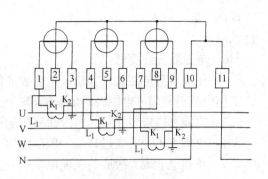

图 5-27　三相四线电能表间接式接线图

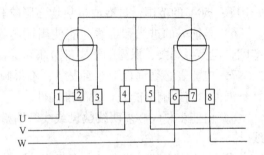

图 5-28　三相三线电能表直接接入时的原理图

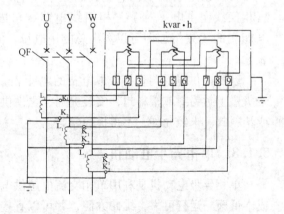

图 5-29　DX862—2 型无功电能表的接线

K_2 和外壳必须可靠接地。有功电能表和无功电能表联合接线时，只要将两电能表电流线圈串联，电压线圈并联，然后按单表接线方法即可。

5．电子式电能表

电子式电能表主要利用电子线路来实现电能的计量、检测。测量准确度高，自身能耗较低，使用寿命长，较好地克服了机械式电能表计量误差大、电能表本身耗电量较高的缺点。并且在此基础上又发展了卡式电能表和远程抄表系统，使电能的管理实现智能自动控制，大大提高了电力管理部门的工作效率。作为一种发展的趋势，电子式电能表现正得到越来越广泛的应用。

6. 电能表安装要求

1）正确选择电能表的容量。电能表的额定电压与用电器的额定电压相一致，负载的最大工作电流不得超过电能表的最大额定电流。

2）电能表应安装在箱体内或涂有防潮漆的木制底盘、塑料底盘上。

3）电能表不得安装过高，一般以距地面 1.8~2.2m 为宜。

4）单相电能表一般应装在配电盘的左边或上方，而开关应安装在右边或下方。与上、下进线间的距离大约为 80mm，与其他仪表左右距离大约为 60mm。

5）电能表一般安装在走廊、门厅、屋檐下，切忌安装在厨房、厕所等潮湿或有腐蚀性气体的地方。电能表的周围环境应干燥、通风，安装应牢固、无振动。其环境温度不可超出 -10℃~50℃ 的范围，过冷或过热均会影响其准确度。

6）电能表的进线和出线，应使用铜芯绝缘线，线芯截面积不得小于 1.5mm²。接线要牢固，但不可焊接，裸露的线头部分不可露出接线盒。

7）电能表必须垂直于地面安装，不得倾斜，其垂直方向的偏移不大于 1°，否则会增大计量误差，将影响电能表计数的准确性。

8）电能表总线必须明线敷设或线管明敷，进入电能表时，一般以"左进右出"原则接线。

9）对于同一种电能表，大多只有一种接线方法是正确的，具体如何接线，一定要参照电能表接线盒上的电路。所以接线前，一定要看懂接线图，按图接线。

10）家用电器多、电流大的豪华住宅，以及小区多层住宅或景区等场所，必须采用三相四线制供电。对于三相四线电路，可以用三只单相电能表进行分相计费，将三只电能表的读数相加即可以算出总的用电量。但是，这样多有不便，所以一般采用三相电能表。

11）由供电部门直接收取电费的电能表，一般由其指定部门验表，然后由验表部门在表头盒上封铅封或塑料封，安装完后，再由供电局直接在接线端头盖上或计量柜门封上铅封或塑料封。未经允许，不得拆掉铅封。

5.1.8 单相异步电动机

单相异步电动机是利用单相交流电源供电的一种小容量交流电动机。由于其结构简单、成本低廉、运行可靠、维修方便，并可以直接在单相 220V 交流电源上使用，因此，被广泛用于办公场所、家用电器中。在工农业生产及其他领域中，单相异步电动机的应用也越来越广泛，如台扇、吊扇、排气扇、洗衣机、电冰箱、吸尘器、电钻、小型鼓风机、小型机床、医疗器械等均需要用单相异步电动机来驱动。

1. 结构

单相异步电动机主要由定子、转子、端盖、轴承和外壳等组成，如图 5-30 所示。

（1）定子　定子由定子铁心和线圈组成，定子铁心是由硅钢片叠压而成，铁心槽内嵌着两套独立的绕组，它们在空间上相差 90° 电角度。一套称为主绕组（工作绕组），另一套称为副绕组（起动绕组），定子结构如图 5-31 所示。

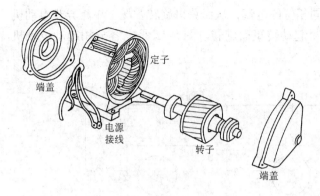

图 5-30　单相异步电动机结构　　　　　　图 5-31　单相异步电动机定子结构

（2）转子　转子为笼型结构，外形如图 5-32 所示。它是在叠压成的铁心上，铸入铝条，再在两端用铝铸成闭合绕组（端环）而成，端环与铝条形如鼠笼。

（3）端盖　端盖是由铸铝或铸铁制成，起着容纳轴承、支撑和定位转子，以及保护定子绕组端部的作用。

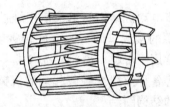

a) 笼型绕组　　　　b) 整体结构

图 5-32　单相异步电动机转子结构

（4）轴承　按电动机容量和种类的不同，所用轴承有滚动轴承和滑动轴承两类，滑动轴承又分为轴瓦和含油轴承两种。

（5）外壳　外壳的作用是罩住电动机的定子和转子，使其不受机械损伤，并防止灰尘和杂物侵入。

2. 原理

当向单相异步电动机的定子绕组中通入单相交流电后，产生一个脉动磁场，该磁场的轴线在空间上固定不变，磁场的大小及方向在不断地变化。

由于磁场只是脉动而不旋转，因此单相异步电动机的转子如果原来静止不动，则在脉动磁场的作用下，转子导体因与磁场之间没有相对运动，将不产生感应电动势和电流，也就不存在电磁力的作用，因此转子仍然静止不动，即单相异步电动机没有起动转矩，不能自行起动。这是单相异步电动机的一个主要缺点。如果用外力拨动一下电动机的转子，则转子导体就切割定子脉动磁场，从而产生感应电动势和电流，并将在磁场中受到电磁力的作用，转子将顺着拨动的方向转动起来。

（1）起动　单相异步电动机因本身没有起动转矩，转子不能自行起动，为了解决电动机的起动问题，人们采取了许多特殊的方法，例如将单相交流电分成两相通入两定子绕组中，或将单相交流电产生的磁场设法使之转动。电容起动是单相异步电动机最常用的起动方法。下面介绍电容分相起动。

单相异步电动机定子铁心上嵌放有两套绕组，即工作绕组 U_1U_2（又称主绕组）和起动绕组 Z_1Z_2（又称副绕组），它们的结构基本相同，但在空间上相差 90°电角度。将电容串入单相异步电动机的起动绕组中，并与工作绕组并联接到单相电源上，选择适当的电容容量，在工作绕组和起动绕组中即可以获得不同相位的电流，从而获得旋转磁场，单相异步电动机的笼型转子在该旋转磁场的作用下，获得起动转矩而旋转。图5-33是电容分相起动电动机接线图。

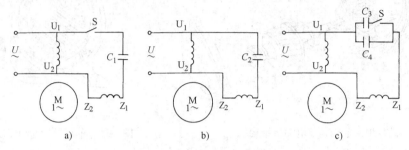

图5-33　电容分相起动电动机接线图

电容运行单相异步电动机结构简单、使用维护方便，只要任意改变起动绕组（或主绕组）首端和末端与电源的接线，即可改变旋转磁场的转向，从而实现电动机的反转。电容运行单相异步电动机常用于台扇、吊扇、洗衣机、电冰箱、通风机、录音机、复印机、电子仪表仪器及医疗器械等各种空载或轻载起动的机械上。图5-34为电容运行洗衣机电动机和电容运行吊扇电动机的结构图。

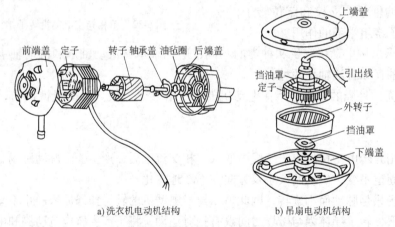

图5-34　电容运行洗衣机电动机和电容运行吊扇电动机的结构图

（2）调速　单相异步电动机调速，一般采用减压调速方法：一是在电动机上串一个带抽头的铁心线圈（电抗器），另一种方法是用晶闸管调压。

3．使用注意事项

在电动机的运行过程中要经常检查电动机转速是否正常，能否正常起动，温升是否过高，是否有焦臭味，在运行中有无杂音和振动等。由于单相异步电动机是使用单相交流电源供电，因此在起动及运行中容易出现电动机无法起动或转速不正常等故障，这主要是由于单相异步电动机某相定子绕组断路、起动电容故障、离心开关故障或电动机负载过重等原因造成的。单相异步电动机加上单相交流电源后，如发现电动机不转，必须立即切断电源，以免损坏电动机。发现上述情况，必须查出故障原因。在故障排除后，再通电试运行。其中最易碰到的故障是给单相异步电动机加上单相交流电源后，电动机不转，但如果去拨动一下电动机转子，电动机就顺着拨动的方向旋转起来，这主要是由起动绕组电路断开所致，也可能是电动机长期未清洗，阻力太大或拖动的负载太大引起的。

5.1.9　漏电保护断路器

漏电保护断路器，通常被称为漏电保护开关或漏电保护器，是为了防止低压电网中人身触电或漏电造成火灾等事故而研制的一种新型电器，除了有断路器的作用外，还能在设备漏电或人身触电时迅速断开电路，保护人身和设备的安全，因而使用十分广泛。

1. 分类

漏电保护断路器因不同电网、不同用户及不同保护的需要，有很多类型。按动作原理可分为电压动作型和电流动作型两种，因电压动作型的结构复杂，检测性能差，动作特性不稳定，易误动作等，目前已趋于淘汰，现在多用电流动作型（剩余电流动作保护器）；按电源分有单相和三相之分；按极数分有二、三、四极之分；按其内部动作结构又可分为电磁式和电子式，其中电子式可以灵活地实现各种要求并具有各种保护性能，现已向集成化方向发展。目前，电器生产厂家把断路器和漏电保护器制成模块结构，根据需要可以方便地把二者组合在一起，构成带漏电保护的断路器，其电气保护性能更加优越。

2. 漏电保护断路器工作原理

（1）三相漏电保护断路器　三相漏电保护断路器的基本原理与结构如图 5-35 所示，由主回路断路器（含跳闸脱扣器）和零序电流互感器、放大器三个主要部件组成。

当电路正常工作时，主电路电流的相量和为零，零序电流互感器的铁心无磁通，其二次绕组没有感应电压输出，开关保持闭合状态。当被保护的电路中有漏电或有人触电时，漏电电流通过大地回到变压器中性点，从而使三相电流的相量和不等于零，零序电流互感器的二次绕组中就产生感应电流，当该电流达到一定的数值并经放大器放大后就可以使脱扣器动作，使断路器在很短的时间内动作而切断电路。

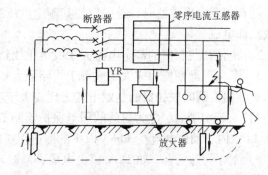

图 5-35　三相漏电保护断路器的工作原理示意图

在三相五线制配电系统中，零线一分为二：工作零线（N）和保护零线（PE）。工作零线与相线一同穿过漏电保护断路器的互感器铁心，通过单相回路电流和三相不平衡电流。工作零线末端和中端均不可重复接地。保护零线只作为短路电流和漏电电流的主要回路，与所有设备的接零保护线相接。它不能经过漏电保护断路器，末端必须进行重复接地。图 5-36 为漏电保护与接零保护共用时的正确

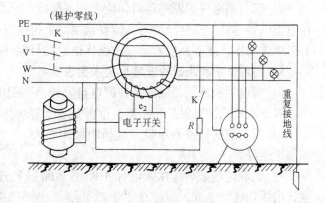

图 5-36　漏电保护与接零保护共用时的正确接法

接法。漏电保护断路器必须正确安装接线。错误的安装接线可能导致漏电保护器的误动作或拒动作。

（2）单相电子式漏电保护断路器　家用单相电子式漏电保护器的外形及动作原理如图5-37所示。其主要工作原理为：当被保护电路或设备出现漏电故障或有人触电时，有部分相线电流经过人体或设备直接流入地线而不经零线返回，此电流则称为漏电电流（或剩余电流），它由漏电流检测电路取样后进行放大，在

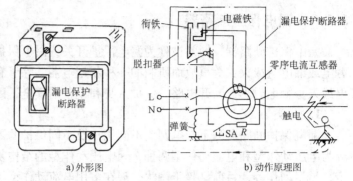

a)外形图　　　　b)动作原理图

图5-37　单相电子式漏电保护器

其值达到漏电保护器的预设值时，将驱动控制电路开关动作，迅速断开被保护电路的供电电源，从而达到防止漏电或触电事故的目的。而若电路无漏电或漏电电流小于预设值时，电路的控制开关将不动作，即漏电保护器不动作，系统正常供电。

漏电保护断路器的主要型号有：DZ5—20L、DZ15L系列、DZL—16、DZL18—20等，其中DZL18—20型由于放大器采用了集成电路，使其体积更小、动作更灵敏、工作更可靠。

3. 漏电保护断路器的选用

1）应根据所保护的线路或设备的电压等级、工作电流及其正常泄漏电流的大小来选择。在选用漏电保护器时，首先应使其额定电压和额定电流值大于或等于线路的额定电压和负载工作电流。

2）应使其脱扣器的额定电流大于或等于线路负载工作电流。

3）其极限通断能力应大于或等于线路最大短路电流，线路末端单相对地短路电流与漏电保护断路器瞬时脱扣器的整定电流之比应大于或等于1.25。

4）对于用于防触电为目的的漏电保护断路器，如家用电器配电线路，宜选用动作时间为0.1s以内、动作电流在30mA以下的漏电保护断路器。

5）对于特殊场合，如220V以上电压、潮湿环境且接地有困难，或发生人身触电会造成二次伤害时，供电回路中应选择动作电流小于15mA、动作时间在0.1s以内的漏电保护器。

6）选择漏电保护断路器时，应考虑灵敏度与动作可靠性的统一。漏电保护断路器的动作电流选得越低，安全保护的灵敏度就越高，但由于供电回路设备都有一定的泄漏电流，容易造成误动作，或不能投入运行，破坏供电的可靠性。

4. 漏电保护断路器的安装及技术要求

1）漏电保护断路器应安装在配电盘上或照明配电箱内。安装在电能表之后，熔断器之前。对于电磁式漏电保护断路器，也可安装于熔断器之后。

2）所有照明线路的导线（包括中性线在内），均需通过漏电保护断路器，且中性线必须与地绝缘。

3）电源进线必须接在漏电保护断路器的正上方，即外壳上标有"电源"或"进线"端；出线均接在下方，即标有"负载"或"出线"端。倘若将进线、出线接反了，将会导致其动作后烧毁线圈或影响接通、分断能力。

4）安装漏电保护断路器后，不能拆除单相刀开关或瓷插、熔丝盒等。这样一是维修设备时有一个明显的断开点；二是在刀开关或瓷插中安装有熔体起着短路或过载保护的作用。

5）漏电保护断路器安装后若是始终合不上闸，说明用户线路对地漏电可能超过了额定漏电动作电流值，应将保护器的"负载"端上的导线拆开（即将照明线拆下来），对线路进行检修，合格后才能送电。如果漏电保护断路器"负载"端线路断开后仍不能合闸，则说明漏电保护断路器有故障，应送有关部门进行修理，用户切勿乱调乱动。

6）漏电保护器在安装后先带负荷分、合开关三次，不得出现误动作；再用试验按钮试验三次，应能正确动作（即自动跳闸，负载断电）。按动试验按钮时间不要太长，以免烧坏保护器，然后用试验电阻接地试验一次，应能正确动作，自动切断负载端的电源。方法是：取一只 7kΩ（220V/30mA＝7.3kΩ）的试验电阻，一端接漏电保护器的相线输出端，另一端接触一下良好的接地装置（如水管），漏电保护断路器应立即动作，否则，此漏电保护断路器为不合格产品，不能使用。严禁用相线（相线）直接碰触接地装置试验。

7）运行中的漏电保护断路器，每月至少用试验按钮试验一次，以检查保护器的动作性能是否正常。

5. 使用注意事项

1）漏电保护断路器的保护范围应是独立回路，不能与其他线路有电气上的连接。一台漏电保护断路器容量不够时，不能两台并联使用，应选用容量符合要求的漏电保护断路器。

2）安装漏电保护断路器后，不能撤掉或降低对线路、设备的接地或接零保护要求及措施，安装时应注意区分线路的工作零线和保护零线。工作零线应接入漏电保护断路器，并应穿过漏电保护断路器的零序电流互感器。经过漏电保护断路器的工作零线不得作为保护零线，不得重复接地或接设备的外壳。线路的保护零线不得接入漏电保护断路器。

3）在潮湿、高温、金属占有系数大的场所及其他导电良好的场所，必须设置独立的漏电保护断路器，不得用一台漏电保护断路器同时保护二台以上的设备（或工具）。

4）安装不带过电流保护的漏电保护断路器时，应另外安装过电流保护装置。采用熔断器作为短路保护时，熔断器的安秒特性与漏电保护断路器的通断能力应满足选择性要求。

5）安装时应按产品上所标示的电源端和负载端接线，不能接反。

6）使用前应操作试验按钮，看是否能正常动作，经试验正常后方可投入使用。

7）有漏电动作后，应查明原因并予以排除，然后按试验按钮，正常动作后方可使用。

5.2　室内配线

室内配线分明配线和暗配线二种。导线沿墙壁、天花板、桁架及梁柱等明敷的，称明配线；导线穿管埋设在墙内、地板下或安装在顶棚里的，称为暗配线。

5.2.1　室内配线的技术要求及施工工序

1. 室内配线的技术要求

（1）明敷线的技术要求

1）室内水平敷设导线距地面不得低于 2.5m，垂直敷设导线距地面不低于 1.8m。室外水平和垂直敷设距地面均不得低于 2.7m，否则应将导线穿在钢管内或硬塑料管内加以保护。

2）导线过楼板时应穿钢管或硬塑料管保护，管长度应从高于楼板 2m 处引至楼板下出口处。

3）导线穿墙或过墙要用瓷管（或塑料管）保护。瓷管两端出线口伸出墙面不小于10mm，以防导线和墙壁接触，导线穿出墙外时，穿线管应向墙外地面倾斜或使用有瓷弯头的套管，弯头管口向下，以防雨水流入管内。

4）导线沿墙壁或天花板敷设时，导线与建筑物之间的距离一般不小于100mm，导线敷设在通过伸缩缝的地方应稍松弛。

5）导线相互交叉时，为避免碰线，每根导线上应套上塑料管或其他绝缘管，并将套管固定，不得移动。

6）绝缘导线之间的最小距离、固定点间最大允许距离以及与建筑物的最小距离，应符合有关规定。

（2）穿管敷设的技术要求

1）穿管敷设绝缘导线的电压等级不应小于交流500V，绝缘导线穿管应符合有关规定。导线芯线的最小截面积规定铜芯 $1mm^2$（控制及信号回路的导线截面积不在此限）；铝芯线截面积不小于 $2.5mm^2$。

2）同一单元、同一回路的导线应穿入同一管路，对不同电压、不同回路、不同电流种类的供电导线或非同一控制对象的导线，不得穿入同一管子内。互为备用的线路亦不得共管。导线在管内不应有接头和扭结，接头应设在接线盒（箱）内。

3）同一设备或同一流水作业设备的电力线路和无防干扰要求的控制回路、照明回路以及同类照明的几个回路等，可以共用一根管，但照明线不得多于8根。

4）所有穿管线路，管内不得有接头。采用一管多线时，管内导线的总截面积（包括绝缘层）不应超过管内截面积的40%。在钢管内不准穿单根导线，以免形成交变磁通，带来损耗。

5）穿管明敷线路应采用镀锌或经涂漆的焊接管或硬塑料管。明敷设用的钢管壁厚度不小于1mm，硬塑料管壁厚度不应小于2mm。

6）穿管线路长度太长时，应加装一个接线盒。为便于导线的安装与维修，对接线盒的位置有以下规定：①无弯曲转角时，不超过45m处安装一个接线盒；②有一个弯曲转角时，不超过30m；③有两个弯曲转角时，不超过20m；④有三个弯曲转角时，不超过12m。

2. 室内配线的施工工序

不论何种布线方式，其施工工序基本上是相同的。它包括以下几道工序：

1）根据照明电气施工图确定配电箱、灯座、插座、开关、接线盒和木砖等预埋件的位置。

2）确定导线敷设的路径，穿墙和穿楼板的位置。

3）配合土建施工，预埋好线管或布线固定材料、接线盒（包括插座盒、开关盒、灯座盒）及木砖等预埋件。对于线管弯头多或穿线难度大的场所，预先在线管中穿好引导铁丝。

4）安装固定导线的元件。

5）敷设导线。

6）连接导线及分支、包缠绝缘。

7）检查线路安装质量。

8）完成灯座、插座、开关及用电设备的接线。

9）绝缘测量及通电试验，全面验收。

3. 室内配线方法

室内配线要求安全、可靠、美观、经济。室内配线的方式有瓷夹板布线、瓷柱明配线、槽板配线、塑料护套线、硬塑料管或半硬塑料管明暗敷设、钢管明暗敷设及电缆线敷设等。

配线方式的选择应根据不同的环境、用途、安全要求、安装条件及经济条件等因素决定。必须严格设计、严格按电业部门的规定要求认真施工，且要选用合适的配线方式，讲究施工质量。

5.2.2　护套线配线

护套线是一种具有塑料护层的双芯或多芯绝缘导线，它具有防潮、耐酸和耐腐蚀等性能。护套线可直接敷设在空心楼板内和建筑物的表面，用塑料线卡、铝片线卡（现已较少采用）作为导线的支持物。护套线敷设的方法简单、线路整齐美观、造价低廉，目前已逐渐取代瓷夹板、木槽板和绝缘子而广泛用于电气照明及其他小容量配电线路。但护套线不宜直接埋入抹灰层内暗敷，且不适用于室外露天场所明敷和大容量电路。

1. 护套线的敷设

（1）敷设准备工作　根据图纸确定线路的走向，各用电器的安装位置，然后用弹线袋划线，同时按护套线敷设的要求确定固定点：直线敷设段每隔 150～200mm 划出固定塑料卡钉的位置；转角处距转角 50～100mm 处划出固定塑料卡钉的位置；距开关、插座和灯具木台 50～100mm 处都需增设塑料卡钉的固定点。

（2）放线　放线时需两人合作，一人将整盘线套入双手中退线转动，另一人将线头向前拉直，放出的导线不得在地上拖拉，以免损伤护套层。为了使护套线敷设得平直，放线时不要让护套线扭曲。如线路较短，为便于施工，可按实际长度并留有一定的余量将导线剪断。

（3）钉塑料卡钉　固定护套线的塑料卡钉外形如图5-38 所示，常用的塑料卡钉的规格有 4、6、8、10、12号等，号码的大小表示塑料卡钉卡口的宽度。10 号及以上为双钢钉塑料卡钉。根据所敷设护套线应选用相应的塑料卡钉。钉塑料卡钉时根据所敷设的护套线的外形是圆形的还是扁形的，选用圆形卡槽或是方形卡槽的卡钉。同一根护套线上固定单钉塑料卡钉时钢钉的位置应在同一方向（或在同一区域内）。通常用的卡钉是钢钉，可以直接钉在墙上，钉的时候要适可而止。否则，把墙面钉崩了就得换位置重钉。

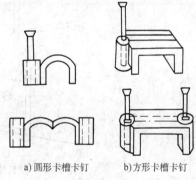

a) 圆形卡槽卡钉　　b) 方形卡槽卡钉

图 5-38　塑料卡钉

（4）接线盒内接线和连接用电设备　剥开导线绝缘层，接好开关、插座、灯头、电器等，然后固定好。

（5）绝缘测量及通电试验　全面检查线路是否正确；用绝缘电阻表测量线路绝缘电阻值，不得小于 0.22MΩ；通电。

2. 护套线配线时的注意事项

1）室内使用护套线时，规定铜芯截面积不得小于 $0.5mm^2$，铝芯不得小于 $1.5mm^2$；室外使用时，铜芯不得小于 $1.0mm^2$，铝芯不得小于 $2.5mm^2$。

2）护套线不可在线路上直接连接，需连接可采用"走回头线"的方法或增加接线盒，将连接或分支接头设在接线盒内。

3）护套线在同一墙面上转弯时，必须保持相互垂直，弯曲导线要均匀，弯曲半径不应小于护套线宽度的 3 倍，太小会损伤线芯（尤其是铝芯线），太大影响线路美观。护套线在转弯前后应各用塑料卡钉固定，如图 5-39 所示。

4）两根护套线相互交叉时，交叉处要用四个塑料卡钉固定护套线。

5）护套线线路的离地最小距离不得小于 0.15m，凡穿楼板及离地低于 0.15m 的护套线，应加钢管（或硬质塑料管）保护，以防导线遭受机械损伤。

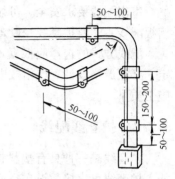

图 5-39　护套线各固定点的位置

5.2.3　塑料槽板配线

槽板配线导线不外露，比较美观，常用于用电量较小的屋内等干燥场所，例如住宅、办公室等屋内布线。以前使用的木槽板布线现已不再使用。现在主要使用塑料槽板，多用于干燥场合做永久性明线敷设，也常用于简易建筑或永久性建筑的附加线路。

1. 塑料槽板的规格

塑料槽板分为槽底和槽盖，施工时先将槽底用木螺钉固定在墙面上，放入导线后再将槽盖盖上。VXC—20 槽板尺寸为 20mm×12.5mm，每根长 2m。塑料槽板安装示意图，如图 5-40 所示，图中所标的各部位附件，如图 5-41 所示。

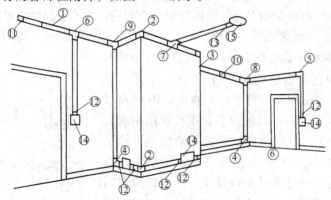

图 5-40　塑料槽板及附件安装示意图（图中序号见图 5-41）

①塑料槽板　②阳角　③阴角　④直转角　⑤平转角　⑥平三通　⑦顶三通　⑧左三通
⑨右三通　⑩连接头　⑪终端头　⑫接线盒插口　⑬灯头盒插口　⑭接线盒　盖板　⑮灯头盒　盖板

图 5-41　塑料槽板及附件

2. 塑料槽板的施工方法

（1）定位画线　为了美观，槽板一般沿建筑物墙、柱、顶的边角处布置，要横平竖直。为了便于施工不能紧靠墙角，有时要有意识地避开不易打孔的混凝土梁、柱。位置定好后先画线，一般用粉袋弹线，由于槽板配线一般都是后加线路，施工过程中要保持墙面整洁。弹线时，横线弹在槽上沿，纵线弹在槽中央位置，这样安装上槽板就将线挡住了。

（2）槽底下料　根据所画线位置将槽底截成合适长度，平面转角处槽底要锯成 45° 斜角，下料时使用手钢锯。有接线盒的位置，槽板到盒边为止。

（3）固定槽底和明装盒　用木螺钉将槽底和明装盒用胀管固定好。槽底的固定点位置，直线段小于 0.5m；短线段距两端 0.1m。在明装盒下部适当位置开孔，用于进线。

（4）下线、盖槽盖　按线路走向将槽盖料下好，由于在拐弯分支的地方都要加附件，槽盖下料时要控制好长度，槽盖要压在附件下 8～10mm。进盒的地方可以使用进盒插口，也可以直接将槽盖压入盒下。直线段对接时上面可以不加附件，接缝要接严。槽盖的接缝最好与槽底接缝错开。将导线放入线槽，槽内不许有接线头，导线接头在接线盒内进行。放导线的同时将槽盖盖上，以免导线掉落。

（5）接线盒内接线和连接用电设备　剥开导线绝缘层，接好开关、插座、灯头、电器等，然后固定好。

（6）绝缘测量及通电试验　全面检查线路正确；用绝缘电阻表测量线路绝缘电阻值，不小于 0.22MΩ；通电。

3. 槽板内导线敷设要求

1）导线的规格和数量应符合设计规定；当设计无规定时，包括绝缘层在内的导线总截面积不应大于线槽截面积的 60%。

2）在可拆卸盖板的槽板内，包括绝缘层在内的导线接头处所有导线截面积之和，不应大于线槽截面积的 75%；导线的接头应置于接线盒内。

5.2.4　塑料 PVC 管配线

塑料 PVC 明敷线管用于环境条件不好的室内线路敷设，如潮湿场所、有粉尘的场所、有防爆要求的场所、工厂车间内不能做暗敷线路的场所。施工步骤是，先定位、画线、安放固定线管用的预埋件，如角铁架、胀管等；后下料、连接、固定、穿线等。前者与塑料槽板配线、护套线布线基本相同。

1. PVC 塑料管明敷线管的固定

线管的固定可以用管卡、胀管、木螺钉直接固定在墙上，固定方法，如图 5-42 所示。

支持点布设位置如图 5-43 所示，明敷的线管是用管卡（俗称骑马）来支持的。单根线管可选用成品管卡，规格的标称方法与线管相同，故选用时必须与管子规格相匹配。

2. 支持点的布设要求

1）明设管线在穿越墙壁或楼板前后应各安装一个支持点，位置（安装管卡点）距建筑面（穿

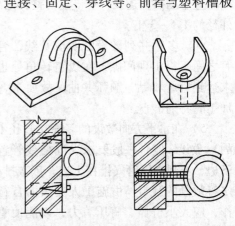

图 5-42　塑料管明敷设的固定方法

越孔口）约 1.5～2.5 倍于所敷设管外径。

2）转角前后也应各安装一个支承点，位置如图 5-43 所示（d 为所敷线管外径）。

3）进出木台或配电箱也应各安装 个支承点，位置与规程的第一条相同。

4）硬塑料管直线段两支持点的间距如表 5-4 所示。

3. 管卡的安装要求

管卡应用两只同规格的木螺钉来固定，管卡中线必须与线路保持垂直。木螺钉应固定在木榫、胀管的中心部位；两只木螺钉尾部均应平服地把两卡边压紧，切忌出现单边压紧，或歪斜不正等弊端。要达到上述要求，首先要使木榫安装位置正确，而木榫安装质量又与定位和钻孔有关。这一系列工序都需道道把关，方能将管卡安装好。若用胀管来支撑木螺钉，则胀管安装质量要求更高，否则无法安装好管卡。

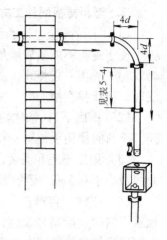

图 5-43 塑料管敷设方法及支持点布设位置

表 5-4 明设塑料管线支持点最大距离 （单位：mm）

线管规格 线路走向	20 及以下	25～40	50 及以上
垂 直	1000	1500	2000
水 平	800	1200	1500

4. PVC 塑料管敷设方法

1）水平走向的线路宜自左至右逐段敷设，垂直走向的宜由下至上敷设。

2）PVC 管的弯曲不需加热，可以直接冷弯，为了防止弯瘪，弯管时可在管内插入弯管弹簧，弯管后将弹簧拉出，弯管半径不宜过小，如需小半径转弯时可用定型的 PVC 弯管或三通管。在管中部弯时，将弹簧两端拴上铁丝，以便于拉动。不同内径的管子配不同规格的弹簧。PVC 管切割可以用手钢锯，也可以用专用剪管钳。

3）PVC 管连接、转弯、分支，可使用专用配套 PVC 管连接附件，如图 5-44 所示。连接时应采用插入连接，管口应平整、光滑，连接处结合面应涂专用胶合剂，套管长度宜为管外径的 1.5～3 倍。

4）多管并列敷设的明设管线，管与管之间不得出现间隙；在线路转角处也要求达到管管相贴，顺弧共曲，故要求弯管加工时特别小心。

5）在水平方向敷设的多管（管径不一的）敷设线路，一般要求大规格线管置于下边，小规格线管安排在上边，依次排叠。多管敷设的管卡，由施工人员按需自行制作，应大小得体、骑压着力，以能使管平服为标准。

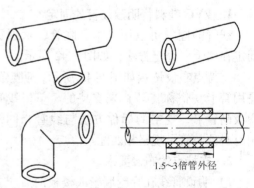

1.5～3 倍管外径

图 5-44 PVC 管连接专用附件

6）装上接线盒。管口与接线盒连接，应用两只薄型螺母内外拧紧。

7）管口进入电源箱或控制箱（盒）等：管口应伸入10mm；如果是钢制箱体，应用薄型螺母内外拧紧。在进入电源箱或控制箱（盒）前在近管口处的线管应作小幅度的折曲（俗称"定伸"），不应直线伸入，如图5-45所示。

8）PVC管敷设时应减少弯曲，当直线段长度超过15m或直角弯超过3个时，应增设接线盒。

5. 管内穿线

（1）穿钢丝　使用φ1.2（18号）或φ1.6（16号）钢丝，将钢丝端头弯成小钩，从管口插入。由于管子中间有弯，穿入时钢丝要不断向一个方向转动，一边穿一边转，如果没有堵管，很快就能从另一端穿出。如果管内弯较多不易穿过时，则可从管另一端再穿入一根钢丝，当感觉到两根钢丝碰到一块时，两人从两端反方向转动两根钢丝，使两钢丝绞在一起，然后一拉一送，即可将钢丝穿过去，如图5-46所示。

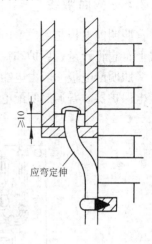

图 5-45　管口入箱（盒）要求

（2）带线　钢丝穿入管中后，就可以带导线了。一根管中导线根数多少不一，最少两根，多至五根，按设计所标的根数一次穿入。在钢丝上套入一个塑料护口，钢丝尾端做一死环套，将导线绝缘剥去50mm左右，几根导线均穿入环套，线头弯回后用其中一根自缠绑扎，如图5-47所示。多根导线在拉入过程中，导线要排顺，不能有绞合，不能出现死弯，一个人将钢丝向外拉，另一个人拿住导线向里送。导

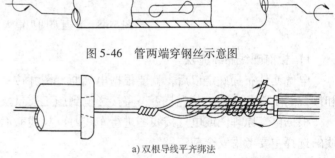

图 5-46　管两端穿钢丝示意图

a）双根导线平齐绑法

b）多根导线错开绑法

图 5-47　引线头的缠绕绑法

线拉过去后，留下足够的长度，将线头打开取下钢丝，线尾端也留下足够的导线长度后剪断，一般留头长度为出盒100mm左右，在施工中自己注意总结体会一下，要够长以便于接线操作，又不能过长，否则接完后在盒内放不下。

有些导线要穿过一个接线盒到另一个接线盒，一般采取两种方法：一种是所有导线到中间接线盒后全部截断，再接着穿另一段，两段在接线盒内进行导线连接；另一种是穿到中间接线盒后继续向前穿，一直穿到下一个接线盒。两种做法第一种比较清晰，不易穿错线，第二种盒内接线少，占空间小，节省导线。

6. 盒内接线及检查

盒内所有接线除了要用来接电器的外，其余线头都要事先接好，并做好绝缘；用绝缘电阻表测量线路绝缘电阻值，不得小于0.22MΩ。

5.2.5 板面敷线

照明配电板是用户室内照明及电器用电的配电点，输入端接在供电部门送到用户的进户线上，它将计量、保护和控制电器安装在一起，便于管理和维护，有利于安全用电。

照明配电板一般由电能表、控制开关、过载和短路保护器等组成，要求较高的还安装有漏电保护器。普通照明配电板如图 5-48 所示。

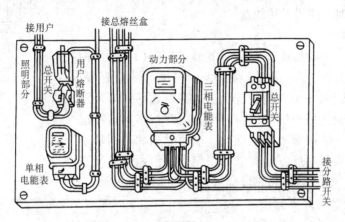

图 5-48 普通照明配电板

1. 板前硬线布线方法

电气元件布局确定以后，就要根据电气原理图并按一定工艺要求进行布线和接线。布线和接线的正确、合理、美观与否，直接影响到施工质量。

根据电气原理图或电气接线图进行布线时，导线截面积要符合用电设备的容量要求。导线的选择主要考虑安全截流量。

2. 板前硬线布线工艺要求

1）导线尽可能靠近元器件走线。

2）要求"横平竖直"，自由成形。

3）导线之间避免交叉。

4）导线转弯应成 90°。

5）布线应尽可能贴近配电板面，相邻元器件之间亦可"空中走线"。

6）按钮连接线必须用软线，与配电板上元器件连接时必须通过接线端，并加以编号。

3. 板后软线布线

板后布线一般采用软线，板后导线长度应留有一定接线余量，配电板面打孔位置要求排列整齐，相对位置正确，线路编号清晰，便于查找故障。

5.3 电气照明图的识读

5.3.1 概述

电工照明图是电气照明工程施工安装所依据的技术图样，包括电气照明供电系统图、电气照明平面布置图、非标准件安装制作大样图及有关施工说明、设备材料表等。

1. 电气照明供电系统图

电气照明供电系统图又称照明配电系统图，简称照明系统图，是用国家标准规定的电气图用图形符号概略地表示电气照明系统的基本组成、相互关系及其主要特征的一种简图，最主要的是表示出电气线路的连接关系。

2. 电气照明平面布置图

电气照明平面布置图又称照明平面布线图，简称照明平面图，是用国家标准规定的建筑和电气平面图用图形符号及有关文字符号表示照明区域内照明灯具、开关、插座及配电箱等的平面位置及其型号、规格、数量、安装方式，并表示照明线路的走向、敷设方式及导线型号、规格、根数等的一种技术图样。

3. 大样图

对于标准图集或施工图册上没有的需自制或有特殊安装要求的某些元器件，则需在施工图设计中提出其大样图。大样图应按制图要求以一定比例绘制，并标注其详细尺寸、材料及技术要求，便于按图制作施工。

4. 施工说明

施工说明只作为施工图的一种补充文字说明，主要是施工图上未能表述的一些特定的技术内容。

5. 设备材料表

通常按照明灯具、光源、开关、插座、配电箱及导线材料等，分门别类列出。表中需有编号、名称、型号规格、单位、数量及备注等栏。设备材料表是编制照明工程概（预）算的基本依据。

5.3.2　电气照明供电系统图

电气照明供电系统图能清楚的反映出电能输送、控制和分配的关系以及设备运行的情况。它是作为供电规划与设计、进行有关电气数据计算、选择主要设备、进行日常操作维护和切换回路的主要依据。通过阅读电气照明供电系统图，能使人们了解整个电气工程的规模、电气工作量的大小，以及电气工程各部分的关系。

绘制电气照明供电系统图，必须注意以下几点：

1）照明供电系统图的设计与绘制，必须遵循有关标准关于照明供电的有关规定，并结合设计对象的照明要求，合理布线。

2）照明供电系统图一般采用单线图形式绘制，并用短斜线在单线表示的线路上标示出导线的根数。如果另用虚线表示出中性线时，则在单线表示的相线线路上只用短斜线标示出相线导线的根数，如图 5-49a 所示。必要时，照明供电系统图也可用多线图形式绘制，如图 5-49b 所示。

3）用单线图绘制的电气照明供电系统图，通常着重表示其进出线，而线路上的控

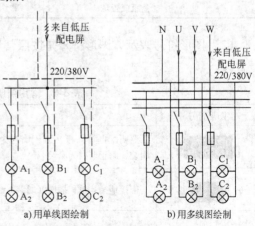

图 5-49　照明供电系统图

制和保护设备不一定——绘出。用多线图绘制的电气照明供电系统图，通常全部绘出线路上的控制和保护设备。

4）电气照明供电系统图应在对应的线路侧或有关图形符号旁，标注出线路、设备和灯具等的型号、规格和安装方式等。对单相线路，可标示其相序（A、B、C或AN、BN、CN）。

5）电气照明供电系统图上标注的各种文字符号和编号，应与电气照明平面布置图上标注的文字符号和编号相一致。

5.3.3 电气照明平面布置图

表示建筑物内动力、照明设备和线路平面布置的图样称为电气平面图，其中表示照明设备和线路的电气平面图称为电气照明平面布置图或照明平面图。电气照明平面布置图与照明原理图相比，画法简单明了，内容反映直观形象，因此在照明电路安装中应用广泛。通常，电气照明平面布置图按建筑物不同标高的楼层分别绘制，动力与照明部分一般是分开绘制的。

1. 照明线路的表示方法

电力和照明线路在平面图上采用图形和文字符号相结合的方法表示出线路的走向，导线的型号、规格、根数、长度，线路配线方式，线路用途等。

（1）文字符号表示 文字符号基本上是按汉语拼音字母组合的，表5-5为常用照明线路文字表示含义。

表5-5 常用照明线路文字符号含义

	名　称	代号		名　称	代号
线路敷设方式	明敷	M	线路敷设部位	沿墙面	QM（Q）
	暗敷	A		暗敷设在墙内	QA
	塑料阻燃管	PVC		暗敷设在地面或地板内	DA
	穿电线管	DG	线路功能	配电干线	PG
	穿硬塑料管	VG		照明分干线	MFG
	穿钢管	G		照明干线	MG
	瓷瓶或瓷珠	CP		电力干线	LG

（2）图形符号表示 图形符号是按照其形状投影测绘的，表5-6为常用照明线路图形符号含义。

表5-6 常用照明线路图形符号含义

图形符号	名　称	图形符号	名　称
■	照明配电箱（板）画于墙外为明装，画于墙内为暗装	○	一般灯具
⬛	带接地插孔单相插座（暗装）	⟋⟍	暗装单极和双极板把开关
―///―	三根导线	⟋ⁿ	n根导线

（续）

图形符号	名　称	图形符号	名　称
kW·h	电能表	（蝶形符号）	吊扇
（单管荧光灯符号）	单管荧光灯	（圆圈符号）	电风扇调速开关

（3）线路标注一般格式　线路标注的一般格式如下：

$$a - d(e \times f) - g - h$$

以上标注格式中，a 是线路编号或功能的符号；d 是导线型号；e 是导线根数；f 是导线截面积（mm^2），不同截面积应分别表示；g 是导线敷设方式的符号；h 是导线敷设部位的符号。

图 5-50 所示是照明线路在平面图上的表示方法的示例。

例如，型号"IMFG—BLV—3 × 6 + 1 × 2.5—CP—QM"的含义是：第 1 号照明分干线（1MFG）；导线型号是铝芯塑料绝缘线（BLV）；共有四根导线，其中三根为 $6mm^2$，另一根中性线为 $2.5mm^2$；配线方式为瓷瓶配线（CP）；敷设部位为沿墙明敷（QM）。

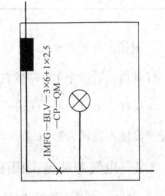

图 5-50　照明线路表示方法示例

2. 照明器具的表示方法

照明器具采用图形符号和文字标注相结合的方法表示。文字标注的内容通常包括电光源种类、灯具类型、安装方式、灯具数量和额定功率等。

（1）表示灯具类型的符号　常用灯具类型的符号，如表5-7 所示。

表 5-7　常用灯具类型的符号

灯具名称	符　号	灯具名称	符　号
普通吊灯	P	工厂一般灯具	G
壁灯	B	荧光灯灯具	Y
花灯	H	隔爆灯	G 或专用代号
吸顶灯	D	水晶底罩灯	J
柱灯	Z	防水防尘灯	F
卤钨探照灯	L	搪瓷伞罩灯	S
投光灯	T	无磨砂玻璃罩万能型灯	W

（2）表示灯具安装方式的符号　灯具安装方式的符号如表5-8 所示。

（3）灯具标注的一般格式　灯具标注的一般格式如下

$$a - b\frac{c \times d}{e}f$$

式中，a 是某场所同类型照明器的个数；b 是灯具类型代号；c 是照明器内安装灯泡或灯管的数量；d 是每个灯泡或灯管的功率（W）；e 是照明器底部至地面或楼面的安装高度（m）；f 是安装方式代号。

表5-8　灯具安装方式的符号

安装方式	符　号	安装方式	符　号
自在器线吊式	X	弯式	W
固定线吊式	X_1	台上安装式	T
防水线吊式	X_2	吸顶嵌入式	DR
人字线吊式	X_3	墙壁嵌入式	BR
链吊式	L	支架安装式	J
管吊式	G	柱上安装式	Z
壁装式	B	座装式	ZH
吸顶式	D		

例如，型号"$6-S\dfrac{1\times100}{2.5}L$"表示，该场所安装6盏搪瓷伞罩（铁盘罩）灯（S）；每个灯具内安装一个100W的白炽灯；安装高度为2.5m；采用链吊式（L）方法安装。

又如，型号"$4-YG\dfrac{2\times40}{}$"表示，四盏简式荧光灯（YG）；双管 2×40W 吸顶安装，安装高度不表示，即用符号"—"表示。

5.3.4　电气照明施工识图

常见的单母线放射式供电，比较适合于家庭用电负荷供电，照明系统图如图5-51所示。图5-52所示为照明施工平面图。下面着重分析照明施工平面图的电气部分。

（1）电源进线　标注 BV—$2\times6+1\times2.5$PVCϕ32—A，表示采用聚氯乙烯铜芯绝缘导线，截面积为 6mm^2 的2根，截面积为 2.5mm^2 的1根，采用直径为32mm的PVC管穿管暗敷。

（2）零线接法　结合电气系统图设有保护接地和零线接线板各一块，即 PE 和 N；照明线路为单相两线制，即 L、N；插座线路为单相三线制，即 L、N、PE。

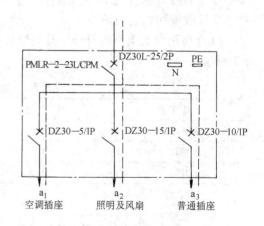

图5-51　照明系统图

（3）配线方式　室内配线为穿管暗敷，照明开关、插座均为暗装。

（4）主要用电电器　表5-9所示的主材表，反映了主要用电电器的种类、型号、规格和数量。

（5）照明配电箱　配电箱的型号是 PMLR—2—23L/CPM，由两极漏电保护断路器、单极断路器、零线接线板、保护接地接线板等组成。

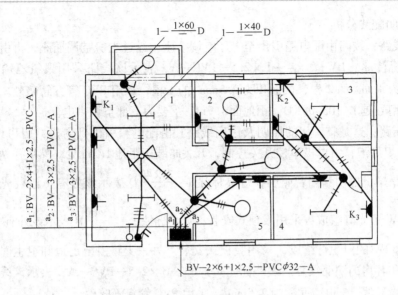

图 5-52　照明施工平面图

1—客厅　2—卫生间　3—主房　4—客房　5—厨房

表 5-9　主材表

名　　称	型　号	数　量
10A、250V 二极、三极插座（连体封闭式）	L—B3/06	7 个
16A、250V 带开关、带灯、三极扁脚插座	L—B3/08KD	3 个
半扁罩吸顶灯（白炽灯 PZ—60）	JXD3—2	4 个
10A、250V 一位单控开关	LB3/01	6 个
10A、250V 两位单控开关	LB3/01	1 个
单管荧光灯（荧光灯单管 1×40W）	YG2—1	4 个
吊扇	250V/48in	1 个
吊扇调速开关	250V/5 档	1 个
暗装照明配电箱	PMLR—2—23L/CPM	1 个
两极漏电保护断路器	DZ30L—25/2P	1 个
单极断路器	DZ30—5/1P	1 个
单极断路器	DZ30—10/1P	1 个
单极断路器	DZ30—15/1P	1 个

1）主线路由进线引入，主控开关的型号为 DZ30L—25/2P，是两极、额定电流 25A 的小型漏电保护断路器。

2）出线回路共三路，分别由三只单极保护型小型断路器控制。

DZ30—15/1P 断路器作为 a_1 空调线路插座的单极控制开关，额定电流 15A。

DZ30—5/1P 断路器作为 a_2 照明及风扇线路的单极控制开关，额定电流 5A。

DZ30—10/1P 断路器作为 a_3 插座线路的单极控制开关，额定电流 10A。

（6）照明配线分析

1）a_1 线路：线路由配电箱引出至客厅空调插座，经过主房空调插座，再引至客房空调插座。线路标注 a_1：BV—$2 \times 4 + 1 \times 2.5$—PVC—A，表示该线路采用聚氯乙烯铜芯绝缘导线，截面积为 4mm^2 的 2 根，截面积为 2.5mm^2 的 1 根，采用 PVC 管穿管暗敷。插座为单相三极插座，型号是 L—B3/08KD，距地面 1.7m，主要为三部空调供电。

2）a_2 线路：这是整套房的照明及吊扇线路，由配电箱引出到厨房，厨房设一吸顶灯，内置 60W 白炽灯泡，由单极单控开关控制，开关暗装于距地 1.3m 处。然后作两路分支，一支路到客厅吊扇、照明和阳台照明，灯具标注 $1 - \dfrac{1 \times 40}{}D$ 表示该处有 1 组荧光灯灯具，每组由一根 40W 荧光灯组成，采用吸顶式安装；灯具标注 $1 - \dfrac{1 \times 60}{}D$ 表示该处有 1 组吸顶灯，每组由一只 60W 的白炽灯组成，采用吸顶式安装。另一支路引至走道和卫生间，再由卫生间引至主房和客房的照明线路。线路标注 a_2：BV—3×2.5—PVC—A，表示该线路采用聚氯乙烯铜芯绝缘导线，3 根截面积为 2.5mm^2，采用 PVC 管穿管暗敷。

3）a_3 线路：这是整套房的插座线路，线路由配电箱引出至厨房插座，经过客房、主房、卫生间最后到客厅插座。供电插座为单相二、三极插座，型号是 L—B3/06，距地面 0.3m。线路标注 a_3：BV—3×2.5—PVC—A，表示该线路采用聚氯乙烯铜芯绝缘导线，3 根截面积为 2.5mm^2，采用 PVC 管穿管暗敷。

5.4 照明设备的安装

5.4.1 照明配线的一般步骤

1）熟悉电气施工图，做好预留、预埋工作，主要是确定电源引入的预留、预埋位置；引入配电箱的路径；垂直引上、引下及水平穿梁、柱、墙位置等。

2）按图样要求确定照明灯具、插座、开关、配电箱及电气设备的准确位置，并沿建筑物确定布线的路径。

3）将布线路径所需的支撑点打好孔，将预埋件埋好。

4）装设绝缘支撑物、线夹或线管及配电箱等。

5）敷设导线。

6）连接导线。

7）将导线出线端按要求与电气设备和照明电器相连接。

8）检验室内配线是否符合图样设计和安装工艺的要求。

9）测试线路的绝缘性能，对线路作通电检查。检查合格后可会同使用单位或用户进行验收。

目前，电气照明线路的安装多采用暗敷设配线，与土建施工配合进行，基本上是由内线电工来操作。

5.4.2 照明供电的一般要求

1）灯的端电压，一般不宜高于其额定电压的 105%，亦不宜低于其额定电压的下列数值：①一般工作场所为95％；②露天工作场所及远离变电所的小面积工作场所的照明难于满足95％时，可降至90％；③应急照明、道路照明、警卫照明及电压为12～42V的照明为90％。

2）对于容易触及而又无防止触电措施的固定式或移动式灯具，其安装高度距地面为2.2m及以下，且具有下列条件之一时，其使用电压不应超过24V：①特别潮湿的场所；②高温场所；③具有导电粉尘的场所；④具有导电地面的场所。

3）在工作场所的狭窄地点，且作业者接触大块金属面（如在锅炉、金属容器内等）时，使用的手提行灯电压不应超过12V。

4）42V及以下安全电压的局部照明的电源和手提行灯的电源，输入电路与输出电路必须实行电路上的隔离。

5）为减小冲击电压波动和闪变对照明的影响，宜采取下列措施：

① 较大功率的冲击性负荷或冲击性负荷群与照明负荷，宜分别由不同的配电变压器供电，或照明由专用变压器供电。

② 当冲击性负荷和照明负荷共用一个变压器供电时，照明负荷宜用专线供电。

6）由公共低压电网供电的照明负荷，线路电流不超过30A时，可用220V单相供电；否则，应以220/380V三相四线供电。

7）室内照明线路，每一单相分支回路的电流，一般情况下不宜超过15A，所接灯头数不宜超过25个（花灯、彩灯、多管荧光灯除外）。插座宜单独设置分支回路。

8）对高压气体放电灯的照明，每一单相分支回路的电流不宜超过30A，并应按启动和再启动特性选择保护电器和验算线路的电压损失值。

5.4.3 灯具安装的基本要求

1）灯具的安装高度：一般室内安装不低于1.8m，在危险潮湿场所安装则不能低于2.5m，如果难于达到上述要求时，应采取相应的保护措施或改用36V低压供电。

2）室内照明开关一般安装在门边便于操作的位置上。拉线开关安装的高度一般离地2～3m，扳把开关一般离地1.3～1.5m，与门框的距离一般为0.15～0.20m。

3）明插座的安装高度一般离地1.3～1.5m，暗插座一般离地0.3m。同一场所安装高度应一致，其高度差不应大于5mm，成排安装的插座高度差不应大于2mm。

4）固定灯具需用接线盒及木台等配件。安装木台前应预埋木台固定件或采用膨胀螺栓。安装时，应先按照器具安装位置钻孔，并锯好线槽（明配线时），然后将导线从木台出线孔穿出后，再固定木台，最后安装挂线盒或灯具。

5）采用螺旋式灯座时，为避免人身触电，应将相线（即开关控制的相线）接入螺口内的中心弹簧片上，零线接入螺旋部分。

6）吊灯灯具超过3kg时，应预埋吊钩或螺栓。软线吊灯的重量限于1kg以下，超过时应加装吊链。

7）照明装置的接线必须牢固，接触良好，接线时，相线和零线要严格区别，将零线直接接灯头上，相线须经过开关再接到灯头。

5.4.4 照明电路故障的检修

照明电路的常见故障主要有断路、短路和漏电三种。

1. 断路

产生断路的原因主要是熔丝熔断、线头松脱、断线、开关没有接通、铝线接头腐蚀等。如果一个灯泡不亮而其他灯泡都亮，应首先检查灯丝是否烧断。若灯丝未断，则应检查开关和灯头是否接触不良、有无断线等。为了尽快查出故障点，可用验电笔测灯座（灯口）的两极是否有电，若两极都不亮说明相线断路；若两极都亮（带灯泡测试），说明中性线（零线）断路；若一极亮一极不亮，说明灯丝未接通。对于荧光灯来说，还应对其辉光启动器进行检查。

如果几盏电灯都不亮，应首先检查总熔断器是否熔断或总开关是否接通。也可按上述方法用验电笔判断故障是在总相线上还是总零线上。

2. 短路

造成短路的原因大致有以下几种：

1）用电器具接线不好，以致接头碰在一起。

2）灯座或开关进水，螺旋灯头内部松动或灯座顶芯歪斜碰及螺口，造成内部短路。

3）导线绝缘层损坏或老化，并在零线和相线的绝缘处碰线。

发生短路故障时，会出现打火现象，并引起保护器动作（熔丝熔断）。当发现短路打火或熔丝熔断时，应先查出发生短路的原因，找出短路故障点，并进行处理后再更换熔丝，恢复供电。

3. 漏电

相线绝缘损坏而接地、用电设备内部绝缘损坏使外壳带电等原因，均会造成漏电。漏电不但造成电力浪费，还可能造成人身触电伤亡事故。

漏电保护装置一般采用漏电保护断路器。当漏电电流超过整定电流值时，漏电保护断路器动作切断电路。若发现漏电保护断路器动作，则应查出漏电接地点并进行绝缘处理后再通电。

照明线路的接地点多发生在穿墙部位和靠近墙壁或天花板的部位。查找接地点时，应注意查找这些部位。

漏电查找方法：

（1）首先判断是否漏电　可用500V绝缘电阻表摇测，看其绝缘电阻值的大小，或在被检查建筑物的总刀开关上接一只电流表，接通全部灯开关，取下所有灯泡，进行仔细观察。若电流表指针摇动，则说明漏电。指针偏转的大小，取决于电流表的灵敏度和漏电电流的大小。若偏转大则说明漏电大，确定漏电后可按下一步继续进行检查。

（2）判断漏电类型　即判断是相线与零线间的漏电，还是相线与大地间的漏电，或者是两者兼而有之。以接入电流表检查为例，切断零线，观察电流的变化：电流表指示不变，是相线与大地之间漏电；电流表指示为零，是相线与零线之间的漏电；电流表指示变小但不为零，则表明相线与零线、相线与大地之间均有漏电。

（3）确定漏电范围　取下分路熔断器或拉下分路刀开关，电流表若不变化，则表明是总线漏电；电流表指示为零，则表明是分路漏电；电流表指示变小但不为零，则表明总线与分路均有漏电。

（4）找出漏电点　按前面介绍的方法确定漏电的分路或线段后，依次拉断该线路灯具的开关，当拉断某一开关时，电流表指针回零或变小，若回零则是这一分支线漏电，若变小则除该分支漏电外还有其他漏电处；若所有灯具开关都拉断后，电流表指针仍不变，则说明是该段干线漏电。

依照上述方法依次把故障范围缩小到一个较短线段或小范围之后，便可进一步检查该段线路的接头，以及电线穿墙处等有否漏电情况。当找到漏电点后，应及时妥善处理。下面介绍检查照明电路故障的具体方法和步骤，电路如图 5-53 所示。

图 5-53 中 D 为接线端子，PE 为接地端子，N 为接零端子，DZ47—60/C20 为漏电保护断路器，DZ47—60/C15 为单极断路器，EL_1、EL_2 为负载，C 为二、三极插座，K_1、K_2 为故障点。

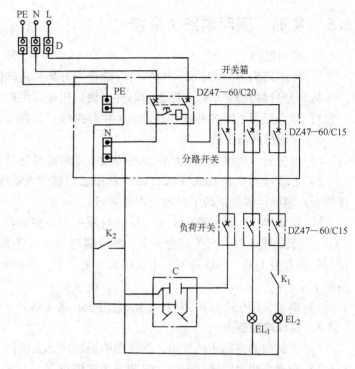

图 5-53　照明电路故障检修模拟电路

（1）断路故障的判断　如图 5-53 所示，合上开关箱内漏电开关，并依次合上各分路开关，再合上负载开关，当合上某一负载开关时，灯不亮或插座无电时，则该支路断路。

（2）漏电故障的判断　如图 5-53 所示，当出现总开关跳闸时，判断漏电支路的程序是：先断开各负载开关和分路开关→合上总开关→依次合上分路开关→分别合上负载开关。当合上某一负载开关时，漏电开关跳闸，则该支路有漏电故障。漏电故障和断路故障的查找方法如表 5-10 所示。

表 5-10　漏电故障和断路故障的查找方法

故障现象	故障原因	检查方法
漏电开关合不上	漏电开关复位按钮没按上	按上漏电开关复位按钮
	电路短路	将万用表打到电阻档，分别测配电箱相线、地线、零线间的电阻。在无负载情况下（即灯泡开关在断开位置）电阻应为无穷大
	零线与地线混用	将万用表测配电箱与插座的线路各相线与相线连通，零线与零线连通，地线与地线连通
插座无电	电路断路	断开电源，检查插座回路，用电阻档测各线路，应连通，若不通则为接触不良，压胶或零线、相线未接好
灯泡不亮	电路断路	断开电源，检查照明回路，用电阻档测各线路，应连通

必须指出：照明电路开关箱壳应用黄绿双色线接地；零线用黑色或蓝色线；插座接线应左零线右相线。

5.5 实训 照明电路 1 装接

1. 实训目的

1）能正确识别照明器件与材料，并能检查好坏和正确使用。

2）能根据控制要求以及提供的器件，设计出控制原理图。

3）学会照明电路各种线路敷设的装接与维修，掌握工艺要求。

2. 实训材料与工具

1）电工刀、尖嘴钳、钢丝钳、剥线钳、螺钉旋具每组 1 把。

2）芯线截面积为 $1mm^2$ 和 $2.5mm^2$ 的单股塑料绝缘铜线（BV 或 BVV）若干；槽板、线管若干；塑料绝缘胶带若干；固定用材料等。

3）照明器件：荧光灯管 1 支、荧光灯座 1 套、整流器 1 只、辉光启动器 1 个、白炽灯 3 只、白炽灯座 3 只、开关底盒 5 个、两极漏电开关（两极断路器开关）1 个、感应开关 1 只、触摸开关 1 只、单联开关 1 个、双联开关 2 个、单相电能表 1 只、熔断器 3 只、三极断路器 1 个。

4）电工常用仪表（万用表、绝缘电阻表）各 1 块。

3. 实训前准备

1）了解照明电路实际应用，读懂照明原理图和系统图，了解线路敷设的种类。

2）明确照明电路接线方法、安装与工艺要求。

3）明确元器件的基本分类与常用型号。

4. 实训内容

1）根据所提供材料和电路功能要求，设计电路并绘出电路原理图。

2）确定照明线路敷设方式。

3）选择元器件并装接电路。

4）电路故障排除。

5. 实训步骤

（1）电路功能要求

1）本电路应有过载、短路、漏电保护功能。

2）能计量电路用电量。

3）用一总开关控制所有负载。

4）用一感应开关和一触摸开关分别控制两盏白炽灯。

5）用一开关控制一盏荧光灯。

6）用两开关实现两地控制一盏白炽灯。

（2）电路的设计

1）根据各项功能要求，画出原理图，如图 5-54 所示。

2）原理图分析。这是个比较简单的单相照明电路，合上 QF_1 后，单相电能表得电，并不转动，合上 QF_2，此时电路进入通电状态。合上 S_1 的时候，有 EL_1 发亮，有负荷电能表表盘旋转（从左向右转），计量开始；合上 S_2 时，EL_2 发亮；合上 S_4 或 S_5 时，EL_3 发亮。

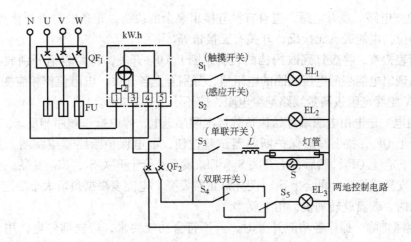

图 5-54　照明原理图

由于有三盏灯同时发光，负荷增大电能表表盘的转速比刚才的速度快了一点；合上 S_3 开关，荧光灯启动，荧光灯发光，负荷最大，表盘的转速最快。

（3）选择元器件和导线

1）断路器的选择。QF_1：25A、500V 三极漏电保护断路器；QF_2：16A、250V 两极漏电保护断路器。

2）熔断器选择。FU：5A，250V。

3）单相电能表的选择。kW·h：5A、DT862 型单相电能表。

4）开关的选择。S_1：触摸开关；S_2：感应开关；S_3：10A、250V 一位单联开关 S_4；S_5：10A、250V 一位双联开关。

5）导线选择。BV：2.5mm² 单芯塑料绝缘铜线；导线颜色有：红色、黑色、黄绿双色。

6）白炽灯的选择。EL_1、EL_2、EL_3：40W，250V。

7）荧光灯的选择。20W，250V。

8）底盒与开关配套。

（4）安装　根据实训室现场条件情况，确定采用板面布线。在板面上安装出美观、符合要求的照明电路。

1）布局。根据电路图，确定各元器件安装位置，要求符合要求、布局合理、结构紧凑、控制方便且美观大方。

2）固定器件。将选择好的元器件和开关底盒固定在板上，排列各个元器件时必须整齐。固定的时候，先对角固定，再两边固定。要求稳固，可靠。

3）布线。先处理好导线，将导线拉直；从上至下，由左到右，先串联后并联；布线要横平竖直，转弯成直角，少交叉，多根线并拢平行走。

4）接线。接头牢固，无露铜、反圈、压胶，绝缘性能好，外型美观。红色线接电源相线（L），黑色线用作零线（N），黄绿双色线专作地线（PE）；相线过开关，零线一般不进照明开关底盒；电源相线进线接单相电能表端子 1，电源零线进线接端子 4，端子 3 为相线出线，端子 5 为零线出线。

（5）检查电路　观看电路，查看有没有接出多余的线头，每条线是否严格按要求来接，有没有接错位，电能表有无接反，开关有无接错等。

用万用表检查，将表打到欧姆档的位置，断开 QF_1 开关，将两表笔分别放在相线与零线上，会呈现出电能表的电压线圈的电阻值，分别合上各开关，电阻值作相应变化。

用 500V 绝缘电阻表测量线路绝缘电阻，应不小于 0.22MΩ。

（6）通电　送电由电源端开始往负载依次顺序送电，停电操作顺序相反。

首先合上 QF_1，按下漏电保护断路器试验按钮，漏电保护断路器应跳闸，重复 2 次操作；正常后，合上 QF_2，然后合上开关 S_1，EL_1 发亮；合上开关 S_2，EL_2 发亮；合上开关 S_4 或 S_5，EL_3 发亮或熄灭；再合上 S_3，荧光灯正常发亮。电能表根据负荷大小决定表盘转动快慢，负荷大时，表盘就转动快，用电就多。

（7）故障排除　操作各功能开关时，若不符合功能要求，应立即停电，用万用表欧姆档检查电路，不停电用电位法排除电路故障，要注意人身安全和万用表档位。

6. 安全文明要求

1）未经指导教师同意，不得通电，通电试运转时应按电工安全要求操作。

2）要节约导线材料（尽量利用使用过的导线）。

3）操作时应保持工位整洁，完成全部操作后应将工位清理干净。

4）做好实训记录，撰写实训报告。

5.6　实训　照明电路 2 装接

1. 实训目的

1）能正确识别照明器件与材料，并能检查好坏和正确使用。

2）能根据控制要求以及提供的器件，设计出控制原理图。

3）学会照明电路各种线路敷设的装接与维修，掌握工艺要求。

2. 实训材料与工具

1）电工刀、尖嘴钳、钢丝钳、剥线钳、旋具每组 1 把；弯、切管工具 1 套；手电钻 1 把。

2）芯线截面积为 $1mm^2$ 和 $2.5mm^2$ 的单股塑料绝缘铜线（BV 或 BVV）若干；槽板、线管若干；塑料绝缘胶带若干；固定用材料等。

3）照明器件：荧光灯管、荧光灯座、整流器、辉光启动器、白炽灯、白炽灯座、二三极插座、单极断路器、两极漏电保护断路器、计数开关、单控开关、双控开关、单相电能表、单相电动机、电容器、二极管、触摸开关、感应开关、熔断器等。

4）电工常用仪表（万用表、绝缘电阻表）各 1 只。

3. 实训前准备

1）了解照明电路实际应用，读懂照明原理图和系统图，了解线路敷设的种类。

2）明确照明电路接线方法、安装与工艺要求。

3）明确元器件的基本分类与常用型号。

4. 实训内容

1）根据控制要求，绘出控制原理图。

2）确定照明线路敷设方式。

3）选择元器件并装接电路。

4）照明电路故障排除。

5. 实训步骤

（1）电路功能要求

1）本电路应有过载、短路、漏电保护功能。

2）能计量电路用电量。

3）用一开关控制所有负载。

4）用一开关和一个计数器控制三个白炽灯负载。

5）用一开关控制一盏荧光灯。

6）用两个开关控制一台单相异步电动机，并能实现正反转控制。

7）有一个单相插座作为备用。

（2）电路的设计

1）根据各项功能及控制要求，画出原理图，如图 5-55 所示。

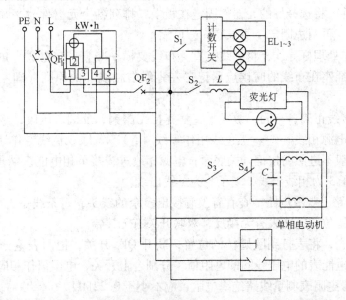

图 5-55 照明原理图

2）原理图分析。合上 QF_1 后，单相电能表得电，并不转动，合上 QF_2，此时电路进入通电状态，在插座的相线与零线之间可以检测到 220V 的相电压。第一次合上 S_1 的时候，有一盏白炽灯亮，电度表盘旋转（从左向右转），计量开始；断开 S_1，第二次合上 S_1 时，有两盏白炽灯发光。由于有两盏灯同时发光，电度表表盘的转速比刚才的速度快了一点；断开 S_1，第三次合上 S_1 时，三盏白炽灯同时发光，电度表再次加快。合上 S_2，荧光灯启动，正常发光。合上 S_3 单相异步电动机起动转动，拨动双投开关 S_4，电动机反转。

（3）选择元器件和导线

1）断路器的选择。QF_1：16A、250V 两极漏电保护断路器；QF_2：10A、250V 单极断路器。

2）单相电能表的选择。5A、DT862 型单相电能表。

3）开关的选择。S_1、S_2、S_3：10A、250V 一位单控开关；S_4：10A、250V 一位双控开关。

4）插座的选择。10A、250V 三极扁脚插座。

5）计数器的选择。600W、250V 三路控制。

6）电动机的选择。200W、250V 单相异步电动机。

7）电动机电容选择。10μF、500V 聚苯乙烯电容。

8）导线选择。BV 2.5mm² 单芯塑料绝缘铜线；导线颜色有：红色、黑色、黄绿双色。

9）白炽灯的选择。EL_1、EL_2、EL_3：40W、250V。

10）荧光灯的选择。20W、250V。

（4）安装 根据实训室现场条件情况，确定采用板面布线。在板面上安装出美观、符合要求的照明电路。

1）布局。根据电路图，确定各元器件安装位置，应符合要求、布局合理、结构紧凑、控制方便且美观大方。

2）固定器件。将选择好的元器件固定在板上，排列各个元器件时必须整齐。固定的时候，先对角固定，再两边固定。要求稳固，可靠。

3）布线。先处理好导线，将导线拉直。布线要横平竖直，转弯成直角，少交叉，多根线并拢平行走。插座在布线的时候应紧记"左零线右相线"的原则（即左边接零线，右边接相线）。

4）接线。接线正确，牢固，敷线平直整齐，无露铜、反圈、压胶，绝缘性能好，整齐美观。红色线接电源相线（L），黑色线用作零线（N），黄绿双色线专作地线（PE）；相线过开关，零线一般不进照明按键开关底盒；电源相线进线接单相电能表端子1，电源零线进线接端子4，端子3为相线出线，端子5为零线出线。

（5）检查电路 观看电路，查看有没有接出多余的线头，每条线是否严格按要求来接，每条线有没有接错位，电能表有无接反，双联开关有无接错。

用万用表检查，将表打到欧姆档的位置，断开 QF_1 开关，把两表笔分别放在相线与零线上，会呈现出电能表的电压线圈的电阻值。分别合上开关，电阻值作相应变化。

用500V 绝缘电阻表测量线路绝缘电阻，应不小于 0.22MΩ。

（6）通电 送电由电源端开始往负载依次顺序送电，停电操作顺序相反。

首先合上 QF_1，按下漏电保护断路器试验按钮，漏电保护断路器应跳闸，重复2次操作；正常后，合上 QF_2，然后往复合上关断 S_1 三次，三盏白炽灯有三种不同组合发亮，再合上 S_2，荧光灯正常发亮，合上 S_3，单相异步电动机起动转动，拨动双投开关 S_4，电动机反转。电能表根据负荷大小决定表盘转动快慢，负荷大时，表盘就转动快，用电就多。

（7）故障排除 操作各功能开关时，若不符合功能要求，应立即停电，用万用表欧姆档检查电路，不停电用电位法排除电路故障，要注意人身安全和万用表档位。

6. 安全文明要求

1）未经指导教师同意，不得通电，通电试运转时应按电工安全要求操作。

2）要节约导线材料（尽量利用使用过的导线）。

3）操作时应保持工位整洁，完成全部操作后应将工位清理干净。

4）做好实训记录，撰写实训报告。

注意：本实训可以根据现场条件、学生掌握知识的程度，在功能要求和敷设方式做适当删减和调整。

7．思考题

（1）塑料绝缘护套线的配线方法有哪些？

（2）导线穿管敷设时，暗管敷设与明管敷设有何不同？

（3）一般灯具的安装要求是什么？

（4）如何根据负荷情况选择导线？

（5）安装开关与插座时应注意哪些问题？

第6章 电气控制知识

内容提要：本章主要介绍常用低压电器的结构、原理、用途以及使用注意事项。结合简单控制电路的安装与调试，介绍三相异步电动机的安装与检修、电力拖动电路的识读，重点阐述控制电路故障的检修。

用来接通和断开控制电路的电气元件统称控制电器。采用按钮、接触器和继电器等组成的有触头断续控制的系统，统称电力拖动控制系统。目前，继电-接触器控制系统仍广泛应用于液压传动、气压传动和电动机拖动控制。其中，液压传动和气压传动控制的受控对象为液压（气）泵及各种电磁阀，电动机拖动控制系统的受控对象则为电动机。了解由常用的控制电器和保护电器所组成的控制电路的各种电气元件的结构、工作原理、控制（保护）作用及其图形符号和文字符号所表示的含义，是理解控制电路功能、特点和工作原理的基础。

6.1 低压电器概述

低压电器主要用途是对供电、用电系统进行调节、开关、保护和控制。根据其用途和控制对象的不同，低压电器可分为低压配电电器和低压控制电器两大类。低压配电电器主要用于低压配电系统和动力回路，工作的可靠性要求高，在系统发生异常情况时要求动作准确，且要有足够的热稳定性和动稳定性，常用的有刀开关、转换开关、熔断器和断路器等；低压控制电器主要用于电力传动系统和电气自动控制系统，要求体积小、重量轻、工作可靠、使用寿命长，常用的有接触器、继电器、主令电器和电磁铁等。本节主要讲述低压配电系统和电气自动控制系统中常用的低压电器的结构、用途、选用、工作原理和安装。

6.1.1 电器的定义和分类

1. 电器的定义

凡是对电能的生产、输送、分配和使用起控制、调节、检测、转换及保护作用的器件均称为电器。

2. 电器的分类

电器的用途广泛，种类繁多，构造各异，功能多样。通常可分类如下：

（1）按工作电压分类　可分为低压电器和高压电器。

1）低压电器是指工作电压在交流1000V、直流1200V以下的电器。低压电器常用于低压供配电系统和机电设备自动控制系统中，实现电路的保护、控制、检测和转换等，例如各种刀开关、按钮、继电器和接触器等。

2）高压电器是指工作电压在交流1000V、直流1200 V及以上的电器。高压电器常用于高压供配电系统中，实现电路的保护和控制等，例如高压断路器和高压熔断器等。

（2）按动作方式分类　可分为手动电器和自动电器。

1）手动电器是由工作人员手动操纵的电器，例如刀开关、组合开关和按钮等。

2）自动电器是按照操作指令或参量变化信号自动动作的电器，例如接触器、继电器、熔断器和行程开关等。

（3）按作用分类 可分为执行电器、控制电器、主令电器和保护电器等。

1）执行电器用来完成某种动作或传递功率，例如电磁铁和电磁离合器等。

2）控制电器用来控制电路的通断，例如开关和继电器等。

3）主令电器用来控制其他自动电器的动作以发出控制"指令"，例如按钮和行程开关等。

4）保护电器用来保护电源、电路和用电设备，使它们不致在短路、过载等状态下运行，并因此遭到损坏，例如熔断器和热继电器等。

（4）按工作环境分类 可分为一般用途低压电器和特殊用途低压电器。

1）一般用途低压电器用于海拔高度不超过2000m，安装倾斜度不大于5°，周围环境温度在－25～40℃之间，空气相对湿度小于90%，无爆炸危险的介质及无显著动摇和冲击振动的场所。

2）特殊用途低压电器是在特殊的环境和工作条件下使用的各类低压电器，通常是在一般用途低压电器的基础上派生而成，如防爆电器、船舶电器、化工电器、热带电器、高原电器和牵引电器等。

6.1.2 低压电器的基本结构

低压电器在结构上种类繁多，没有固定的结构形式，因此在讨论各种低压电器的结构时显得较为繁琐。但是从低压电器各组成部分的作用上理解，低压电器一般有三个基本组成部分：感受部分、执行部分和灭弧机构。

1）感受部分用来感受外界信号并根据外界信号作出特定的反应或动作。不同的电器，其感受部分结构不一样，对于手动电器来说，操作手柄就是感受部分；而对于电磁式电器而言，其感受部分一般指电磁机构。

2）执行部分根据感受机构的指令，对电路进行"通断"操作。由于对电路实行"通断"控制的工作一般由触头来完成，所以执行部分一般是指电器的触头。

3）灭弧机构是用于熄灭电弧的机构。触头在一定条件下断开电流时往往伴随有对断开电流的时间和触头的使用寿命都有极大影响的电弧或火花，特别是电弧，必须及时熄灭。

从某种意义上，可以将电器定义为：根据外界信号的规律（有无或大小等），实现电路通断的一种"开关"。

6.1.3 低压电器的主要性能参数

电器的种类繁多，对控制对象的性质和要求也不一样。为正确、经济、合理地使用电器，每一种电器都有许多衡量其性能的技术指标。电器主要的技术参数有额定绝缘电压、额定工作电压、额定发热电流、额定工作电流、通断能力、电气寿命和机械寿命等。

1）额定绝缘电压是一个电器由其材料、耐压性能、电器结构等因素决定的名义电压值，通常为电器的最大额定工作电压。

2）额定工作电压是指低压电器在规定条件下长期工作时，能保证电器正常工作的电压值，通常是指主触头的额定电压。有电磁机构的控制电器还规定了吸引线圈的额定电压。

3）额定发热电流。是指在规定条件下，电器长时间工作时各部分温度不超过极限值时所能承受的最大电流值。

4）额定工作电流是保证电器正常工作时的电流值。同一电器在不同的使用条件下有不同的额定电流等级。

5）通断能力是指低压电器在规定条件下能可靠接通和分断的最大电流。通断能力与电器的额定电压、负载性质和灭弧方法有很大关系。

6）电气寿命是指低压电器在规定的正常条件下，不需要修理或更换机械零件时所能承受的负载操作次数。

7）机械寿命。是指低压电器在需要修理或更换机械零件前所能承受的负载操作循环次数。

6.2 常用低压电器

6.2.1 刀开关

刀开关又称闸刀开关，是一种结构最简单、应用最广泛的手动电器。适用于频率为50～60Hz，额定电压380V（直流440V）、额定电流150A以下的配电装置。主要用作电气照明电路、电热电路的控制开关，也可用作分支电流的配电开关，具有短路和过载保护的功能。在降低容量的情况下，还可作为小容量动力电路（功率在5.5kW以下）不频繁起动的控制开关。在低压电路中，刀开关常用作电源引入开关，也可用作不频繁接通的小容量电动机或局部照明电路的控制开关。

1. 刀开关结构

刀开关主要由手柄、熔断器或熔丝、胶盖、瓷底座、静触头（触头座）和动触头（触刀）等组成。胶盖能使电弧不致飞出灼伤操作人员并防止极间电弧短路；熔丝则对电路起着短路保护作用。

常用的刀开关有开启式负荷开关和封闭式负荷开关。

（1）开启式负荷开关 开启式负荷开关又叫瓷底座胶盖闸刀开关，由刀开关和熔断器组合而成。瓷底座上装有静触头、熔丝接头、瓷质手柄和上下胶盖，其结构如图6-1a所示，电气符号如图6-1b所示。这种开关易被电弧烧坏，不宜带负载接通或分断电路，但由于其结构简单，价格低廉，常用作照明电路的电源开关，也用作功率5.5kW以下三相异步电动机不频繁起动和停止的控制开关。开启式负荷开关在拉闸与合闸时要求动作迅速，以便迅速

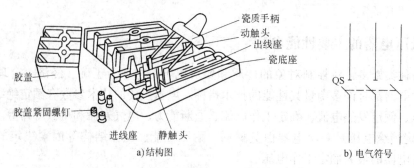

a)结构图　　　　　　　　　　b)电气符号

图6-1 开启式负荷开关

灭弧，减少动触头和静触头的灼损。具有结构简单、价格便宜、安装使用和维修方便等优点，是一种应用较广的电器。

（2）封闭式负荷开关 封闭式负荷开关又叫铁壳开关，由动触头（触刀）、静触头（触头座）、熔断器、灭弧装置、操作机构和钢板（或铸铁）做成的外壳构成。这种开关的操作机构在手柄转轴与底座间装有速动弹簧，使得刀开关的接通和断开速度与手柄操作速度无关，有利于迅速灭弧。为了保证用电安全，封闭式负荷开关装有机械联锁装置，必须将壳盖闭合后，手柄才能（向上）合闸，只有手柄（向下）拉闸后，壳盖才能打开。封闭式负荷开关结构如图 6-2 所示。

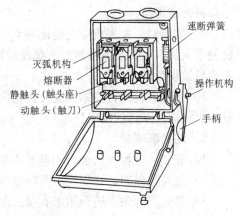

图 6-2 封闭式负荷开关结构图

2. 刀开关的主要技术参数和型号含义

（1）额定电压 额定电压是指刀开关长期工作时，能承受的最大电压。

（2）额定电流 额定电流是指刀开关在合闸位置时允许长期通过的最大电流。

（3）分断电流能力 分断电流能力是指刀开关在额定电压下能可靠分断最大电流的能力。

（4）型号含义 刀开关分为二极和三极两种，二极式刀开关的额定电压为 250V，三极式的额定电压为 500V。常用刀开关的型号为 HK 和 HH 系列，其型号含义如下：

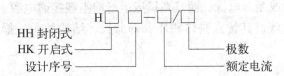

例如：型号 HK1—30/20，表示意义是："HK"表示开关类型为开启式负荷开关；"1"表示设计序号；"30"表示额定电流为 30A；"2"表示单相；"0"表示不带灭弧罩。

常用的刀开关有 HK1、HK2、HK4、HK8、HH10 和 HH11 等系列。

3. 刀开关的选用

（1）额定电压的选用 刀开关的额定电压要大于或等于电路实际的最高电压。控制单相负载时，应选用 250V 二极式刀开关；控制三相负载时，应选用 500V 三极式刀开关。

（2）额定电流的选用

1）作为隔离开关使用时，刀开关的额定电流要等于或稍大于电路实际的工作电流。直接用其控制小容量电动机（功率小于 5.5 kW）的起动和停止时，需要选择电流容量比电动机额定值大的刀开关。

2）用于控制照明电路或其他电阻性负载时，开关熔丝的额定电流应不小于各负载额定电流之和；若控制电动机或其他电感性负载，开启式负荷开关的额定电流应为电动机额定电流的 3 倍，封闭式负荷开关额定电流可选电动机额定电流的 1.5 倍左右。开关熔丝的额定电流是最大一台电动机额定电流的 2.5 倍。

4. 安装方法

1）选择开关前，应注意检查动触头与静触头的接触是否良好和同步。如发现问题，应予以修理或更换。

2）安装时，瓷底板应与地面垂直，手柄向上推为合闸，不得倒装或横装。因为闸刀正装便于灭弧；而倒装或横装时灭弧比较困难，易烧坏触头，并且由于刀片的自重或振动，可能会导致误合闸。

3）接线时，螺钉应紧固到位，电源进线必须接在刀开关上部的静触头接线柱，通往负载的引线应接下部的接线柱。

5. 注意事项

1）安装后应检查动触头和静触头是否连成直线和紧密可靠地连接在一起。

2）更换熔丝时，必须先拉闸断电，再按原规格安装熔丝。

3）胶壳刀开关不适合用来直接控制功率在 5.5kW 以上的交流电动机。

4）合闸和拉闸的动作要迅速，使电弧很快熄灭。

6.2.2 转换开关

转换开关包括组合开关和换向开关。其特点是用动触片的旋转代替刀开关动触头的推合和拉开，实质上是一种由多组触头组合而成的刀开关。这种开关可用作交流 50Hz，380V 和直流 220V 以下的电路电源引入开关，还可用于控制功率在 5.5kW 以下小容量电动机的直接起动、电动机的正反转控制和机床照明电路控制。其额定电流有 6A、10A、15A、25A、60A 和 100A 等，用于非频繁接通和分断电路。在机床电气控制系统中，转换开关多用作电源开关，一般不带负载接通或断开电源，而是在机床运行前空载接通电源。在应急、检修或长时间停用时，空载断开电源。其优点是体积小、寿命长、结构简单、操作方便、灭弧性能较好。

1. 转换开关的结构

（1）组合开关 主要由手柄、转轴、凸轮、动触片、静触片和接线柱等组成。转动手柄时，每层的动触片随方形转轴一起转动。动触片插入静触片中时，电路接通；动触片离开静触片时，电路断开。

HZ5—30/3 组合开关的外形如图 6-3a 所示，结构及电气符号如图 6-3b、c 所示。

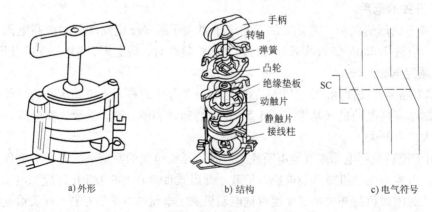

| a) 外形 | b) 结构 | c) 电气符号 |

图 6-3 组合开关

（2）换向开关 换向开关又叫可逆转换开关，多用于机床的进刀、退刀控制，电动机的正转、反转、停止的控制，以及升降机的上升、下降和停止的控制，也可用作控制小电流负载的负荷开关，其外形结构如图 6-4a 所示，电气符号如图 6-4b 所示。

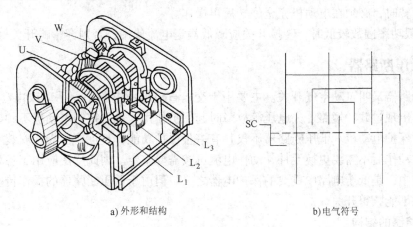

a) 外形和结构   b) 电气符号

图 6-4 换向开关

2. 转换开关的主要技术参数与型号含义

转换开关的主要技术参数与刀开关相同，有额定电压和额定电流等。

HZ 系列组合开关其型号含义如下：

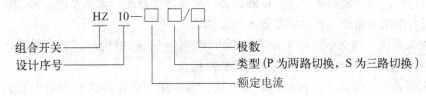

例如：型号 HZ5—30P/3，表示意义是：“HZ”表示开关类型为组合开关；“5”表示设计序号；“30”表示额定电流为 30A；“P”表示两路切换；“3”表示开关的极数为三极。

3. 转换开关的选用

1）选用转换开关时，应根据电源种类、电压等级、所需触头数及电动机的容量进行选用，开关的额定电流一般取电动机额定电流的 1.5~2 倍。

2）用于控制一般的照明电路和电热电路时，其额定电流应大于或等于被控电路负载电流的总和。

3）当用作设备电源引入开关时，其额定电流应稍大于或等于被控电路负载电流的总和。

4）当用于直接控制电动机时，其额定电流一般取电动机额定电流的 2~3 倍。

4. 安装方法

1）安装转换开关时，应使其手柄与安装面保持平行。

2）若转换开关需安装在控制箱（或壳体）内，其手柄最好伸出在控制箱的前面或侧面，并且保证手柄在水平旋转位置时为断开状态。

3）若需在控制箱内操作，转换开关最好装在箱内右上方，并且在其上方不宜安装其他电器，否则必须采取隔离或绝缘措施。

5. 注意事项

1）由于转换开关的通断能力较低，所以不能用来分断故障电流。转换开关用于控制电动机的正反转时，必须在电动机完全停转后再操作。

2）负载功率因数较低时，转换开关应降低额定电流使用，否则会影响开关寿命。

6.2.3 低压断路器

低压断路器又叫自动空气开关。主要用于交、直流低压电路中，手动或电动分合电路。在电气设备出现过载、短路、失电压等故障时起保护作用，也可控制电动机不频繁地起动和停止，以及保护电动机。低压断路器不仅具有多种保护功能，且工作可靠、安装方便、分断能力较高、动作后不需要更换元件，动作电流可按需要整定。因此广泛应用于各种动力电路和机床设备中，是低压电路中重要的保护电器之一。但由于低压断路器的操作传动机构比较复杂，所以不能频繁开关。

1. 断路器的结构

断路器的结构有框架式（又称万能式）和塑料外壳式（又称装置式）两大类。框架式断路器为敞开式结构，适用于大容量配电装置。塑料外壳式断路器的特点是各部分元件均安装在塑料壳体内，结构紧凑，可独立安装，具有良好的安全性。常用作供电电路的保护开关、电动机和照明系统的控制开关，也广泛用于电器控制设备、建筑物内电源电路的保护，及对电动机进行过载和短路保护。低压断路器一般由触头系统、灭弧系统、操作机构、脱扣机构及外壳或框架等组成。各组成部分的作用如下：

（1）触头系统　触头系统用于接通和断开电路。触头的结构形式有：桥式、对接式和插入式三种，一般由银合金材料和铜合金材料制成。

（2）灭弧系统　灭弧系统有多种结构形式，常采用的灭弧方式有窄缝灭弧和金属栅灭弧。

（3）操作机构　操作机构用于实现断路器的闭合与断开。可分为手动操作机构、电动操作结构和电磁操作机构等。

（4）脱扣机构　脱扣机构是断路器的感测元件，用来感测电路特定的信号（如过电压、过电流等）。电路一旦出现非正常信号，相应的脱扣器就会动作，通过联动装置使断路器自动跳闸而切断电路。

脱扣器的种类很多，有热脱扣、电磁脱扣、自由脱扣和漏电脱扣等。其中电磁脱扣又可分为过电流、欠电流、过电压、欠电压脱扣和分励脱扣等。

几种常用断路器结构示意如图6-5所示。

2. 断路器的工作原理与型号含义

（1）工作原理　通过手动或电动操作机构使断路器合闸，从而接通电路。电路发生故障（如短路、过载、欠电压等）时，通过脱扣装置使断路器自动跳闸，达到故障保护的目的。断路器的图形和文字符号如图6-6所示。

图6-7所示为断路器工作原理示意图。断路器工作原理：当主触头闭合后，若W相电路发生短路或过电流（电流达到或超过过电流脱扣器动作值）事故，过电流脱扣器的衔铁吸合，自由脱扣器动作，主触头在弹簧的作用下断开；当电路过载时（W相），热脱扣器的

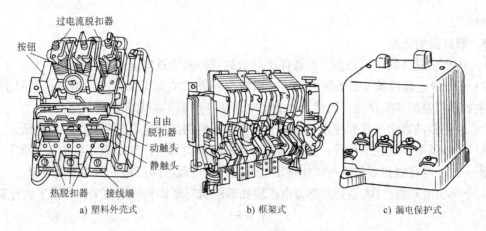

a) 塑料外壳式　　　　　b) 框架式　　　　　c) 漏电保护式

图 6-5　几种常用断路器结构示意图

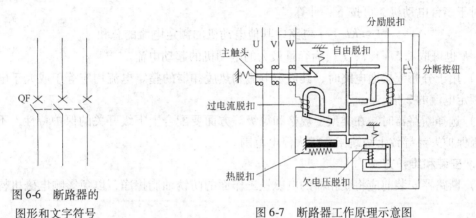

图 6-6　断路器的
图形和文字符号

图 6-7　断路器工作原理示意图

热元件发热使双金属片产生足够的弯曲，推动自由脱扣器动作，使主触头断开，从而切断电路；当电源电压不足（小于欠电压脱扣器释放值）时，欠电压脱扣器的衔铁释放，使自由脱扣器动作，使主触头断开，从而切断电路。分励脱扣器用于远距离切断电路，当需要分断电路时，按下分断按钮，分励脱扣器线圈通电，衔铁驱动自由脱扣器动作，使主触头断开，切断电路。

（2）型号含义　低压断路器按结构形式不同，可分为框架式（DW 系列）和塑料外壳式（DZ 系列）两类，其型号含义如下：

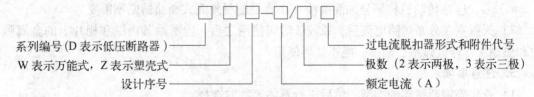

系列编号（D 表示低压断路器）　　　　　　过电流脱扣器形式和附件代号
W 表示万能式，Z 表示塑壳式　　　　　　极数（2 表示两极，3 表示三极）
设计序号　　　　　　　　　　　　　　额定电流（A）

例如：型号 DZ15—200/3，表示意义是："DZ"表示开关类型为断路器，其中"Z"表示塑料外壳式；"15"表示设计序号；"200"表示额定电流为 200 A；"3"表示极数为三极。

常用的框架式低压断路器有：DW15 和 DW16 两个系列；塑料外壳式有：DZ15、DZ20

等系列。

3. 断路器的选用

1）应根据具体的使用条件以及被保护对象的具体要求选择合适的类型。

2）在一般电器设备控制系统中，常选用塑料外壳式或漏电保护式断路器；电网主十线路中主要选用框架式断路器；而建筑物的配电系统一般采用漏电保护式断路器。

3）断路器的额定电压和额定电流应分别不小于电路的额定电压和最大工作电流。

4）脱扣器整定电流的计算：热脱扣器的整定电流应与所控制负载（如电动机等）的额定电流一致；电磁脱扣器的瞬时动作整定电流应大于负载电路正常工作的最大电流。

对于单台电动机，DZ 系列断路器电磁脱扣器的瞬时动作整定电流 I_z，可按下式计算：

$$I_z \geqslant KI_q$$

式中，K 为安全系数，可取 1.5～1.7；I_q 为电动机的起动电流。

对于多台电动机，可按下式计算：

$$I_z \geqslant KI_{qmax} + 电路中其他电动机的额定电流的总和$$

式中，K 也可取 1.5～1.7；I_{qmax} 为容量最大的电动机的起动电流。

5）用于分断或接通电路时，其额定电流和热脱扣器的整定电流均应等于或大于电路中负载额定电流的 2 倍。

6）选择断路器时，在类型、规格和等级等方面要配合上下级开关的保护特性，不允许因下级保护失灵导致上级跳闸，扩大停电范围。

4. 安装和维护方法

1）断路器安装前应将脱扣器的电磁铁工作面的防锈油脂擦净，以免影响电磁机构的动作值。

2）断路器应上端接电源，下端接负载。

3）断路器与熔断器配合使用时，熔断器应尽可能装在断路器之前，以保证使用安全。

4）电磁脱扣器的整定值一经调好就不允许随意更动，若使用日久，则要检查其弹簧是否生锈卡住，以免影响其动作。

5）断路器在分断短路电流后，应在切除上一级电源的情况下及时检查触头。发现有严重的电灼痕迹时，可用干布擦去；发现触头烧毛时，可用砂纸或细锉小心修整，主触头一般不允许用锉刀修整。

6）应定期清除断路器上的积尘和检查各脱扣器的动作值，操作机构在使用一段时间（1～2 年）后，应在传动机构部分加润滑油（小容量塑料外壳式断路器则不需要）。

7）灭弧室在分断短路电流后，或较长时间使用之后，应清除其内壁和栅片上的金属颗粒和黑烟灰，若灭弧室已破损，绝不能再使用。

5. 注意事项

1）首先确定断路器的类型，然后进行具体参数的选择。

2）断路器的底板应垂直于水平位置，固定后应保持平整，其倾斜度不大于5°。

3）有接地螺钉的断路器应可靠连接地线。

4）具有半导体脱扣装置的断路器，其接线端应符合相序要求，脱扣装置的端子应可靠连接。

6.2.4　熔断器

熔断器俗称保险，是电网和用电设备的安全保护用电器之一。低压熔断器广泛应用于低压供配电系统和控制系统，主要用作短路保护，有时也用于过载保护。其主体是用低熔点金属丝或金属薄片制成熔体，串联在被保护电路中。在正常情况下，熔体相当于一根导线；当发生短路或严重过载时，流过的电流很大，熔体会因过热熔化，从而切断电路，使电路或电气设备脱离电源，从而起到保护作用。由于熔断器结构简单、体积较小、价格低廉、工作可靠、维护方便，故应用极为广泛，是低压电路和电动机控制电路中最常用的过载和短路保护电器。但熔断器大多只能一次性使用，功能单一，更换需要一定时间，所以目前很多电路中使用断路器代替低压熔断器。

熔断器的种类很多，按其结构不同，可分为瓷插式熔断器、螺旋式熔断器、有填料封闭管式熔断器、无填料封闭管式快速熔断器、半导体保护用熔断器、自复式熔断器和快速熔断器等。不同种类的熔断器，其特性和使用场合也有所不同，在工厂电器设备的自动控制系统中，瓷插式熔断器和螺旋式熔断器使用最为广泛。

1. 熔断器的结构

熔断器的种类很多，常用的熔断器有 RC1A 系列瓷插式（插入式）和 RL1 系列螺旋式。RC1A 系列熔断器价格便宜，更换方便，常用作照明和小容量电动机的短路保护。RL1 系列熔断器断流能力大，体积小，安装面积小，更换熔丝方便，安全可靠并且熔丝熔断后有显示，常用作电动机控制电路的短路保护。

（1）瓷插式熔断器　瓷插式熔断器也称为半封闭插入式熔断器，主要由瓷座、瓷盖、熔丝、静触头和动触头组成，熔丝通常用铅锡合金或铅锑合金制成，也有用铜丝作熔丝。常用 RC1A 系列瓷插式（插入式）熔断器结构和电气符号如图 6-8 所示。

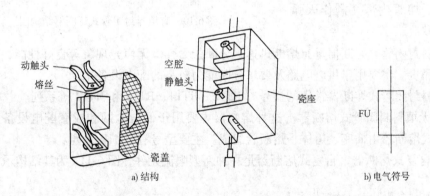

　　　　a) 结构　　　　　　　　　　　　　　　　　b) 电气符号

图 6-8　RC1A 系列瓷插式（插入式）熔断器

瓷座中部有一空腔，与瓷盖的凸出部分组成灭弧室。其中 60A 以上的瓷插式熔断器空腔中还垫有纺织石棉层，用以增强灭弧能力。RC1A 系列熔断器具有体积小、结构简单、价格低廉、带电更换熔丝方便以及有较好的保护特性等优点，主要用于中小容量的控制以及在交流 400V 以下的照明电路中。但因其分断能力较小，电弧较大，只适用于小功率负载的保护。

常用的型号有 RC1A 系列，其额定电压为 380V，额定电流有 5A、10A、15A、30A、

60A、100A、200A 共 7 个等级。

（2）螺旋式熔断器　螺旋式熔断器主要由瓷帽、瓷套、瓷座、熔断管、上接线端和下接线端组成，熔丝安装在熔断管内，熔断管内部充满起灭弧作用的石英砂。熔断管自身带有

熔丝熔断指示装置。螺旋式熔断器是一种有填料的封闭管式熔断器，结构较瓷插式熔断器复杂。常用的 RL1 系列螺旋式熔断器结构如图 6-9 所示。

螺旋式熔断器用于交流 400V以下、额定电流在 200A 以下的电气设备及电路的过载和短路保护，具有较好的抗振性能，灭弧效果与断流能力均优于瓷插式熔断器，它广泛应用于机床电气控制电路中。

螺旋式熔断器常用的型号有RL6、RL7（取代 RL1、RL2）、RLS2（取代 RLS1）等系列。

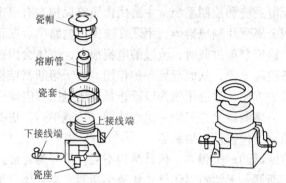

图 6-9　RL1 系列螺旋式熔断器

（3）有填料封闭管式熔断器　有填料封闭管式熔断器的结构如图 6-10 所示。由瓷底座和熔断体两部分组成，熔体安放在瓷质熔管内，熔管内部充满作灭弧用的石英砂。

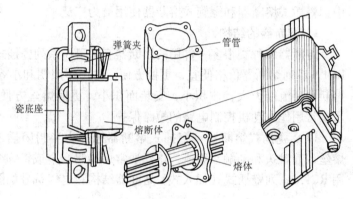

图 6-10　有填料封闭管式熔断器结构图

有填料封闭管式熔断器具有熔断迅速、分断能力强、无声光现象等良好性能，但结构复杂，价格昂贵。主要用于供电电路及要求分断能力较高的配电设备中。

有填料封闭管式熔断器常用的型号有 RT12、RT14、RT15 和 RT17 等系列。

（4）无填料封闭管式熔断器　这种熔断器主要用于低压电网和成套配电设备中。无填料封闭管式熔断器由插座、熔体、熔断管组成。主要型号有 RM10 系列。

（5）自复式熔断器　自复式熔断器是一种新型限流元件，图 6-11a 为其结构示意图。

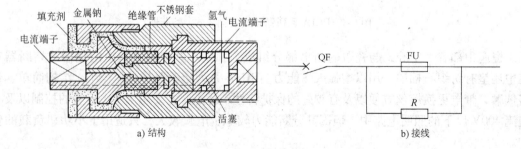

a) 结构　　　　　　　　　　　　　　　b) 接线

图 6-11　自复式熔断器

　　其工作原理简单分析如下：在正常条件下，电流从电流端子通过绝缘管（氧化铍材料）细孔中的金属钠到另一电流端子构成通路；当发生短路或严重过载时，故障电流使钠急剧发热而汽化，很快形成高温、高压、高电阻的等离子状态，从而限制短路电流的增加。在高压作用下，活塞使氩气压缩。当短路或过载电流切除后，钠温度下降，活塞在压缩氩气作用下使熔断器迅速回复到正常状态。由于自复式熔断器只能限流，不能分断电流，因此常与断路器配合使用，以提高组合分断能力。图 6-11b 所示为其接线图，正常工作时自复式熔断器的电阻是很小的，与它并联的电阻 R 仅流过很小的电流。在短路时，自复式熔断器的电阻值迅速增大，电阻 R 中的电流也增大，使断路器 QF 动作，分断电路。电阻 R 的作用一方面是降低自复式熔断器动作时产生的过电压，另一方面为断路器的电磁脱扣器提供动作电流。

　　自复式熔断器优点是不必更换熔体，能重复使用。自复式熔断器常用的型号有 RZ1 系列。

　　自复式熔断器通常与低压断路器配合使用，或者组合为一种带自复式熔体的低压断路器。自复式熔断器在电路中主要起短路保护作用，电路的过载保护则由低压断路器来承担。

　　（6）快速熔断器　快速熔断器主要用于半导体元件或整流装置的短路保护。由于半导体元件的过载能力很低，只能在极短的时间内承受较大的过载电流，因此要求短路保护器件具有快速熔断能力。快速熔断器的结构与有填料封闭管式熔断器基本相同，但熔体材料和形状不同，熔体一般用银片冲成有 V 形深槽的变截面形状。其结构图如图 6-12 所示。

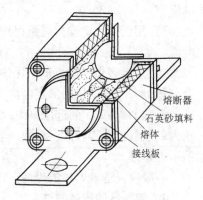

熔断器
石英砂填料
熔体
接线板

图 6-12　快速熔断器结构图

　　快速熔断器主要型号有：RS0、RS3、RLS2 等系列。

2. 熔断器的主要参数与型号含义

　　（1）额定电压　是从灭弧角度出发，规定的熔断器所在电路工作电压的最高限额。如果电路的实际电压超过熔断器的额定电压，一旦熔体熔断，有可能发生电弧不能及时熄灭的现象。

　　（2）额定电流　实际上是指熔座的额定电流，是由熔断器长期工作所允许的温升决定的电流值。所配用的熔体的额定电流应小于或等于熔断器的额定电流。

　　（3）熔体的额定电流　熔体能够长期承受而不熔断的最大电流。生产厂家生产不同规格的熔体供用户选择使用。

　　（4）极限分断能力　是指熔断器所能分断的最大短路电流值。分断能力的大小与熔断器的灭弧能力有关，与熔断器的额定电流值无关。熔断器的极限分断能力必须大于电路中可能出现的最大短路电流值。

　　（5）型号含义　熔断器的型号含义：

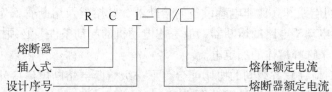

熔断器
插入式
设计序号
熔体额定电流
熔断器额定电流

例如：型号 RS1—25/20，表示意义是："RS"表示电器类型为熔断器，其中"S"表示熔断器类型为快速式（其他常用类型分别为："C"表示瓷插式、"M"表示无填料密闭管式、"T"表示有填料密闭管式、"L"表示螺旋式、"LS"表示螺旋快速式）；"1"表示设计序号；"25"表示熔断器额定电流为25A；"20"表示熔体额定电流为20A。

3. 熔断器的选用

1）熔断器的类型应根据不同的使用场合和保护对象有针对性地选择。

2）熔断器的选择包括熔断器种类和额定参数的选择。

3）熔断器种类的选择应根据各种常用熔断器的特点、应用场所和实际应用的具体要求来确定。熔断器只有选用恰当，才能既保证电路正常工作又起到保护作用。

4）选用熔断器的具体参数时，应使熔断器的额定电压大于或等于被保护电路的工作电压；额定电流大于或等于所装熔体的额定电流。

5）熔体额定电流值的大小，与熔体线径粗细有关，熔体线径越大其额定电流值越大，应根据实际需要进行选择。

6）用于电炉和照明等电阻性负载电路的短路保护时，熔体额定电流不得小于负载额定电流。

7）用于单台电动机短路保护时，熔体额定电流 = （1.5 ~ 2.5）× I_N，I_N 为电动机额定电流。

8）用于多台电动机短路保护时，熔体额定电流 = （1.5 ~ 2.5）× I_{Nmax} + $I_总$，其中 I_{Nmax} 为容量最大的电动机的额定电流，$I_总$ 为其余电动机额定电流总和。

系数 1.5 ~ 2.5 的选用原则：电动机功率越大，系数选用得越大；相同功率，起动电流较大，系数也选得较大。系数一般只选到 2.5，小型电动机带负载起动时，允许取系数为 3，但不得超过 3。

一般应先选择熔体的规格，再根据熔体的规格来确定熔断器的规格。

4. 熔断器的安装方法

1）装配熔断器前应检查熔断器的各项参数是否符合电路要求。

2）安装熔断器必须在断电情况下操作。

3）安装时熔体必须完好无损（不可拉长）、接触紧密可靠，但不能绷紧。

4）熔断器应安装在电路的各相线（火线）上，三相四线制的中性线上严禁安装熔断器，单相二线制的中性线应安装熔断器。

5）螺旋式熔断器在接线时，为了保证更换熔断管时的安全，下接线端应接在电源上，上接线端应接负载。

5. 注意事项

1）只有正确选择的熔体和熔断器才能起到保护作用。

2）熔断器的额定电流不得小于熔体的额定电流。

3）对保护照明电路和其他非电感设备的熔断器，其熔丝及熔断管额定电流应大于电路工作电流。为保护电动机电路的熔断器，应考虑电动机的起动条件，必须按电动机的起动时间长短及频繁程度来选择熔体的额定电流。

4）多级保护时应注意各级间的协调配合，下一级熔断器熔断电流应比上一级熔断器熔断电流小，以免出现越级熔断，扩大动作范围。

6.2.5 按钮

按钮是一种手动操作，接通或分断小电流控制电路的主令电器。一般情况下它不是直接控制主电路的通断，而是在控制电路中发出"指令"去控制接触器和继电器等，再由它们来控制主电路的通断。根据按钮触头结构、触头组数和用途的不同，可分为起动按钮、停止按钮和复合按钮，一般使用的按钮多为复合按钮。

1. 按钮的结构

按钮由外壳、按钮帽、复位弹簧、桥式动触头和静触头组成。其触头允许通过的电流很小，一般不超过 5A。

根据使用要求、安装形式、操作方式的不同，按钮可分为很多种类。根据触头结构的不同，按钮可分为停止按钮（常闭按钮）、起动按钮（常开按钮）及复合按钮（常闭、常开组合为一体的按钮）。复合按钮在按下按钮帽时，首先断开常闭触头，经过一小段时间后再接通常开触头；松开按钮帽时，复位弹簧分断常开触头，经过一小段时间再闭合常闭触头，如图 6-13 所示。部分常见按钮的外形如图 6-14 所示。

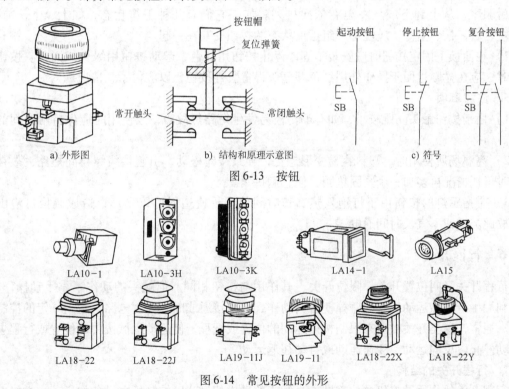

a) 外形图　　　b) 结构和原理示意图　　　c) 符号

图 6-13　按钮

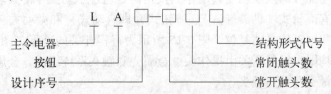

图 6-14　常见按钮的外形

2. 型号含义

其型号含义如下：

```
        L A □ — □ □ □
主令电器 ┘ │ │   │ │ └ 结构形式代号
按钮 ────┘ │   │ └── 常闭触头数
设计序号 ──┘   └──── 常开触头数
```

例如：型号 LA19—22K，表示意义是："LA"表示电器类型为按钮；"19"表示设计序号；前"2"表示常开触头数为 2 对；后"2"表示常闭触头数为 2 对；"K"表示按钮的结构类型为开启式（其他常用类型分别为："H"表示保护式、"X"表示旋钮式、"D"表示带指示灯式、"J"表示紧急式，若无标示则为平钮式）。

3. 按钮的选用

1）根据使用场所不同，选择按钮的种类，如开启式、保护式、防水式和防腐式等。

2）根据用途不同，选用合适的形式，如手把旋钮式、钥匙式、紧急式和带灯式等。

3）按控制电路的需要，确定不同的按钮数，如单钮、双钮、三钮和多钮等。

4）按工作状态指示和工作情况的要求，选择按钮和指示灯的颜色（参照国家有关标准）。

5）核对按钮额定电压和额定电流等指标是否满足要求。

常用的控制按钮有 LA4、LA10、LA18、LA19、LA20 和 LA25 等系列。

4. 按钮的安装

1）按钮在面板上安装时，应布局合理，排列整齐。可根据生产机械或机床起动、工作的先后顺序，从上到下或从左至右依次排列。如果它们有几种工作状态，如上、下、前、后，左、右，松、紧等，应使每一组正反状态的按钮安装在一起。

2）在面板上固定按钮时应安装牢固，停止按钮用红色，起动按钮用绿色或黑色。按钮较多时，应在显眼且便于操作处用红色蘑菇头设置总停按钮，以应付紧急情况。

5. 注意事项

1）由于按钮触头间距较小，如有油污极易发生短路等故障，故使用时应保持触头间的清洁。

2）高温场所使用时，塑料容易变形老化，导致按钮松动，引起接线螺钉间短路，故在安装时可视情况再多加一个紧固垫圈，使它们拼紧。

3）带指示灯的按钮由于灯泡发热，长时间使用易使塑料灯罩变形，造成调换灯泡困难，故此类按钮不宜长时间通电。

6.2.6 行程开关

行程开关又叫位置开关、限位开关，其作用与按钮相同。但触头的动作不靠手动操作，而是利用生产机械运动部件的碰撞使触头动作，实现接通或断开控制电路，达到一定的控制目的。通常，这类开关被用来限制机械运动的位置或行程，使运动机械按一定位置或行程进行自动停止、反向运动、变速运动或自动往返运动等。

1. 行程开关的结构

行程开关的作用是将机械位移转变为触头的动作信号，以控制机电设备的运动，在机电设备的行程控制中起到很大作用。行程开关的工作原理与控制按钮相同，不同之处在于行程开关是利用机械运动部分的碰撞而使其动作，按钮则是通过手动操作使其动作。行程开关有多种形式，常用的有滚轮式（即旋转式）、按钮式（即直动式）和微动式三种。有些行程开关能自动复位，有些则不能自动复位。图 6-15 所示为行程开关的外形。图 6-16 所示是行程开关电气符号和结构图，行程开关由操作头、金属壳和触头系统组成，金属壳里有顶杆、弹簧、弹簧片、常开触头和常闭触头。

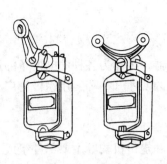
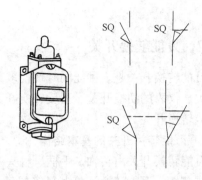

图 6-15 行程开关的外形　　　　　　　图 6-16 行程开关的电气符号和结构图

行程开关还有很多种不同的结构形式，一般都是在直动式或微动式行程开关的基础上加装不同的操作头构成。

2. 行程开关的型号含义

行程开关型号含义如下：

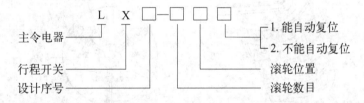

例如：型号 JLXK1—211，表示意义是："J"表示电器类型为机床电器；"L"表示为主令电器；"X"表示为行程开关；"K"表示为快速式；"1"表示设计序号；"2"表示行程开关类型为双轮式（其余常用类型分别为："1"表示单轮式，"3"表示直动不带轮式，"4"表示直动带轮式）；第一个"1"表示常开触头数为 1 对；第二个"1"表示常闭触头数为 1 对。

3. 行程开关的选用

1）根据应用场所及控制对象进行选择，有一般用途行程开关和起重设备用行程开关。

2）根据安装环境选择结构形式，如开启式、防护式等。

3）根据被控制电路的特点、要求和所需触头数量等因素综合考虑。

4）根据机械运动与行程开关相互间的传动与位移的关系选择合适的操作头形式。

5）根据控制电路的额定电压和额定电流选择行程开关系列。

常用的行程开关有 LX5、LX10、LX19、LX31、LX32、LX33、LXW—11 和 JLXK1 等系列。

4. 行程开关的安装

1）安装前应检查所选行程开关是否符合要求。

2）滚轮固定应恰当，应有利于生产机械经过预定位置或行程时，能较准确地实现行程控制。

5. 注意事项

安装行程开关时，应注意滚轮方向不能装反，与生产机械的撞块相碰撞位置应符合电路要求。

6.2.7 万能转换开关

万能转换开关是一种能同时切换多路电路的主令电器，可作为各种配电设备的远距离控制开关、仪表的切换开关、正反转换开关和双速电动机的变速开关等，用途极为广泛，故称为万能转换开关。

1. 万能转换开关的基本结构

万能转换开关由转轴、手柄、触头系统、操作机构和定位机构等主要部件组成，用螺栓组装成整体。万能转换开关由很多层触头底座叠装而成，每层底座内装有一对（或三对）触头和一个装在转轴上的凸轮，操作时手柄带动转轴和凸轮一起旋转，凸轮推动触头，从而达到转换电路的目的。图 6-17 所示为常用 LW5 系列万能转换开关的外形结构图、层结构示意图电气符号及触头通断表。

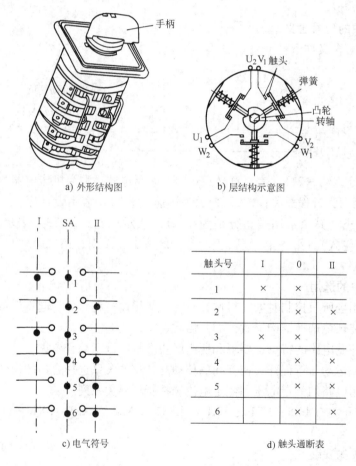

a) 外形结构图　　　　　　b) 层结构示意图

c) 电气符号　　　　　　d) 触头通断表

触头号	I	0	II
1	×	×	
2		×	×
3	×	×	
4			×
5		×	×
6		×	×

图 6-17　LW5 系列万能转换开关

触头系统由许多层接触单元组成，最多可达 20 层。每一接触单元有 2~3 对双断点触头安装在塑料压制的触头底座上，触头由凸轮通过支架驱动，在每一断点设置隔弧罩以限制电弧，增加其工作可靠性。

定位机构一般采用滚轮卡棘轮辐射型结构，其优点是操作轻便、定位可靠，并具有一定的速动作用，有利于提高触头分断能力。定位角度由具体的系列规定，一般分为30°、45°、60°和90°几种。

手柄形式有旋钮式、普通式、带定位钥匙式和带信号灯式等。

2. 万能转换开关的型号含义

万能转换开关的型号及意义如下：

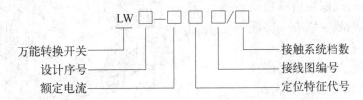

3. 万能转换开关的选用

万能转换开关可按下列要求进行选择：

1）按额定电压和工作电流等选择合适的系列。

2）按操作需要选择手柄形式和定位特征。

3）按控制要求确定触头数量与接线图编号。

4）选择面板形式和标志。

常用的万能转换开关有 LW5、LW6 和 LW8 等系列。

6.2.8　接触器

接触器是一种通用性很强的开关式电器，是电力拖动与自动控制系统中一种重要的低压电器。它可以频繁地接通和分断交直流主电路，是有触头电磁式电器的典型代表，相当于一种自动电磁式开关。利用电磁力的吸合和反向弹簧力作用使触头闭合和分断，从而使电路接通和断开。具有欠电压释放保护及零电压保护的性能，控制容量大，可用于频繁操作和远距离控制，工作可靠，寿命长，性能稳定，维护方便。主要用于控制电动机，也可用于控制电焊机、电阻炉和照明器具等电力负载。由于接触器不能切断短路电流，通常与熔断器配合使用。

接触器的分类方法较多，按驱动触头系统动力来源的不同，可分为电磁式接触器、气动式接触器和液动式接触器；按灭弧介质性质的不同，分为空气式接触器、油浸式接触器和真空接触器等；按主触头控制的电流性质的不同，分为交流接触器和直流接触器等。本节主要介绍在电力控制系统中使用最为广泛的电磁式交流接触器。

1. 交流接触器的结构

交流接触器由电磁机构、触头系统和灭弧系统三部分组成。电磁机构一般为交流电磁机构，也可采用直流电磁机构。吸引线圈为电压线圈，使用时须并接在相应电压的控制电源上。在触头系统中，触头可分为主触头和辅助触头。主触头一般为三极常开触头，电流容量大，通常装设灭弧机构，因此具有较大的电流通断能力，主要用于大电流电路（主电路）；辅助触头电流容量小，不专门设置灭弧结构，主要用在小电流电路（控制电路或其他辅助电路）中作联锁或自锁之用。图6-18所示为交流接触器的结构和外形、触头类型和电气符号。

（1）电磁系统　电磁系统是接触器的重要组成部分，由吸引线圈和磁路两部分组成，磁路包括静铁心、动铁心、铁轭和空气隙，利用空气隙将电磁能转化为机械能，带动动触头与静触头接通或断开。

交流接触器的线圈是由漆包线绕制而成，这可以减少铁心中的涡流损耗，避免铁心过热。在铁心上装有一个短路环作为减震器，使铁心中产生了不同相位的磁通量 φ_1、φ_2，以减少交流接触器吸合时的振动和噪声，如图 6-19 所示，其材料一般为铜、康铜或镍铬合金。

电磁系统的吸力与空气隙的关系曲线称为吸力特性，它随励磁电流的种类（交流和直流）和线圈的连接方式（串联或并联）的不同而有所差异。反作用力的大小与反作用弹簧的弹力和动铁心的重量有关。

（2）触头系统　触头系统用来直接接通和分断所控制的电路。根据用途不同，接触器的触头分为主触头和辅助触头两种。辅助触头通过的电流较小，通常接在控制电路中；主触头通过的电流较大，接在电动机主电路中。

触头是用来接通和断开电路的执行元件。按接触形式的不同，可分为点接触、面接触和线接触三种。

1）点接触：由两个半球形触头或一个半球形与另一个平面形触头构成，如图 6-18b 所示。常用于控制小电流的电器，如接触器的辅助触头和继电器触头。

2）面接触：允许通过较大的电流，应用较广，如图 6-18b 所示。

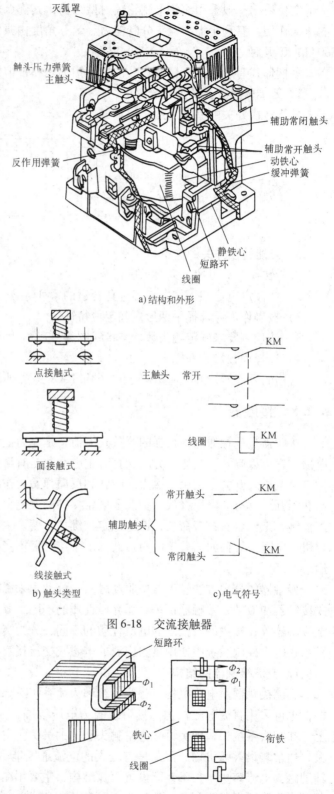

a) 结构和外形

b) 触头类型

c) 电气符号

图 6-18　交流接触器

图 6-19　交流接触器的短路环

这种触头的表面上镶有合金，用以减小接触电阻和提高耐磨性，多用于较大容量接触器上的主触头。

3）线接触：其接触区域是一条直线，如图 6-18b 所示。触头在通断过程中是滚动接触的。它的优点是可以自动清除触头表面的氧化膜，从而保证触头的良好接触，多用于中等容量的触头，如接触器的主触头。

（3）电弧的产生与灭弧装置　当接触器触头断开电路时，若电路中的动、静触头之间电压超过 10~12V，电流超过 80~100mA，动、静触头之间将出现强烈火花，这实际上是一种空气放电现象，通常称为"电弧"。所谓空气放电，是指空气中有大量的带电质点作定向运动。在触头分离瞬间，间隙很小，电路电压几乎全部降落在动、静触头之间，在触头间形成了很高的电场强度，负极中的自由电子将会逸出到气隙中，并向正极加速运动。由于产生了撞击电离、热电子发射和热游离，在动、静触头间呈现大量向正极飞驰的电子，形成电弧。随着两触头间距离的增大，电弧也相应地拉长，此时不能迅速切断。由于电弧的温度高达 3000℃，甚至更高，导致触头被严重烧灼，缩短了接触器的使用寿命，给电气设备的运行安全以及人身安全等都造成了极大的威胁。因此，接触器都具有灭弧装置。

2. 接触器的基本技术参数与型号含义

（1）额定电压　接触器额定电压是指主触头上的额定电压。其电压等级为

交流接触器：220V，380V，500V。

直流接触器：220V，440V，660V。

（2）额定电流　接触器额定电流是指主触头的额定电流。其电流等级为

交流接触器：10A，15A，25A，40A，60A，150A，250A，400A，600A，最高可达 2500A。

直流接触器：25A，40A，60A，100A，150A，250A，400A，600A。

（3）线圈的额定电压　其电压等级为

交流线圈：36V、110V、127V、220V、380V。

直流线圈：24V、48V、110V、220V、440V。

（4）额定操作频率（即每小时通断次数）　交流接触器高达 6000 次/h，直流接触器可达 1200 次/h。电气寿命达 500~1000 万次。

（5）型号含义　交流接触器和直流接触器的型号代号分别为 CJ 和 CZ。

直流接触器型号的含义为：

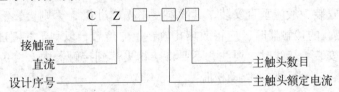

交流接触器型号的含义为：

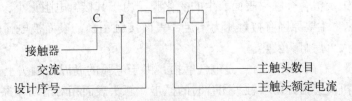

常用的交流接触器有 CJ20、CJ40 等系列产品。其中 CJ20 和 CJ40 所有受冲击的部件均采用了缓冲装置，合理地减小了触头行程；运动系统布置合理，结构紧凑；采用结构联结，不用螺钉，维修更方便。

直流接触器常用的有 CZ1 和 CZ20 系列。新系列接触器具有寿命长、体积小、工艺性能更好、零部件通用性更强等优点。

3. 接触器的选用

1）类型的选择：根据所控制的电动机或负载电流类型选择接触器类型，交流负载应选用交流接触器，直流负载应选用直流接触器。

2）主触头额定电压和额定电流的选择：接触器主触头的额定电压应大于等于负载电路的额定电压，主触头的额定电流应大于负载电路的额定电流，或者根据经验公式计算，计算公式如下

$$I_C = P_N \times 10^3 / KU_N$$

式中　K 是经验系数，一般取 $1 \sim 1.4$；P_N 是电动机额定功率（kW）；U_N 是电动机额定电压（V）；I_C 是接触器主触头电流（A）。

如果接触器控制的电动机起动、制动或正反转较频繁，一般要将接触器主触头的额定电流降一级使用。

3）线圈电压的选择：接触器线圈的额定电压不一定等于主触头的额定电压，从人身和设备安全角度考虑，线圈电压可选择低一些。当控制电路简单，线圈功率较小时，为了节省变压器，可选 220V 或 380V。

4）接触器操作频率的选择：操作频率是指接触器每小时通断的次数。通断电流较大及通断频率过高时，会引起触头过热甚至熔焊。若操作频率超过规定值，则应选用额定电流大一级的接触器。

5）触头数量及触头类型的选择：通常接触器的触头数量应满足控制支路数的要求，触头类型应满足控制电路的功能要求。

4. 接触器的安装方法

1）接触器安装前应检查线圈的额定电压等技术数据是否与实际使用值相符，然后将铁心极面上的防锈油脂或锈垢用汽油擦净，以免多次使用后被油垢粘住，造成接触器断电时不能释放触头。

2）接触器的安装一般应垂直安装，其倾斜度不得超过5°，否则会影响接触器的动作特性。安装带有散热孔的接触器时，应将散热孔放在上方位置，以利于线圈散热。

3）接触器在安装与接线时，要注意不要将杂物失落到接触器内，以免引起卡阻而烧毁线圈，同时应将螺钉拧紧，防止震动松脱。

5. 注意事项

1）接触器的触头应保持清洁且不得涂油，触头表面因电弧作用而形成金属小珠时，应及时清除；对于银及银合金触头表面产生的氧化膜，由于其接触电阻很小，可不必修复。

2）触头过热。主要原因有接触压力不足，表面接触不良，表面被电弧灼伤等，会造成触头接触电阻过大，使触头发热。

3）触头磨损。有两种原因，一是电气磨损，由于电弧的高温使触头上的金属氧化和蒸发所造成；二是机械磨损，由于触头闭合时的撞击，触头表面相对滑动摩擦所造成。

4）线圈失电后触头不能复位。其原因有触头被电弧熔焊在一起；铁心剩磁太大，复位弹簧弹力不足以及活动部分被卡住等。

5）衔铁有振动噪声。主要原因有短路环损坏或脱落；衔铁歪斜；铁心端面有锈蚀或尘垢，使动静铁心接触不良；复位弹簧弹力太大；活动部分有卡滞，使衔铁不能完全吸合等。

6）线圈过热或烧毁。主要原因是线圈匝间短路、衔铁吸合后有间隙、操作频繁（超过允许操作频率）或外加电压高于线圈额定电压等，引起线圈中电流过大所造成。

6.2.9　电磁式继电器

继电器是根据电流、电压、温度、时间或速度等信号的变化自动接通和分断小电流电路的控制元件。它与接触器不同，继电器一般不直接控制主电路，而是通过接触器或其他电器对主电路进行控制，因此继电器触头的额定电流较小（5～10A），不需要灭弧装置。具有结构简单、体积小、重量轻等优点，但对其动作的准确性要求较高。

继电器的种类很多，分类方法也较多。按用途的不同，可分为控制继电器和保护继电器；按反映的信号的不同，可分为电压继电器、电流继电器、时间继电器、热继电器和速度继电器等；按功能的不同可分为中间继电器、热继电器、电压继电器、电流继电器、功率继电器、时间继电器、速度继电器、极化继电器、冲击继电器等；按动作原理的不同，可分为电磁式继电器、电子式继电器和电动式继电器等。

电磁式继电器主要有电压继电器、电流继电器和中间继电器。

1. 电磁式继电器的基本结构与工作原理

电磁式继电器的结构、工作原理与接触器相似，由电磁系统、触头系统和反力系统三部分组成，吸引线圈通电（或电流、电压达到一定值）时，衔铁运动带动触头动作。图 6-20 所示为电磁式继电器基本结构示意图。电磁式继电器的图形和文字符号如图 6-21 所示。

2. 常用电磁式继电器介绍

（1）电压继电器　电压继电器是根据电路中电压的大小来控制电路的"接通"或"断开"。主要用于电路的过电压或欠电压保护，使用时其吸引线圈直接（或通过电压互感器）并联在被控电路上。

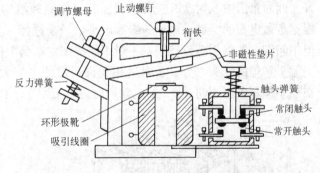

图 6-20　电磁式继电器基本结构示意图

图 6-21　电磁式继电器的图形和文字符号

过电压继电器在电路电压正常时不动作，在电路电压超过额定电压的 1.05～1.2 倍以上时才动作。欠（零）电压继电器在电路电压正常时，电磁机构动作（吸合），电路电压下降到（30%～50%）U_N 以下或消失时，电磁机构释放，实现欠（零）电压保护。

电压继电器可分为直流电压继电器和交流电压继电器，交流电压继电器用于交流电路，直流电压继电器用于直流电路，它们的工作原理是相同的。

（2）电流继电器　电流继电器根据电路中电流的大小动作或释放，用于电路的过电流或欠电流的保护，使用时其吸引线圈直接（或通过电流互感器）串联在被控电路中。

过电流继电器在电路正常工作时衔铁不能吸合；当电路出现故障或电流超过某一整定值（1.1～4倍额定电流）时，过电流继电器动作。欠电流继电器则在电路正常工作时动铁心被吸合，电流减小到某一整定值（0.1～0.2倍额定电流）时，动铁心被释放。电流整定值可通过调节反力弹簧的弹力来调节。

电流继电器可分为直流电流继电器和交流电流继电器，其工作原理与电压继电器相同。

（3）通用继电器　通用继电器的磁路系统是由U形静铁心和一块板状衔铁构成。U形铁心与铝座浇铸成一体，线圈安装在静铁心上并通过环形极靴定位。

通用继电器可以很方便地更换不同性质的线圈，并将其制成电压继电器、电流继电器、中间继电器或时间继电器等。例如，在通用继电器上安装电流线圈后就是一个电流继电器。

6.2.10　中间继电器

中间继电器是将一个输入信号变成一个或多个输出信号的继电器。它的输入信号为通电或断电，输出信号是触头的动作，并可将信号分别传给几个元件或回路。

1. 中间继电器的结构

中间继电器的结构及工作原理与接触器基本相同，JZ7中间继电器由线圈、静铁心、动铁心及触头系统等组成。它的触头较多，一般有八对，可组成四对常开、四对常闭或六对常开、两对常闭或八对常开三种形式。其工作原理结构符号如图6-22所示。中间继电器一般根据负载电流的类型、电压等级和触头数量来选择。其安装方法和注意事项与接触器类似，但中间继电器触头容量较小，一般不能接到主电路中使用。中间继电器的触头数量较多，无主触头和辅助触头之分，各对触头允许通过的电流大小也是相同的，其额定电流约为5A。在控制额定电流不超过5A的电动机时，也可用它来代替接触器。

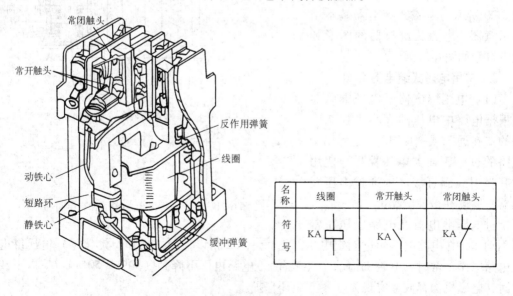

图6-22　中间继电器的原理结构和符号

常用的中间继电器有 JZ7、JZ8 系列，其型号含义是：

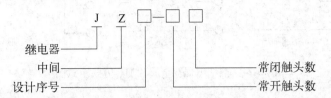

例如：型号 JZ7—53，表示意义是："JZ"表示电器类型为中间继电器；"7"表示设计序号；"5"表示常开触头数；"3"表示常闭触头数。

2. 中间继电器的选用

中间继电器应根据被控制电路的电压等级、所需触头数、种类以及容量等要求来选择。

6.2.11 热继电器

热继电器是利用电流的热效应来推动动作机构使触头闭合或断开的保护电器。主要用于电动机的过载保护、断相保护、电流不平衡运行保护及其他电气设备发热状态的控制。

1. 热继电器的结构

常用的热继电器有两种形式：由两个热元件组成的两相结构和由三个热元件组成的三相结构。两相结构的热继电器主要由热元件、主双金属片动作机构、触头系统、电流整定装置、复位机构和温度补偿元件组成，如图 6-23 所示。

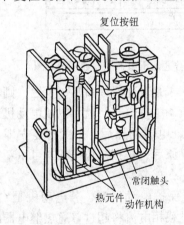

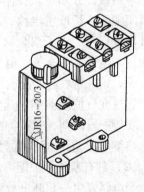

名称	常闭触头	热元件
符号	FR	FR

图 6-23 两相结构的热继电器

（1）热元件 是热继电器接受过载信号的元件，由双金属片及绕在双金属片外面的电阻丝组成。双金属片由两种热膨胀系数不同的金属片复合而成，如铁镍铬合金和铁镍合金。电阻丝用康铜和镍铬合金等材料制成，使用时串联在被保护的电路中。电流通过热元件时，热元件对双金属片进行加热，使双金属片受热弯曲。热元件对双金属片加热的方式有三种：直接加热、间接加热和复式加热，示意图如图 6-24 所示。

（2）触头系统 一般配有一组切换触头，可形成一个常开触头和一个常闭触头。

（3）动作机构 由导板、推杆、杠杆、拉簧及补偿双金属片组成。其中，补偿双金属片是用来补偿环境温度的影响。

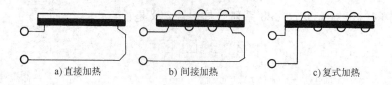

| a) 直接加热 | b) 间接加热 | c) 复式加热 |

图 6-24　热继电器双金属片加热方式示意图

（4）复位按钮　热继电器动作后的复位一般采用手动复位，但必须等双金属片冷却后才能进行。

（5）整定电流装置　由调节旋钮和偏心凸轮组成，用来调节整定电流的数值。热继电器的整定电流是指热继电器长期不动作的最大电流值，超过此值就会动作。

2. 热继电器工作原理

（1）普通热继电器　三相结构的普通热继电器工作原理如图6-25所示。当电动机电流未超过额定电流时，双金属片自由弯曲的程度（位移）不足以触及动作机构，因此热继电器不会动作；当电路过载时，热元件使双金属片向上弯曲变形，导板在弹簧拉力作用下带动绝缘牵引板，分断接入控制电路中的常闭触头，切断主电路，从而起过载保护作用。由于双金属片弯曲

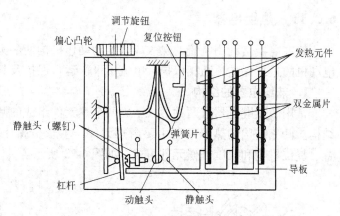

图 6-25　三相结构普通热继电器工作原理示意图

的速度与电流大小有关，电流越大时，弯曲的速度也越快，于是动作时间就短；反之，则时间就长，这种特性称为反时限特性。只要热继电器的整定值调整得恰当，就可以使电动机在温度超过允许值之前停止运转，避免因高温造成损坏。热继电器动作后，一般不能立即复位，要等一段时间，只有待电流恢复正常、双金属片冷却复原后，再按复位按钮方可重新工作。热继电器动作电流值的大小可用调节旋钮进行调节。

（2）具有断相保护能力的热继电器　用普通热继电器保护电动机时，若电动机是Y接线，当电路发生一相断电故障时，另外两相将发生过载，过载相电流将超过普通热继电器的动作电流，这种热继电器可以对此进行保护。但若电动机定子为△接线，发生断相时线电流可能达不到普通热继电器的动作值，而电动机绕组同样会过热，此时用普通的热继电器已经不能起到保护作用，必须采用带断相保护的热继电器。它利用各相电流不均衡的差动原理实现断相保护。

3. 热继电器参数与其型号含义

（1）额定电压　指触头的电压值。

（2）额定电流　指允许装入的热元件的最大额定电流值。

（3）热元件规格用电流值　指热元件允许长时间通过的最大电流值。

（4）热继电器的整定电流　指长期通过热元件又刚好使热继电器不动作的最大电流值。

（5）热继电器型号含义　热继电器其型号含义如下：

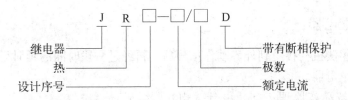

例如：型号 JR16—20/3D，表示意义是："JR" 表示电气类型为热继电器；"16" 表示设计序号；"20" 表示额定电流；"3" 表示三相；"D" 表示具有断相保护。

4. 热继电器的选用

1）热继电器种类的选择：应根据被保护电动机的联结类型进行选择。当电动机星形联结时，选用两相或三相热继电器均可进行保护；当电动机三角形联结时应选用三相带差分放大机构的热继电器进行保护。

2）热继电器主要根据电动机的额定电流来确定其型号和使用范围。

3）热继电器额定电压选用时要求额定电压大于或等于触头所在电路的额定电压。

4）热继电器额定电流选用时要求额定电流大于或等于被保护电动机的额定电流。

5）热元件规格用电流值选用时一般要求其电流规格小于或等于热继电器的额定电流。

6）热继电器的整定电流要根据电动机的额定电流、工作方式等情况而定。一般情况下可按电动机额定电流值整定。

7）对过载能力较差的电动机，可将热元件整定值调整到电动机的额定电流的 0.6~0.8 倍。对起动时间较长，拖动冲击性负载或不允许停车的电动机，热元件的整定电流应调节到电动机额定电流的 1.1~1.15 倍。

8）对于重复短时工作制的电动机（例如起重电动机等），由于电动机不断重复升温，热继电器双金属片的温升跟不上电动机绕组的温升变化，因而电动机将得不到可靠保护。因此，不宜采用双金属片式热继电器作过载保护。

常用的热继电器有 JR20 和 JRS1 等系列；引进产品有 T 系列、3UA 系列和 LR1—D 系列等。

5. 热继电器的安装

1）热继电器安装前，应清除触头表面污垢，以避免电路不通或因接触电阻加大而影响热继电器的动作特性。

2）如电动机起动时间过长或操作过于频繁，将会使热继电器误动作或烧坏热继电器，故这种情况一般不用热继电器作过载保护，但如仍用热继电器，则应在热元件两端并接接触器，待电动机起动完毕，热继电器再投入工作。

3）热继电器周围介质的温度，原则上应和电动机周围介质的温度相同，否则，可能会破坏已调整好的配合情况。当热继电器与其他电器安装在一起时，应将它安装在其他电器的下方，以免其动作特性受到其他电器发热的影响。

4）热继电器出线端的连接不宜过细或过粗，如连接导线过细，轴向导热性差，热继电器可能提前动作。反之，连接导线太粗，轴向导热快，热继电器可能滞后动作。在电动机起动或短时过载时，由于热元件的热惯性，热继电器不能立即动作，从而保证了电动机的正常工作。如果过载时间过长，超过一定时间（由整定电流的大小决定），热继电器的触头动作，切断电路，起到保护电动机的作用。

6.2.12 时间继电器

当继电器的感测机构接受到外界动作信号后，再经过一段时间的延时后触头才动作的继电器，称为时间继电器。

时间继电器按动作原理不同，可分为电磁式、空气阻尼式、电动式和电子式；按延时方式不同，可分为通电延时和断电延时两种。图 6-26 所示为时间继电器的图形和文字符号。

图 6-26　时间继电器的图形和文字符号

1. 直流电磁式时间继电器

（1）结构　在通用直流电压继电器的铁心上安装一个阻尼圈就制成了直流电磁式时间继电器，其结构如图 6-27 所示。

（2）工作原理　直流电磁式时间继电器是利用电磁阻尼原理产生延时的。当线圈通电时，由于衔铁是释放的，动静铁心间气隙大，磁阻大，磁通变化小，铜套上产生的感应电流小，阻尼作用小，因此衔铁吸合延时不显著（可忽略不计）。当线圈失电时，磁通变化大，铜套上产生的感应电流大，阻尼作用大，使衔铁的释放延时显著。这种延时称为断电延时。由此可见，直流电磁式时间继电器适用于断电延时；对于通电延时，因为延时时间太短，没有多少现实意义。

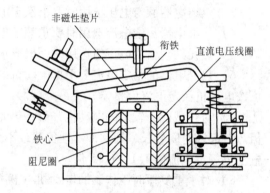

图 6-27　直流电磁式时间继电器结构示意图

直流电磁式时间继电器常用在直流控制电路中，结构简单，使用寿命长，允许操作频率高。但延时时间短，准确度较低。

2. 空气阻尼式时间继电器

空气阻尼式时间继电器也称为空气式时间继电器或气囊式时间继电器。

（1）结构　电磁系统由电磁线圈、静铁心、动铁心、反作用弹簧和弹簧片组成，工作触头由两对瞬时触头（一对瞬时闭合，一对瞬时分断）和两对延时触头组成；气囊主要由橡皮膜、活塞和壳体组成，橡皮膜和活塞可随气室进气量移动，气室上的调节螺钉用来调节气室进气速度的大小以调节延时时间；传动机构由杠杆、推杆、推板和塔形弹簧等组成。图 6-28 所示为空气阻尼式时间继电器外形图。

（2）工作原理　如图 6-29 所示，当线圈通电后，衔铁吸合，活塞杆在塔形弹簧作用下带动活塞及橡皮膜向上移动，橡皮膜下方空气室空气变得稀薄而形成负压，活塞杆只能缓慢移动，其移动速度由进气孔气

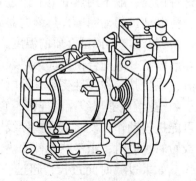

图 6-28　空气阻尼式时间继电器外形图

隙大小来决定。经过一段时间的延时后，活塞杆通过杠杆压动微动开关使其动作，达到延时的目的。当线圈断电时，衔铁释放，橡皮膜下方空气室的空气通过活塞肩部所形成的单向阀迅速排放，使活塞杆、杠杆、微动开关迅速复位。通过调节进气孔气隙大小可改变延时时间的长短。通过改变电磁机构在继电器上的安装方向可以获得不同的延时方式。

空气阻尼式时间继电器的动作过程有断电延时和通电延时两种。

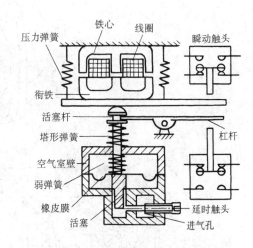

图 6-29　空气阻尼式时间继电器工作原理图

1）断电延时：断电延时时间继电器当电路通电后，电磁线圈的静铁心产生磁场力，使衔铁克服反作用弹簧的弹力被吸合，与衔铁相连的推板向右运动，推动推杆，压缩塔形弹簧，使气室内橡皮膜和活塞缓慢向右移动，通过弹簧片使瞬动触头动作，同时也通过杠杆使延时触头作好动作准备。线圈断电后，衔铁在反作用弹簧的作用下被释放，瞬时触头复位，杠杆在塔形弹簧作用下，带动橡皮膜和活塞缓慢向左移动，经过一段时间后，推杆和活塞移动到最左端，使延时触头动作，完成延时过程。

2）通电延时：只需将断开延时时间继电器的电磁线圈部分180°旋转安装，即可改装成通电延时时间继电器。其工作原理与断电延时原理基本相同。

空气阻尼式时间继电器结构简单、价格低廉，广泛使用于电动机控制等电路中，但只能用于对延时要求不太高的场合。主要型号有 JS7、JS16 和 JS23 等。

3. 电动式时间继电器

（1）结构　电动式时间继电器是利用小型同步电动机带动减速齿轮而获得延时的，它是由同步电动机、离合电磁铁、减速齿轮、差动游丝、触头系统和推动延时触头脱扣的凸轮等组成，其外形和结构如图 6-30a、b 所示。

（2）工作原理　当接通电源后，齿轮空转。需要延时时，再接通离合电磁铁，齿轮带动凸轮转动，经过一定时间，凸轮推动脱扣机构使延时触头动作，同时其常闭触头同步电动机和离合电磁铁的电源等所有机构在复位游丝的作用下返回原来位置，为下次动作做好准备。其工作原理如图 6-30c 所示。

延时的长短，可以通过改变指针在刻度盘上的位置进行调整。这种延时继电器延时精度高，调节方便，延时范围很大，且误差较小，可以从几秒到几小时。延时时间不受电源电压与环境温度变化的影响，但因同步电动机的转速与电源频率成正比，所以当电源频率降低时，延时时间加长，反之则缩短。这种延时继电器的缺点是结构复杂，价格较贵，齿轮容易磨损，受电源频率影响较大，不适于频繁操作的控制电路。

常用电动式时间继电器的型号有 JS11 系列和 JS10、JS17 系列等。

4. 电子式时间继电器

电子式时间继电器主要利用电子电路来实现传统时间继电器的时间控制作用，可用于电力传动、生产过程自动控制等系统中。它具有延时范围广、精度高、体积小、消耗功率小、

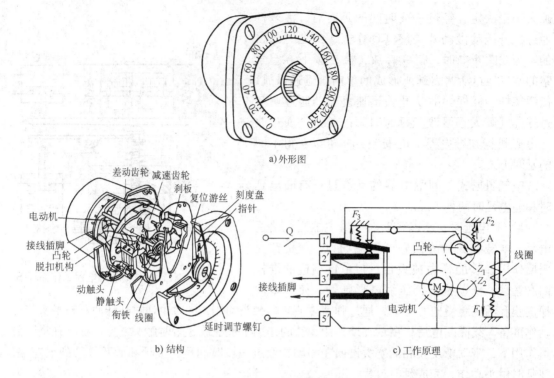

图 6-30　电动式时间继电器

耐冲击、返回时间短、调节方便及使用寿命长等优点，所以多应用在传统的时间继电器不能满足要求的场合，当要求延时的精度较高或控制电路相互协调需要无触头输出时多用电子式时间继电器。目前在自动控制系统中的使用十分广泛。

（1）结构　电子式时间继电器所有元件装在印制电路板上，JS14系列电子式时间继电器采用场效应晶体管电路和单结晶体管电路进行延时。图 6-31 所示为其外形和接线图。

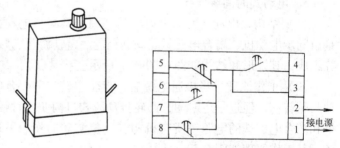

图 6-31　JS14 电子式时间继电器外形和接线图

（2）工作原理　电子式时间继电器的种类很多，通常按电路组成原理不同，可分为阻容式晶体管时间继电器和数字式时间继电器两种。

1）阻容式晶体管时间继电器是利用 RC 积分电路中电容的端电压在接通电源之后逐渐上升的特性获得的。电源接通后，经变压器降压、整流、滤波、稳压，提供延时电路所需的直流电压。从接通电源开始，稳压电源经定时器的电阻向电容充电，经过一定时间充电至某电位，使触发器翻转，控制继电器动作，为继电器触头提供所需的延时，同时断开电源，为下一次动作做准备。调节电位器电阻即可改变延时时间的大小，图 6-32 为其原理框图。

常用的阻容式晶体管时间继电器为 JS20 系列，其延时时间在 1 ~ 900s 之间可调。

2）数字式时间继电器主要是利用对标准频率的脉冲进行分频和计数作为电路的延时环节，使延时性能大大增强，而且其内部可采用先进的微电子电路及单片机等技术，使得它具有更多优点，其延时时间长、精度高、延时类型多，各种工作状态可直观显示，图 6-33 为其组成框图。

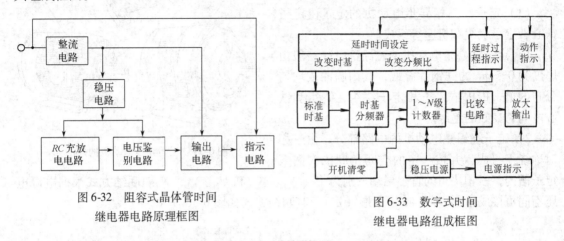

图 6-32　阻容式晶体管时间
继电器电路原理框图

图 6-33　数字式时间
继电器电路组成框图

常用的数字式时间继电器有 ST3P、ST6P 等系列，其延时时间在 0.1s ~ 24h 之间可调。

5．时间继电器的型号含义

时间继电器的型号含义如下：

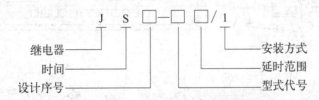

例如：型号 JS23—12/1，表示意义是："JS"表示继电器类型为时间继电器；"23"表示设计序号；"1"表示触头形式及组合序号为 1；"2"表示延时范围为 10 ~ 180s；"1"表示安装方式为螺钉安装式。

6．时间继电器选用方法

1）延时方式的选择：时间继电器有通电延时和断电延时两种，应根据控制电路的要求选择延时方式。

2）线圈电压的选择：根据控制电路电压选择时间继电器的线圈电压。

6.3　三相异步电动机的结构与工作原理

电机分为电动机和发电机，是实现电能和机械能相互转换的装置，对使用者来讲，广泛接触的是各类电动机，最常见的是交流电动机。交流电动机，尤其是三相异步电动机，具有结构简单、制造方便、价格低廉、运行可靠、维修方便等一系列优点。因此，广泛应用于工农业生产、交通运输、国防工业和日常生活中。

6.3.1 三相异步电动机的结构

图 6-34 为三相异步电动机的外形。异步电动机主要由定子和转子两大部分组成，另外还有端盖、轴承及风扇等部件，如图 6-35 所示。

（1）定子 三相异步电动机的定子由定子铁心、定子绕组和机座等组成。

1）定子铁心是电动机的磁路部分，一般由厚度为 0.5mm 的硅钢片叠成，其内圆冲成均匀分布的槽，槽内嵌入三相定子绕组，绕组和铁心之间有良好的绝缘。

2）定子绕组是电动机的电路部分，由三相对称绕组组成，并按一定的空间角度依次嵌入定子槽内，三相绕组的首、尾端分别为 U_1、V_1、W_1 和 U_2、V_2、W_2。联结方式根据电源电压不同可接成星形（Y）或三角形（△）。其联结方式如图 6-36 所示。

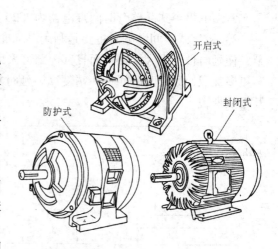

图 6-34　三相异步电动机的外形

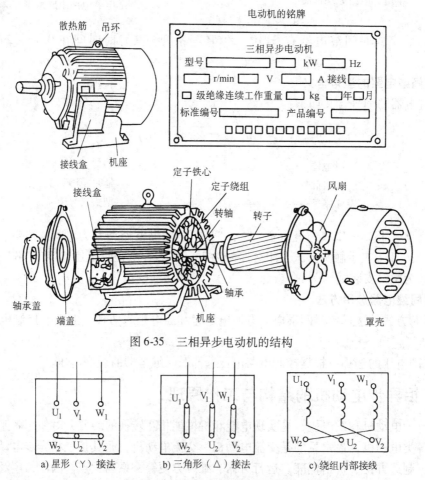

图 6-35　三相异步电动机的结构

a）星形（Y）接法　　b）三角形（△）接法　　c）绕组内部接线

图 6-36　三相异步电动机联结方式

3）机座一般由铸铁或铸钢制成，其作用是固定定子铁心和定子绕组，封闭式电动机外表面还有散热筋，以增加散热面积。

4）机座两端的端盖，用来支承转子轴，并在两端设有轴承座。

（2）转子　转子包括转子铁心、转子绕组和转轴。

1）转子铁心是由厚度为 0.5mm 的硅钢片叠成，压装在转轴上，外圆周围冲有槽（一般为斜槽），槽内嵌入转子导体。

2）转子绕组有笼型和绕线型两种，笼型转子绕组一般用铝浇入转子铁心的槽内，并将两个端环与冷却用的风扇翼浇铸在一起；而绕线型转子绕组和定子绕组相似，三相绕组一般接成星形，三个出线头通过转轴内孔分别接到三个铜制集电环上，而每个集电环上都有一组电刷，通过电刷使转子绕组与变阻器接通来改善电动机的起动性能或调节转速。

6.3.2　三相异步电动机的工作原理

如图 6-37 所示，当异步电动机定子三相绕组中通入对称的三相交流电时，在定子和转子的气隙中形成一个随三相电流的变化而旋转的磁场，其旋转磁场的方向与三相定子绕组中电源的相序一致，三相定子绕组中电源的相序发生改变，旋转磁场的方向也跟着发生改变。对于极对数为 p 的三相异步电动机，其旋转磁场每分钟的转数与电流频率的关系是

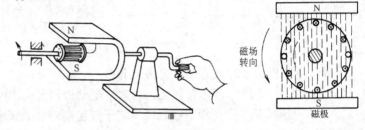

图 6-37　三相异步电动机的工作原理

$$n = 60f/p$$

式中，n 是旋转磁场每分钟的转数，即同步转速（r/min）；f 是定子电源的频率（我国规定为 $f = 50$Hz）；p 是旋转磁场的磁极对数。

如当 $p = 2$（4 极）时，$n = 60 \times 50/2 \text{r/min} = 1500 \text{r/min}$。

转子导体切割该旋转磁场，在转子导体中产生感应电动势（感应电动势的方向用右手定则判断）。由于转子导体通过端环相互连接形成闭合回路，所以在导体中产生感应电流。在旋转磁场和转子感应电流的相互作用下产生电磁力（电磁力的方向用左手定则判断），因此，转子在电磁力的作用下沿着旋转磁场的方向旋转，转子的旋转方向与旋转磁场的旋转方向一致。

6.3.3　三相异步电动机的铭牌

三相异步电动机的铭牌如表 6-1 所示。

表 6-1　三相异步电动机的铭牌

三相异步电动机			
型号 Y2—132S—4		功率 5.5kW	电流 11.7A
频率 50Hz	电压 380V	接法 △	转速 1440r/min
防护等级 IP44	重量 68kg	工作制 S1	F 级绝缘
XX 电机厂			

（1）型号 表示电动机的机座形式和转子类型。国产异步电动机的型号用 Y（Y2）、YR、YZR、YB、YQB、YD 等汉语拼音字母来表示。其含义为：

Y——笼型异步电动机（容量为 0.55~90kW）。

YR 绕线转了异步电动机（容量为 250~2500kW）。

YZR——起重机上用的绕线转子异步电动机。

YB——防爆式异步电动机。

YQB——浅水排灌异步电动机。

YD——多速异步电动机。

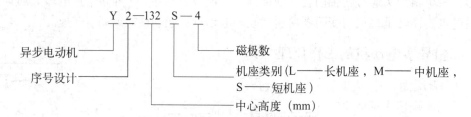

异步电动机型号的其他部分说明如下：

（2）功率（P_N） 表示在额定运行时，电动机轴上输出的机械功率（kW）。

（3）电压（U_N） 在额定运行时，定子绕组端应加的线电压值，一般为 220/380V。

（4）电流（I_N） 在额定运行时，定子的线电流（A）。

（5）接法 指电动机定子三相绕组接入电源的连接方式。

（6）转速（n） 即额定运行时的电动机转速。

（7）功率因数（$\cos\varphi$） 指电动机输出额定功率时的功率因数，一般为 0.75~0.90。

（8）效率（η） 电动机满载时输出的机械功率 P_2 与输入的电功率 P_1 之比，即 $\eta = P_2/P_1 \times 100\%$。其中 $P_1 - P_2 = \Delta P$。ΔP 表示电动机的内部损耗（铜损、铁损和机械损耗）。

（9）防护形式 电动机的防护形式由 IP 和两个阿拉伯数字表示，数字代表防护形式（如防尘、防溅）的等级。

（10）温升 电动机在额定负载下运行时，自身温度高于环境温度的允许值。如允许温升为 80℃，周围环境温度为 35℃，则电动机所允许达到的最高温度为 115℃。

（11）绝缘等级 是由电动机内部所使用的绝缘材料决定的。它规定了电动机绕组和其他绝缘材料可承受的允许温度。目前 Y 系列电动机大多数采用 B 级绝缘，B 级绝缘的最高允许工作温度为 130℃；高压和大容量电动机常采用 H 级绝缘，H 级绝缘最高允许工作温度为 180℃。

（12）运行方式 有连续、短时和间歇三种，分别用 S_1、S_2、S_3 表示。

电动机接线前要用绝缘电阻表检查电动机的绝缘电阻。额定电压在 1000V 以下的，绝缘电阻不应低于 0.5MΩ。

三相异步电动机接线盒内应有 6 个端头，各相的始端分别用 U_1、V_1、W_1 表示，终端分别用 U_2、V_2、W_2 表示。电动机定子绕组的接线盒内端子常见的布置形式有 Y 联结和 △ 联结，如图 6-36 所示。电动机没有铭牌，端子标号又不清楚时，需用仪表或其他方法确定三相绕组引出线的头尾。

6.4　三相异步电动机定子绕组故障的检修

绕组是电动机的重要组成部分，绝缘层的老化、腐蚀性气体的浸入，以及机械力和电磁力的冲击等都会造成绕组的损坏，此外，不正常的运转，如长期过载、欠电压或两相运行等也会引起绕组故障。

电动机绕组的故障形式多种多样，其原因也各不相同。下面介绍几种常见的绕组故障的检修方法。

6.4.1　绕组断路故障的检修

经验表明，断路故障多数发生在电动机线圈的端部，即多发生在各线圈的接线头或电动机引出线端附近。由于线圈端部露在电动机铁心外面，导线易被碰断，接线头也可能因焊接不良在长期使用中松脱，因此首先要检查线圈的端部，如发现断线或接头松脱，应重新连接焊牢，包上绝缘层，再涂上绝缘漆然后才能使用。

另外，由于线圈匝间短路、通地等故障而造成线圈断路，大部分需要更换线圈。

单相和小型电动机断路时，可用绝缘电阻表或万用表（放在低电阻档）或校验灯来校验。对于星形联结的电动机，检查时需对每一相分别测试。对于三角形联结的电动机，检查时必须将三相绕组的接线头拆开后，再对每一相分别测试。

中等容量的电动机线圈大多采用多根导线并绕和多支路并联，其中，如断掉若干根或断开一根导线时，检查较复杂。通常采用以下方法：

（1）电流平衡法　对于星形联结的电动机，三相绕组并联后，通入低电压大电流，若三相电流值相差 5% 以上，电流小的一相为断路相，如图 6-38 所示。

对于三角形联结的电动机，要先拆开一个三角形接头，再将电流表接在每相绕组的两端，其中电流小的一相为断路相，如图 6-39 所示。

（2）电阻法　用电桥测量三相绕组的电阻，若三相电阻值相差大于 5%，电阻较大的一相为断路相。

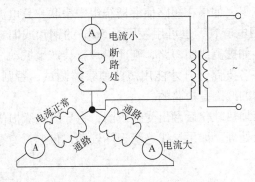

图 6-38　用电流平衡法检查多支路
并联星形联结绕组断路图

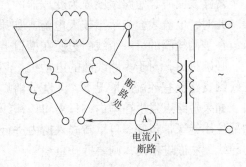

图 6-39　用电流平衡法检查多支路
并联三角形联结绕组断路图

6.4.2　绕组通地故障的检修

电动机绕组通地俗称"碰壳"。电动机绕组受潮、绝缘老化以及大修更换绕组时槽绝缘被损坏或绝缘未垫好，都会造成通地故障。

检查方法：用万用表（低阻档）、校验灯（40W以下）检查。如果电阻较小或校验灯暗红表示该相绕组严重受潮，应进行烘干处理。烘干后用绝缘电阻表测定其绝缘电阻，大于0.5MΩ时即可使用。如果电阻为零或灯发亮，该相即为通地相。然后检查通地相绕组绝缘有破裂或焦痕的地方即为通地点。如果没发现焦痕处，可用绝缘电阻表测量该绕组，有冒烟的点为通地点。

实践表明，电动机通地点一般发生在线圈伸出槽外的交接处。若该处故障不严重，可用竹片或绝缘纸插入铁心与线圈之间，然后再按上述方法检查，若已不通地了，可用绝缘带包扎好并涂上自干绝缘漆。如果通地发生在槽内，大多需要更换绕组。

6.4.3 绕组短路故障的检修

绕组短路一般是由于过电压、欠电压、过负载或两相运行等原因造成。更换绕组时操作不当也会造成绕组短路。

故障检查时，应先了解电动机是否有过载、过电压或两相运行等异常情况，短路处因电流过大而产生高热，会使绝缘变焦或变脆，应观察电动机绕组是否有烧焦痕迹和焦味。

绕组短路的情况有：线圈匝间短路、线圈与线圈间短路、极相间短路和相间短路。常见的检查方法有下面几种：

（1）利用绝缘电阻表或万用表检查相间绝缘　用绝缘电阻表或万用表检查任何两相绕组间的绝缘电阻，若绝缘电阻很低，说明这两相短路。

（2）电流平衡法　用图6-38及图6-39所示的方法分别测量三相绕组电流，电流大的相为短路相。

（3）电阻法　用电桥测量三相绕组电阻，电阻较小的一相为短路相。

（4）用短路侦察器检查线圈匝间短路　短路侦察器是利用变压器原理来检查线圈匝间短路的。短路侦察器具有一个不闭合的铁心磁路，上面绕有励磁绕组，相当于变压器一次绕组。将已接通交流电源的短路侦察器放在定子铁心槽口，沿着各个槽口逐槽移动，当它经过一个短路线圈时，短路线圈成为变压器的二次绕组，如果在短路侦察器绕组中串联一只电流表，此时，电流表会指示出较大电流。如果不用电流表，也可用一厚0.5mm的钢片或旧锯条放在被测线圈的另一个线圈边所在槽口上面。如被测线圈短路，则此钢片就会产生振动。

必须指出，对于多路线圈的电动机，必须将各支路分开才能用短路侦察器测试，否则，在线圈支路上有环流的情况下，无法分清哪个槽的线圈是短路的。

如果短路点发生在槽内，只需将该槽线圈稍加热软化后翻出受损线圈，将导线绝缘损伤的部位用绝缘带包好，再重新嵌入槽内进行绝缘处理。如果导线绝缘损坏较多，包上新绝缘的导线无法嵌进槽内，则要拆开重绕。

6.4.4 绕组接错与线圈嵌反的检修

若绕组接错或线圈嵌反，电动机起动时，由于线圈中流过的电流方向相反，电动机的磁动势和电抗发生不平衡，引起电动机振动、发出噪声、转速降低、过热、三相电流严重不平衡，甚至造成电动机不转，熔丝烧断。

绕组接错或线圈嵌反有两种情况：一是绕组外部接线错误，另一种是内部个别线圈或极相组接错或嵌反。

（1）三相绕组的头尾接反的检查方法

1）绕组串联法如图 6-40 所示，一相绕组接通 36V 低电压交流电（对小容量电动机可直接用 220V 电源，大中型电动机不宜用 220V 电源），另外两相绕组串联起来接上灯泡，如果灯泡发亮，说明绕组头尾连接是正确的，作用在灯泡上的电压是两相绕组感应电动势的矢量和；如果灯泡不亮，说明两相绕组头尾接反，作用在灯泡上的电压是两相绕组感应电动势之差，正好抵消，此时应对调后重试。

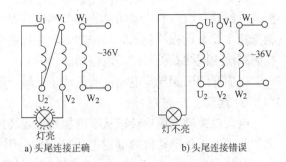

a) 头尾连接正确　　　　b) 头尾连接错误

图 6-40　用单相电源检查三相绕组头尾

2）用万用表检查。如图 6-41 所示的接法，用万用表（毫安档）进行测量，转动电动机转子，若万用表指针不动，则说明绕组头尾连接是正确的。若万用表指针转动，说明绕组头尾连接是不正确的，应对调后重试。这一方法是利用转子中剩磁在定子三相绕组内感应出电动势，使万用表指示出电流（毫安）读数。

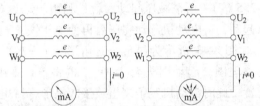

a) 指针不动，绕组头尾连接正确　b) 指针动了，绕组头尾连接错误

图 6-41　用万用表检查绕组头尾接反方法一

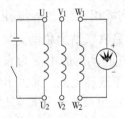

图 6-42　用万用表检查绕组头尾接反方法二

如图 6-42 所示的接法，当接通开关瞬间，若万用表（毫安档）指针摆向大于零的一边，则电池正极所接线头与万用表负端所接线头同为头（或尾），若指针反向摆动，则电池正极所接线头与万用表正端所接线头同为头（或尾）。再将电池接到另一相的两个线头试验，就可确定各相的头尾。

（2）内部个别线圈或极相组接错或嵌反的检查方法　　将低压直流电源（一般用蓄电池）通入某相绕组，用指南针沿着定子铁心槽上逐槽检查，若指南针在每极相组的方向交替变化，表示接线正确；若邻近的极相组指南针的指向相同，表示极相组接错；若极相组中个别线圈嵌反，在本极相组中指南针指向是交替变化的，这时应将故障部分的连接线加以纠正。如果指南针方向都指不清楚，应先加大电源电压，再进行检查。

6.5　三相异步电动机的控制

电动机控制系统可分为主电路、控制电路和辅助电路。主电路包括电源开关、熔断器、热继电器的热元件、接触器的主触头、电动机的定子绕组等电气元件。主电路通过的电流一般比较大，但结构变化不大。除主电路以外，还有控制电路和辅助电路。控制电路主要作用是通过主电路对电动机实施一系列的控制。辅助电路主要起信号显示作用。控制电路和辅助电路中的电流一般在 5A 以下，所使用的电气元器件随控制要求不同有很大的变化，电路的结构也随控制要求不同而千变万化。

根据不同的需要，电动机控制电路可以比较简单，也可以非常复杂。但是，任何复杂的控制电路总是由一些比较简单的环节和电气设备有机地组合在一起的。异步电动机常用的控制方式主要有行程控制、时间控制、顺序控制和速度控制，它们在其他类型受控对象的自动控制系统中同样获得了广泛地应用。

下面介绍三相异步电动机的起动、反转、调速与制动。

1. 起动

电动机接通电源后转速从零增加到稳定转速的过程，称为起动。若加在电动机定子绕组上的起动电压是电动机的额定电压，就称全压（也称直接）起动。因为全压起动时的起动电流是额定电流的 4~7 倍，所以全压起动只适用于电动机的容量较小的情况。

大中型异步电动机起动时，都采用减压起动的方式来限制起动电流（约为额定电流的 2~2.5 倍）。所谓减压起动，就是利用起动设备将电压适当降低后加到电动机定子绕组上进行起动，待电动机起动完毕后再使电压恢复到额定值。

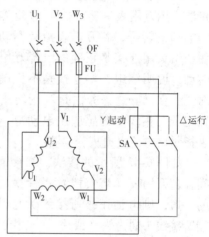

图 6-43 所示为星形—三角形（Y—△）减压启动的原理图。起动时先合上 QF，再将 SA 推到"起动"位置，此时电动机定子绕组被接成星形，待电动机转速上升到一定值后，将 SA 推到"运行"位置，使定子绕组接成三角形，电动机正常运转。

负载做Y联结时的相电流等于线电流，Y—△换接起动时，定子每相绕组上的电压降到正常工作电压 $1/\sqrt{3}$，而负载做△联结的相电流又是其线电流的 $1/\sqrt{3}$，所以采用Y—△起动时的电流为直接起动时的 1/3，这样就大大减小了起动电流。又由于转矩和电压的平方成正比，起动转矩也减小到直接起动时的 1/3，所以Y—△换接起动只适用于空载或轻载起动的电动机，并且正常运行时电动机为△联结的电动机。

图 6-43　Y—△减压起动

2. 反转

由于电动机的旋转方向与旋转磁场的旋转方向一致，要使电动机反转，只需改变旋转磁场的旋转方向即可。通常将通入电动机的三根电源线中的任意两根对调即可。

3. 调速

许多机械设备在工作时需要改变运动速度，如金属切削车床要根据切削刀具的性质和被加工材料的种类来调节转速，这就需要改变异步电动机的转速。

在负载不变的情况下，改变异步电动机的转速 n_2，叫调速。由转差率公式得到

$$n_2 = (1-s)n_1 = (1-s)\frac{60f}{p}$$

由此可知，用以下三种办法可以改变电动机转速。

1）改变电源频率——变频调速。利用变频技术改变电源的频率达到调速的目的。

2）改变转差率 s。笼型异步电动机的转差率是不易改变的。因此，笼型异步电动机一般不采用改变转差率来实现调速。

3）改变磁极对数——变极调速。在制造电动机时，设计了不同的磁极对数，可根据需要改变定子绕组的接线方式，以此来改变磁极对数（例如二、四极），使电动机获得不同的转速。

4. 制动

电动机定子绕组断电后，由于惯性作用，电动机不能马上停止运转。而很多生产机械，如起吊重物的行车，机床上需要迅速停车、准确定位的机构等，都要求电动机断电后立即停转。这就要求对电动机进行制动，强迫其立即停车。制动方法一般有两大类：机械制动和电气制动。机械制动是用机械装置强迫电动机迅速停车；电气制动实质上在电动机停车时，产生一个与原来旋转方向相反的制动转矩，迫使电动机转速迅速下降。电气制动方式又分为能耗制动、反接制动和回馈制动。

（1）机械制动　所谓机械制动，就是利用机械装置使电动机断电后立即停转。目前使用较多的机械制动装置是电磁抱闸，其基本结构如图 6-44 所示，它的主要工作部分是电磁铁和闸瓦制动器。电磁铁由电磁线圈、静铁心、衔铁组成；闸瓦制动器由闸瓦、闸轮、弹簧、杠杆等组成。其中闸轮与电动机转轴相连，闸瓦对闸轮制动力矩的大小可通过调整弹簧弹力来改变。电磁抱闸的电磁线圈由 380V 交流电源供电，当需电动机起动运行时，抱闸电磁线圈通电，电磁铁产生电磁场力吸合衔铁，衔铁克服弹簧的弹力，带动制动杠杆动作，推动闸瓦松开闸轮，电动机立即起动运转。停车时，抱闸电磁线圈和电动机绕组同时

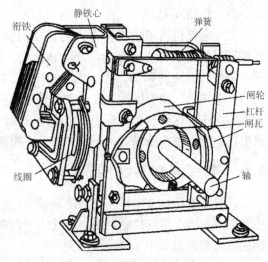

图 6-44　电磁抱闸结构示意图

断电，电磁铁衔铁释放，弹簧的弹力使闸瓦紧紧抱住闸轮，闸瓦与闸轮间强大的摩擦力使惯性运动的电动机立即停止转动。

（2）电气制动　所谓电气制动，就是电动机需要制动时，通过电路的转换或改变供电条件使其产生与实际运转方向相反的电磁转矩——制动力矩，迫使电动机迅速停止转动的制动方式。常用的电气制动方式有反接制动和能耗制动，它们在万能铣床、卧式镗床和组合机床中时有应用。回馈制动在起重机中用到，在后面也进行简单介绍。

1）能耗制动。能耗制动是当运行中的三相异步电动机停车时，在切除三相交流电源的同时，将一直流电源接入电动机定子绕组中的任意两相，以获得大小和方向不变的恒定磁场，从而产生一个与电动机原转矩方向相反的电磁转矩以实现制动。电动机转速下降到零时，再切除直流电源，实现能耗制动。制动时间的控制由时间继电器来完成。

能耗制动的实质是将电动机转子储存的机械能转变成电能，又消耗在转子的制动上。显然，制动作用的强弱与通入直流电流的大小和电动机转速有关。调节直流电路限流电阻，可调节制动电流的大小，从而调节制动强度。相对反接制动方式，它的制动准确、平稳，能量消耗较小，一般用于对制动要求较高的设备，如磨床、龙门刨床等。

2）反接制动。能耗制动是利用转子中的储能进行的，能量损失较少，制动电流较小，

制动准确，但制动速度较慢，在某些控制系统中，不能满足快速停车的要求。对于异步电动机，解决快速停车最简单的方法就是采用反接制动，即制动时，将电源反相序，制动到零速时，电动机的电源自动切除。检测接近零速的信号，用速度继电器来完成。

由于电动机在反接制动时旋转磁场的相对速度很大，制动力矩大，因而制动效果显著。但它对传动部件的冲击大，能量消耗也大，只适用于不经常起动、制动的设备，如铣床、镗床、中型车床主轴等的制动。

3）回馈制动。回馈制动又称做再生发电制动，只适用于电动机转子转速 n 高于同步转速 n_1 的场合。在电动机工作过程中，由于工作条件的变化，电动机的转速 n 可能超过定子绕组旋转磁场的同步转速 n_1，起重机从高处下降重物时就是一例，如图 6-45 所示。

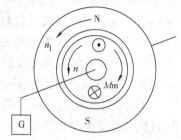

图中电动机转子的旋转方向与定子的旋转磁场的旋转方向相同，且转子转速比旋转磁场的转速高，即 $n > n_1$。这时，转子绕组切割旋转磁场，产生的感应电流的方向与原来电动机状态时相反，则电磁转矩方向也与转子旋转方向相反，电磁转矩变为制动转矩，使重物不致下降太快，这种制动方式能将电动机储存的能量（此处包含重物的势能）转换为电能反馈给电网，所以经济效果好，不足之处是应用范围较窄。

图 6-45　回馈制动原理示意图

6.6　电气控制系统图识读

在异步电动机基本控制电路的基础上，引入以上控制方式，可以组成电路更复杂、功能更多的异步电动机的控制电路。因此，掌握常用环节控制电路的安装与接线就非常重要。掌握控制电路图的制图原则是第一步。

控制电路常用的表示方法主要有三种，即电器布置图、电气原理图和电路接线图，掌握它们的基本制图原则，将会有助于安装接线和维护检修等项工作。电气元件的图形和文字符号必须有统一的标准，应根据国家标准规定绘制。

1. 电器布置图

在电器布置图中，一般将控制电路中各个电气元件按实际位置画出，属同一电气元件的各部件都集中在一起，同时将各种电器都形象地表示出来，所以电器布置图可以清楚地反映整个电路的结构和位置。图 6-46 所示是某车床电气控制电路的部分电器布置图。

电器布置图比较容易看懂，但电路的控制功能却不直观，特别是当控制电

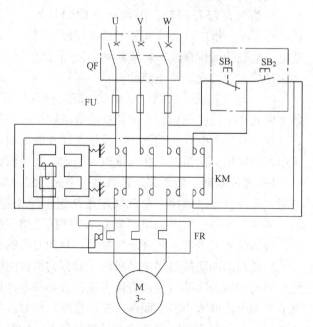

图 6-46　某车床电气控制电路的部分电器布置图

路比较复杂时，就更不容易分析其工作原理。因为同一电气元件的各部件在结构上虽然连在一起，但在电路上并不一定相互关联，所以分析电路的工作原理时，常采用电气原理图。

2. 电气原理图

电气原理图是电气控制系统图中最基本、最重要、最常用的一种。电气原理图是根据电路的工作原理绘制的，能充分表达电器和设备的用途、作用和工作原理，给电路的安装和调试等提供了一定的依据。电气原理图是采用国家规定的各种图形符号和文字符号，并按一定工作顺序排列，能详细表示整个电路和设备、器件的基本组成和连接关系，而不考虑其实际位置的图。

电气原理图一般分电源电路、主电路、控制电路、信号电路及照明电路。

电气原理图制图原则是：

1）根据方便阅读和分析的原则，按规定的标准图形符号、文字符号和回路标号绘制。各元器件不画实际外形图，而是采用国家规定的统一图形符号。

2）相关功能的电气元件应尽可能安排在一起。同一电气元件的各个部件，按其在电路中所起的作用画，图形符号可以不画在一起，但代表同一元件的文字符号必须相同。

3）电气原理图中各触头都按电路未通电或器件未受外力作用时的常态位置画出。分析工作原理时，应从触头的常态位置出发。触头符号一般画成左开右闭或上开下闭的形式。中性线 N 画在相线下面。

4）应该将主电路、控制电路和辅助电路分开画出。

① 电源电路一般画在图样的上方或左方，三相交流电源 U、V、W 按相序由上而下依次排列，中线 N 和保护线 PE 画在相线之下。直流电源则以正下方画出，电源开关要水平方向设置。

② 主电路应垂直电源电路，一般画在整个电路的左边。控制电路、辅助电路分开画在主电路的右边。

③ 控制电路和辅助电路应垂直画在两条水平的电源线之间，控制元件和信号元件（接触器线圈、信号灯等）应直接连接在两条水平电源线上，控制触头连接在上方水平线与控制元件和信号元件之间。

5）用导线直接连接的互连端子应采用相同的线号，互连端子的符号应与器件端子的符号有所区别。

6）电气原理图要清晰直观，应尽可能减少线条和避免线条的交叉。电路应按动作的顺序从上而下、从左到右进行绘制。

7）电路的交接点和需要拆、接外部引出线端子等可用符号"○"表示。

3. 电路接线图

电路接线图是根据电气设备和电气元件的实际位置和安装情况画出的，用以表示电气设备和电气元件之间的接线关系，主要用于设备的安装接线、电路检修和故障处理等。电路接线图应根据电气原理图和有关的接线技术要求绘制和配合使用。

电路接线图制图原则是：

1）在电路接线图中，电气设备和各电气元件的相对位置应该与实际安装的相对位置一致。

2）电气设备和各电气元件的图形符号、文字符号和接线的编号应与电气原理图一致。

属于同一电器的触头、线圈及有关的安装部分应画在一起，并用点画线框起。电气设备和各电气元件的接线端号和接线端的相对位置也应与实际物一致。

3）多条成束的接线可用一条实线来表示。接线很多时，可在电气元件的接线端子处注明接线的线号和去向，不必将全部接线画出。电路的电器布置图和电路接线图有相似之处。例如在电路接线图中同一电器的各部件也都画在一起，并表示出各电器的相对位置。所不同的是，电路接线图着重表示控制电路的具体连接方案。在电路接线图中，必须清楚地画出各电器的位置和相互间的连接。电路接线图主要用于设备安装和电路故障检查。

4. 识读电气原理图的要点

（1）看图样说明　图样说明包括图样目录、技术说明、元器件明细表和施工说明书等。看图样说明有助于了解大体情况和抓住识读的重点。

（2）分清电气原理图　分清主电路和控制电路，交流电路和直流电路。

（3）识读主电路　通常从下往上看，即从电气设备（如电动机）开始，经控制元件，依次到电源，弄清电源是经过哪些元件到达用电设备的。

（4）识读控制电路　通常从左向右看。即先看电源，再依次到各条回路，分析各回路元件的工作情况及对主电路的控制关系。弄清电路构成、各元件间的联系、控制关系以及在什么条件下电路通路或断路等。

5. 识读电气原理图

下面就三相异步电动机双重联锁正反转控制电路图作简单分析。电气原理图如图 6-47 所示。

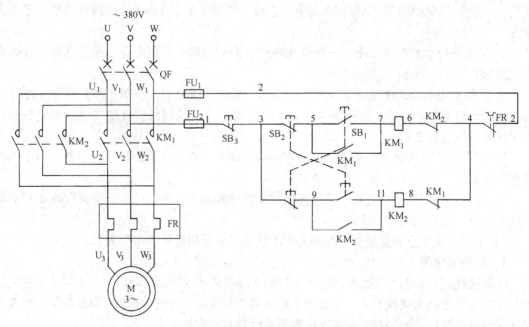

图 6-47　电动机双重联锁正反转控制电路电气原理图

（1）电路组成　主要由按钮（起、停电动机使用）、交流接触器（用作接通和切断电动机的电源以及改变电源的相序、失电压和欠电压保护等）和热继电器（用作电动机的过载保护）等组成。

（2）电动机的旋转方向　异步电动机的旋转方向取决于磁场的旋转方向，而磁场的旋转方向，又取决于三相电源的相序，所以电源的相序决定了电动机的旋转方向。改变电源的相序，电动机的旋转方向也会随之改变。

（3）控制电路　其控制部分主要由两个复合起动按钮、一个停止按钮、两个交流接触器和一个热继电器（或电机保护器）等组成。

（4）控制过程　当按下正转起动按钮 SB_1 后，电源 V_1 相中的电流经过停止按钮 SB_3 的常闭触头、反转起动按钮 SB_2 的常闭触头、正转交流接触器线圈 KM_1、反转交流接触器 KM_2 的辅助触头（KM_2 的常闭触头）及热继电器 FR 的常闭触头接通接到电源的 W_1 相上，形成闭合回路。使正转接触器线圈得电而使其常开触头闭合，电动机正向旋转。并通过接触器的辅助触点 KM_1 自锁保持运行。反转的过程是按下反转起动按钮 SB_2 后，SB_2 常闭触头断开，使正转接触器 KM_1 失电，触头脱离的同时，反转接触器 KM_2 接通得电，使常开触头闭合，调换了两根电源线（U、W 相），改变了相序，从而实现了电动机的反转。

（5）互锁原理　为了保证电动机在正向运转时反转电路不工作，即两个交流接触器线圈不能同时得电，需在控制电路中设置互锁功能。互锁功能可以通过两种方式实现，即将起动按钮的动、断触头互串在正、反转的控制电路中称按钮互锁，或采用将交流接触器的常闭触头互串在正、反转的控制电路中使接触器互锁。通过互锁，使得正转（或反转）起动运行的同时，断开反转（或正转）的控制电路。控制电路中也可将两种互锁方式同时采用，实现双重互锁功能。这种在控制电路中采取的互锁方式一般称为电气互锁。还有一种互锁方式叫机械互锁，就是利用机械装置杠杆原理来控制两个交流接触器线圈不能同时得电。

6.7　电气控制电路的安装方法

利用各种有触头电器，如接触器、继电器、按钮和刀开关等可以组成控制电路，从而实现电力拖动系统的起动、反转、制动和保护，为生产过程自动化奠定基础。因此，掌握电气控制线路的安装方法是学习电气控制技术的重要基础之一。

1. 电气元器件的布局

根据电气原理图的要求，对需装接的电气元件进行板面布置，并按电气原理图进行导线连接，是电工必须掌握的基本技能。如果电气元件布局不合理，就会给具体安装和接线带来较大的困难。简单的电气控制电路可直接进行布置装接，较为复杂的电气控制电路，布置前必须绘制电路接线图。图 6-48 所示是电动机双重联锁正反转

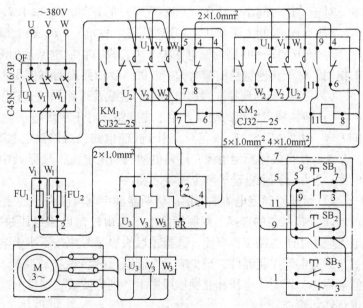

图 6-48　电动机双重联锁正反转控制电路的电路接线图

控制电路的电路接线图。

（1）主电路　一般是三相、单相交流电源或者是直流电源直接控制用电设备，如电动机、变压器、电热设备等。在主电路接通时，受电设备就处在运行情况下。因此，布置主电路元件时，要考虑好电气元件的排列顺序。将电源开关（刀开关、转换开关、断路器等）、熔断器、交流接触器、热继电器等从上到下排列整齐，元件位置应恰当，应便于接线和维修。同时，元件不能倒装或横装，电源进线位置要明显，电气元件的铭牌应容易看清，并且调整时不会受到其他元件的影响。

（2）控制电路　控制电路的电气元件有按钮、行程开关、中间继电器、时间继电器、速度继电器等，这些元器件的布置与主电路密切相关，应与主电路的元器件尽可能接近，但必须明显分开。外围电气控制元件，通过接线端引出，绝对不能直接接在主电路或控制电路的元器件上，如按钮接线等。

无论是主电路还是控制电路，电气元件的布置都要考虑到接线方便、用线最省、接线最可靠等。

2. 选择元器件

选择原则：元器件的选择应满足设备元器件额定电流和额定电压条件进行选择。一般情况下，380V 三相异步电机的额定电流按二倍设备容量（功率）来估算。算出的电流、电压数据在设备元件系列中没有相同数据规格时，必须往上一级最接近的数据选择，严禁选择那些小于数据规格的。

（1）开关的选择与电气参数的整定

1）低压断路器用作操作开关时：$I_{ke} \geq (1.25 \sim 1.3)I_e$。

2）低压断路器过电流脱扣器的整定电流：对于作过载保护的长延时型，其整定电流不小于额定电流；对于作电动机短路保护的瞬动型及短延时型，整定电流 $I_{ZDW\text{、}DZ} \geq K_K I_M$，$I_M$ 为电动机峰值电流。

对于动作时间小于 0.02s（DZ 系列）的开关，K_K 取 1.7 ~ 2。

对于动作时间大于 0.02s（DW 系列）的开关，K_K 取 1.35。

对于 DZ15L—40 型的漏电保护开关，只有控制电路接到 U 和 W 相时，才能起到漏电保护作用，对于其他型号的漏电保护开关，要依照说明书接线。

（2）熔断器的选择　照明电路中起过载及短路保护，在动力电路中起短路保护。

1）熔体额定电流的确定。用于主电路：对于单台电机 $I_{re} = (1.5 \sim 2.5)I_e$；对于多台电机 $I_{re} = (1.5 \sim 2.5)I_{em} + \sum I_{ej}$。用于控制电路：熔体额定电流按 2 ~ 5A 选择。

注：I_{re} 是熔体额定电流；I_e 是电动机额定电流；I_{em} 是其中容量最大的一台电动机的额定电流；$\sum I_{ej}$ 是其余电动机额定电流之和。

2）熔断器额定电流的确定。熔断器额定电流应大于（至少等于）熔体的额定电流。

（3）接触器的选择　线圈额定电压应由控制电路电压决定，二者应相符；主触头额定电流应不小于电路工作电流，选择主触头容量时应按不小于电路工作电流的 1.3 倍选择。

所有电气控制器件，至少应具有制造厂的名称（或商标、索引号）、工作电压性质和数值等标志。若工作电压标在操作线圈上，则应使装在器件上线圈的标志显而易见。同时还需进行好坏检查。

（4）热继电器的选择与整定　当电动机为△联结时，应选择带断相保护功能的热继电器；热元件额定电流应大于或等于电动机额定电流；热继电器的整定电流应等于（0.95 ~ 1.05）I_e，整定系数应依据负载大小确定，一般情况下按一倍 I_e 整定。

3. 选用导线

（1）导线的类型　硬线只能用在固定安装的部件之间，在其余场合则应采用软线。电路 U、V、W 三相分别用黄色、绿色、红色导线，中性线（N）用黑色导线，保护线（PE）必须采用黄绿双色导线。

（2）导线的绝缘　导线必须绝缘良好，并应具有抗化学腐蚀的能力。

（3）导线的截面积　在必须能承受正常条件下流过的最大电流的同时，还应考虑到电路中允许的电压降、导线的机械强度，以及要与熔断器相配合，并且规定主电路导线的最小截面积应不小于 2.5mm^2，控制电路导线的截面积应不小于 1.0mm^2。

4. 接线

电气元件布局确定以后，要根据电气原理图并按一定工艺要求进行布线和接线。控制箱（板）内部布线一般采用正面布线方法，如板前线槽布线或板前明线布线，较少采用板后布线方法。布线和接线的正确、合理、美观与否，直接影响到控制质量。

（1）接线工艺要求

1）导线尽可能靠近元器件走线；用导线颜色分相，必须做到平直、整齐、走线合理等。

2）对明露导线要求横平竖直，自由成形；导线之间避免交叉；导线转弯应成90°。

3）布线应尽可能贴近控制板面，相邻元器件之间亦可"空中走线"。

4）可移动控制按钮连接线必须用软线，与配电板上元器件连接时必须通过接线端，并加以编号。

5）所有导线从一个端子到另一个端子的走线必须是连续的，中间不得有接头。

6）所有导线的连接必须牢固，不得压胶，露铜不超过 2mm。导线与端子的接线，一般是一个端子只连接一根导线，最多接两根。

7）有些端子不适合连接软导线时，可在导线端头上采用针形、叉形等压接线头。

8）导线线号的标志应与电气原理图和电路接线图相符。在每一根连接导线的线头上必须套上标有线号的套管，位置应接近端子处。线号的编制方法应符合国家相关标准。

（2）装接电路　装接电路的顺序是先接主电路，后接控制电路；先接串联电路，后接并联电路；并且按照从上到下，从左到右的顺序逐根连接；对于电气元件的进出线，则必须按照上面为进线，下面为出线，左边为进线，右边为出线的原则接线，以免造成元器件被短接、接错或漏接。

5. 通电前检查

装接好后首先要进行目测检查，无误后，再用万用表、绝缘电阻表检查主电路和控制电路。

1）元器件的代号、标志是否与电气原理图上的一致，是否齐全。

2）各个电气元件、接线端子安装是否正确和牢靠，各个安全保护措施是否可靠。

3）控制电路是否满足电气原理图所要求的各种功能。布线是否符合要求、整齐。

4）各个按钮、信号灯罩和各种电路绝缘导线的颜色是否符合要求。

5）用万用表测量主电路和控制电路的直流电阻，所测阻值应与理论值相符。

6）测量电气绝缘电阻，应不小于 $0.22M\Omega$。

6. 热继电器的整定

根据电动机的额定电流，选择一倍电动机额定电流的热元件电流，再将热继电器整定为电动机的额定电流。

7. 电路的运行与调试

安装完电路，经检查无误后，接上电动机进行通电试运转，观察电气元件及电动机的动作、运转情况。掌握操作方法，注意通电顺序：先合电源侧刀开关，再合电源侧断路器；断电顺序相反。通电后应先检验电气设备的各个部分的工作是否正确和动作顺序是否正常。然后在正常负载下连续运行，检验电气设备所有部分运行的正确性。同时要检验全部器件的温升，不得超过规定的允许温升。若异常，应立即停电并进行检查。

6.8 电气控制电路故障的检修

电动机控制电路的故障一般可分为自然故障和人为故障两类。自然故障是由于电气设备运行过载、振动或金属屑、油污侵入等原因引起，造成电气绝缘下降，触头熔焊和接触不良，散热条件恶化，甚至发生接地或短路。人为故障是由于在维修电气故障时没有找到真正的原因或操作不当，不合理地更换元器件或改动电路，或者在安装电路时布线错误等原因引起。

电气控制电路的形式很多，复杂程度不一，它的故障常常和机械系统交错在一起，难以分辨。这就要求我们首先要弄懂原理，并掌握正确的维修方法。一个电气控制电路，往往由若干个电气基本单元组成，每个基本单元由若干电气元件组成，而每个电气元件又由若干零件组成。但故障往往只是由于某个或某几个电气元件、部件或接线有问题而产生的。因此，只要善于学习，善于总结经验，从而找出规律，掌握正确的维修方法，就一定能迅速准确地排除故障。下面介绍电动机控制电路发生自然故障后的一般检修步骤和方法。

1. 电气控制电路故障的检修步骤

1）经常看、听、检查设备运行状况，善于发现故障。

2）根据故障现象，依据电气原理图找出故障发生的部位或回路，并尽可能地缩小故障范围，在故障部位或回路找出故障点。

3）根据故障点的不同情况，采用正确的检修方法，排除故障。

4）通电空载校验或局部空载校验。

5）试运行正常后，投入运行。

在以上检修步骤中，找出故障点是检修的难点和重点。在寻找故障点时，首先应该分清发生故障的原因是属于电气故障还是机械故障；同时还要分清故障是属于电气线路故障还是电气元件的机械结构故障。

2. 电气控制电路故障的检查和分析方法

常用的电气控制电路的故障检查和分析方法有：调查研究法、试验法、逻辑分析法、电阻测量法、验电笔检测法、导线短接法和电压测量法等几种。在一般情况下，调查研究法能帮助找出故障现象；试验法不仅能找出故障现象，而且还能找出故障部位或故障回路；逻辑分析法是缩小故障范围的有效方法；测量法是找出故障点的最基本、可靠和有效的方法。

（1）调查研究法　主要是通过以下几个方面来进行分析并进行检修：询问设备操作工

人，看有无由于故障引起明显的外观征兆，听设备各电气元器件在运行时的声音与正常运行时有无明显差异，用手摸电气发热元件及电路的温度是否正常等。

（2）试验法　在不损伤电气、机械设备的条件下，可进行通电试验。一般可先点动试验各控制环节的动作程序，若发现某一电器动作不符合要求，即说明故障范围在与此电器有关的电路中。然后在这一部分故障电路中进一步检查，便可找出故障点。

（3）逻辑分析法　逻辑分析法是根据电气控制电路工作原理，控制环节的动作程序，以及它们之间的联系，结合故障现象作具体的分析，迅速地缩小检查范围，然后判断故障所在。逻辑分析法是一种以准为前提、以快为目的的检查方法，它更适用于对复杂电路的故障检查。在使用时，应根据电气原理图，对故障现象作具体分析，在划出可疑范围后，再借鉴试验法，对与故障回路有关的其他控制环节进行控制，就可排除公共支路部分的故障，使貌似复杂的问题变得条理清晰，从而提高维修的针对性，可以收到准而快的效果。

（4）电阻测量法　利用万用表的电阻档检测元件是否存在短路或断路故障的方法必须是在断电情况下进行，这样比较安全，在实际中使用较多。图6-49是一台三相异步电动机控制电路的一部分，若按下起动按钮 SB$_2$，接触器 KM$_1$ 不吸合，电动机无法起动，说明电路有故障。运用电阻测量法时，先断开电源，再将控制电路从主电路上断开，量出接触器线圈的阻值并记录下来。

1）分阶测量法。按下 SB$_2$ 不放松，测出 1-7 点电阻，正常应为接触器线圈电阻值，若为零，说明接触器线圈短路；若为无穷大，说明电路有断路，需逐级分阶测量 1-2，1-3，1-4，1-5，1-6 各电器触头两点间的电阻值，如图 6-49 所示，正常应为零，若某两点间阻值突然增大，则说明表笔刚跨过的触头或连接导线接触不良或断路。这种测量方法像台阶一样，所以称为分阶测量法。也可分阶测量 6-7，5-7，4-7，3-7，2-7，1-7 各点间的电阻值进行故障分析。

2）分段测量法。如图 6-50 所示，按下 SB$_2$ 不放松，分段测量各对电器触头间的电阻值，即测量 1-2，2-3，3-4，4-5，5-6 各点间的电阻值，正常应为零，若为无穷大，则说明该两点间的触头接触不良或导线断路。再测 6-7 点间电阻值，正常应为接触器线圈电阻值，若为零，则接触器线圈被短路，若为无穷大，则说明接触器线圈断路或接线端接触不良。

（5）电压测量法　检测时将万用表拨到交流 500V 档。

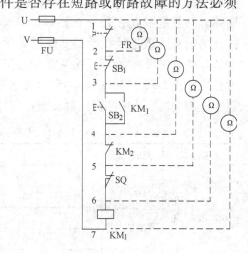

图 6-49　电阻分阶测量法

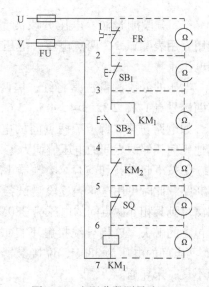

图 6-50　电阻分段测量法

1）分阶测量法。电压分阶测量法如图 6-51 所示。若按下起动按钮 SB$_2$，接触器 KM$_1$ 不吸合，说明电路有故障。

检查时，首先万用表测量 1-7 两点间电压，若电路正常，应为 380V。然后，按住起动按钮 SB$_2$ 不放，同时将黑色表笔接到点 7 上，红色表笔按点 6，5，4，3，2 标号依次向前移动，分别测量 7-6，7-5，7-4，7-3，7-2 各阶之间的电压，电路正常情况下，各阶的电压值均应为 380V。如测到 7-6 之间无电压，说明是断路故障，此时可将红色表笔向前移，当移至某点（如点 2）时电压正常，说明点 2 以前的触头或接线是完好的，而点 2 以后的触头或连接线有断路，一般是该点后第一个触头（即刚跨过的停止按钮的触头）或连接线断路。根据各阶电压值来检查故障的方法可见表 6-2。

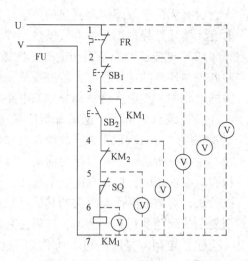

图 6-51　电压分阶测量法

分阶测量法可向上测量（即由点 7 向点 1 测量），也可向下测量，即依次测量 1-2，1-3，1-4，1-5，1-6 各阶之间的电压。特别注意向下测量时，若各阶电压等于电源电压，说明测过的触头或连接导线有断路故障。

表 6-2　电压分阶测量法确定电路故障原因

故障现象	测试状态	7-6	7-5	7-4	7-2	7-1	故 障 原 因
按下 SB$_2$ 时，KM$_1$ 不吸合	按下 SB$_2$ 不放松	0	380V	380V	380V	380V	SQ 触头接触不良，未导通
		0	0	380V	380V	380V	KM$_2$ 触头接触不良，未导通
		0	0	380V	380V	380V	SB$_2$ 触头接触不良，未导通
		0	0	0	380V	380V	SB$_1$ 接触不良，未导通
		0	0	0	0	380V	FR 常闭触头接触不良，未导通

2）分段测量法。电压分段测量法如图 6-52 所示。先用万用表测试 1-7 两点电压，电压值为 380V，说明电源电压正常。

电压的分段测量法是将红、黑两根表笔逐段测量相邻两标号点 1-2，2-3，3-4，4-5，5-6，6-7 间的电压。

如电路正常，除 6-7 两点间的电压等于 380V 之外，其他任何相邻两点间的电压值均为零。

如按下起动按钮 SB$_2$，接触器 KM$_1$ 不吸合，说明电路断路，此时可用电压表逐段测试各相邻两点间的电压。如测量到某相邻两点间的电压为 380V 时，说明这两点间所包含的触头、连接导线接触不良或有断路。例如标号 4-5 两点间的电压为 380V，说接触器 KM$_2$ 的常闭触头接触不良，未导通。

根据各段电压值来检查故障的方法可见表 6-3。

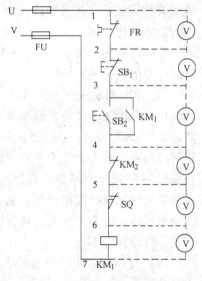

图 6-52　电压分段测量法

表 6-3 电压的分段测量法确定电路故障原因

故障现象	测试状态	1-2	2-3	3-4	4-5	5-6	故 障 原 因
按下 SB$_2$ 时，KM$_1$ 不吸合	按下 SB$_2$ 不放松	380V	0	0	0	0	FR 常闭触头接触不良，未导通
		0	380V	0	0	0	SB$_1$ 触头接触不良，未导通
		0	0	380V	0	0	SB$_2$ 触头接触不良，未导通
		0	0	0	380V	0	KM$_2$ 常闭触头接触不良，未导通
		0	0	0	0	380V	SQ 触头接触不良，未导通

（6）验电笔检测法　对于简单的电气控制电路，可以在带电状态下用验电笔判断电源好坏，如用验电笔碰触主电路组合开关及三个熔断器输出端，若氖管发光均较亮或电笔显示正常电压值，则电源是好的；若其中一相亮度不亮或电笔显示电压不正常，则说明电源存在缺相故障。对于图 6-52 所示的控制电路，当按下 SB$_2$ 不放松时，可用验电笔分别在 1，2，3，4，5，6，7 点处接触电路带电部分，若氖管发光较亮或电笔显示电压正常，则说明该点以前电路是好的；若氖管亮度不亮或电笔显示电压不正常，则说明该点与前点间的电器触头或电路接触不良或断路。

需注意的是该控制电路两端所接是相线，额定电压为 380V，如果验电笔在分别碰触 6，7 点时，氖管均较亮或电笔显示电压正常，而接触器仍不动作，此时就要借助万用表来进行测量，若接触器线圈两端电压为额定值，则说明线圈有断路故障；若接触器线圈两端电压为零，说明线圈两接线端子或两端连接线有接触不良或断路故障。

（7）导线短接法　导线短接法比较适合于在电路带电状态下判断电器触头的接触不良和导线的断路故障。如图 6-52 所示控制电路，当按下 SB$_2$ 时，接触器不动作，说明电路有故障，此时可用一段导线以逐段短接法来缩小故障范围。用导线依次短接 1-2，2-3，3-4，4-5，5-6 各点，绝对不允许短接 6-7 点，否则会引起电源短路。若短接某两点后接触器能动作，说明这两点间的电器触头或导线存在接触不良或断路故障；若短接后接触器仍不动作，就只有借助万用表检测接触器线圈及其接线端判断有无故障了。在操作时，也可短接 1-2，1-3，1-4，1-5，1-6 各点进行判定。

应用导线短接法时，必须注意人身及设备的安全，要遵守安全操作规程，不得随意触动带电部分，尽可能切断主电路，只在控制电路带电的情况下进行检查，同时一定不要短接接触器线圈、继电器线圈等控制电路的负载，以免引起电源短路，并要充分估计到局部电路动作后可能发生的不良后果。

以上测量法是利用验电笔、万用表等对电路进行带电或断电测量，是找出故障点的有效方法。在测量时要特别注意是否有并联支路或其他回路对被测电路的影响，以防产生误判断。

总之，电动机控制电路的故障不是千篇一律的，即使是同一种故障现象，发生的部位也不一定相同。所以在故障检修时，不要生搬硬套，而应按不同的故障情况灵活处理，力求迅速准确地找出故障点，判明故障原因，及时正确排除故障。

6.9　实训　电动机单向运转控制电路装接

1. 实训目的

1）掌握电动机单向运转控制的工作原理。

2）掌握电动机单向运转控制电路的接线及接线工艺。

3）掌握电动机单向运转控制电路的检查方法及通电运转过程。

4）掌握常用电工仪表的使用方法。

2. 实训材料与工具

1）电工刀、尖嘴钳、钢丝钳、剥线钳、螺钉旋具每人 1 把。

2）芯线截面积为 $1.5 mm^2$ 和 $2.5 mm^2$ 的单股塑料绝缘铜线（五种颜色，BV 或 BVV）若干。

3）电动机控制实训台 1 台。

4）三极断路器 1 个、熔断器 4 个、交流接触器 1 个、三元件热继电器 1 个、按钮 2 个。

5）接线端子 20 位。

6）三相异步电动机 Y—112—4，功率 4kW，1 台。

7）数字万用表 1 只、钳形表 1 只、500V 绝缘电阻表 1 只。

3. 实训前准备

1）了解三相异步电动机带有点动和两地控制电路的应用。

2）熟练分析三相异步电动机带有点动和两地控制电路的工作原理及动作过程。

3）明确低压电器功能、使用范围及接线工艺要求。

4. 实训内容

（1）分析控制原理 电动机单向运转控制是利用按钮、接触器来控制电动机朝单一方向运转的控制电路。其控制简单、经济、维修方便。广泛用于 5.5kW 以上电动机要求间接起动的控制。其控制电路如图 6-53 所示。

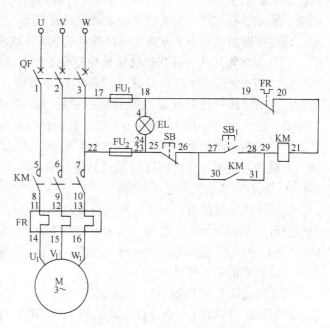

1）起动控制：合上电源断路器 QF，按下起动按钮 SB_1→KM 线圈得电→KM 主触头闭合（辅助常开触头同时闭合）→电动机 M 起动并单向连续运行。当松开 SB_1 时，它虽然恢复到断开位置，但由于有 KM 的辅助常开触头与 SB_1 并联，在 KM 动作时，KM 的辅助常开触头也动作即闭合，因此 KM 线圈仍保持通电。这种利用接触器本身的常开触头使接触器

图 6-53 电动机单向运转控制电路

线圈继续保持通电的控制称为自锁（或自保），该辅助常开触头就叫自锁（或自保）触头。正是由于自锁触头的作用，在松开 SB_1 时，电动机仍能继续运转，而不是点动运转。

2）停止控制：按下停止按钮 SB→KM 线圈失电→KM 主触头断开（KM 自锁触头也断开）→电动机 M 停止运转。当松开 SB 时，其常闭触头虽恢复为闭合位置，但因接触器 KM 的自锁触头在其线圈失电的瞬间已断开，并解除了自锁，所以接触器 KM 的线圈不能继续得

电。即电动机 M 停止转动。

（2）选择并检查元件　根据电动机功率，正确选择断路器、接触器、熔断器、热继电器、按钮和指示灯的型号。本电路使用的是 4kW 三相异步电动机，按经验公式，电路的额定电流 $I_e \approx 8A$。

检查所用元件好坏，首先从外观和机械动作方面检查，完好后，再用仪表检查。

1）断路器 QF 的选择：断路器的额定电压应大于或等于电路的额定电压；断路器的额定电流 $I = 1.3I_e$，所以 $I = 10.4A$，但因为断路器没有 10.4A 的规格，所以应选择 QF 为 16A/380V。型号为 DZ15LE—16/390。

断路器 QF 的检查：将万用表打到欧姆档"200"的档位。然后将红表笔与黑表笔分别放在断路器相对应的每组触头的两端。合上 QF 后，分别测得三组电阻值，都为 0，说明断路器是好的；如果是无穷大，则说明断路器有问题。反之，断开 QF 后，如果是无穷大，则说明断路器是好的。

2）交流接触器 KM 的选择：KM 线圈的额定电压必须等于电路的线电压 380V；额定电流 $I = 1.3I_e$，所以 $I = 10.4A$。同样，因为接触器没有 10.4A 的规格，所以应选择 KM 为 16A/380V。型号为 CJX1—16/22。

交流接触器 KM 的检查：KM 线圈的检查，将万用表打到欧姆档"2k"档的位置，然后将两表笔放置在 KM 线圈的两端，显示 KM 线圈电阻值（本型号约有 1700Ω），并做记录，以便通电前检查。然后将万用表打到欧姆档"200"档位。红表笔与黑表笔分别放在 KM 相对应的每对主触头的两端，开始时，电阻显示为无穷大。按下去后，电阻值必须为 0，即导通。松开后，恢复为无穷大。辅助常开触头检查：将两表笔分别放在对应的常开辅助触头上，开始时，电阻为无穷大，按下去后，电阻显示为 0，即导通。断开后，恢复为无穷大。辅助常闭触头检查与常开触头检查显示的阻值相反。

3）热继电器 FR 的选择：热继电器的额定电流应大于电动机的额定电流，型号为 JR36—11.5/F。

热继电器 FR 的检查：将万用表打到欧姆档"200"的档位。然后将红色表笔与黑色表笔分别放在热继电器相对应的每对主触头的两端，显示为 0，两表笔放置在常闭的辅助触头上，也应显示为 0。

4）熔断器 FU 的选择：主电路的熔断器其熔体额定电流按 $I = 2I_e$ 来选择，即 $I = 16A$。所以应选用型号：RL1—15/15。由于控制电路的电流很小，常选用 2～5A 的熔断器，因此选择额定电流 $I = 2A$ 的熔断器，型号为 RT14—20/2。

熔断器 FU 的检查：将万用表打到欧姆档"200"的档位。然后将红表笔与黑表笔分别放在熔断器的两端，如果电阻值为 0，说明熔断器是好的。如果是无穷大，说明熔断器已经熔断了（开路）。

5）按钮和指示灯选择：控制电路的电流不超过 5A，SB 为常闭按钮，SB_1 为常开按钮，所以选取型号为 LA18—22/1 和 LA18—22/2。指示灯选用 $\phi22$ 直接式 380V 红色的氖泡式。

按钮和指示灯检查：将万用表打到欧姆档"R×1"的档位，然后将红表笔与黑表笔分别放在 SB 的常闭触头两端，应显示为 0，按下 SB 后，显示为无穷大，松手后又变为 0；将红表笔与黑表笔分别放在 SB_1 的两端，开始时，显示为无穷大的阻值，按下 SB_1 后，变为 0，松手后又变为无穷大；将万用表打到欧姆档，表笔放置在指示灯两端，应显示为无穷大的电阻值。

6）导线选择：电路额定电流为 8A，主电路导线截面积为 $2.5mm^2$，控制电路导线的截面积为 $1.5mm^2$。都为铜单芯塑料绝缘导线，并且有黄色、绿色、红色、黑色及黄绿双色之分。

7）三相异步电动机的检查：将万用表打到欧姆档"200"档。将红表笔与黑表笔分别放在每相绕组的两端，每相绕组都有电阻值，而且每相绕阻的阻值都基本相等，并做记录。然后用绝缘电阻表检测相与相之间的绝缘。相与相之间、相与地之间绝缘必须在 $0.5M\Omega$ 以上。

（3）布局并固定元件　根据电气原理图画出电路连接图，如图 6-54 所示。并按电路连接图固定好元件。

（4）布线　要求能够用最短的导线连接出美观、正确的电路。要点：横平竖直，转弯成直角，尽量少交叉，多根导线并拢时平行走线。

（5）接线要点　先接主电路，后做控制电路，先串后并，从左到右，从上到下，具体顺序如布置图所标序号。应整齐、美观、接触紧密、绝缘良好、颜色分相，无反圈接，无压绝缘层，露铜不超过 2mm，每个端子连接导线不超过两根。

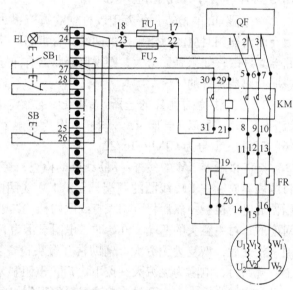

图 6-54　电动机单向运转控制电路连接图

（6）电路检查　分目测和仪表检查两种。用万用表检查主电路和控制电路，所测阻值应与理论分析值相符。

1）肉眼检查。从大体上观看，每个元件必有进出线，而且互相对应，看清每个元件有无漏接、串接、错接。并用手轻轻碰一下所连接的每一条导线是否连接牢固。

2）用万用表检查。

主电路的检查：由于按下 KM 后，可能会将控制电路的 KM 线圈并联进来，所以应先将控制电路的熔断器熔体拆除。将数字万用表的欧姆档打到"200"档的位置，断开 QF，将两表笔分别放在 QF 的下端 U 相与 V 相处，显示为无穷，按下 KM 后，将会有电动机两个绕阻的串联电阻值（设电动机为星形联结），而且其他两相 UW 与 VW 都会与 UV 相的电阻值基本相等。松手后都显示为无穷大。

控制电路的检查：将万用表打到"2k"的档位，然后将两表笔放在指示灯的两端，显示为无穷大的电阻值，按下 SB_1 或 KM，将显示大约有 1700Ω 的电阻值，并同时按下 SB 后，显示变为无穷大。

3）绝缘电阻检查：用 500V 绝缘电阻表测量电路的绝缘电阻，应不小于 $0.22M\Omega$。

（7）整定热继电器　根据电动机的额定电流，热继电器的整定电流 $I = I_e = 8A$，即整定电流等于电动机的额定电流值

（8）电路的运行与调试　经检查无误后，可在指导教师的监护下通电试运转，掌握操

作方法，注意观察电器的动作及电动机的运转情况。

1）合上 QF，接通电源，则指示灯 EL 亮。

2）按下起动按钮 SB₁，接触器 KM 得电吸合，电动机连续运转。

3）按下停止按钮 SB，接触器 KM 失电断开，电动机停转。

4）断开 QF，电源指示灯 EL 灭。

（9）故障分析　在试运行中发现电路异常现象，应立即停电，作认真详细检查，常见故障如下：

1）合上 QF 后，若指示灯不亮，故障原因有：电源缺相，查明处理；熔断器熔丝熔断，查出更换；接线有误，须仔细检查；指示灯本身坏，应更换。

2）合上 QF 后，若烧熔丝或断路器跳闸，故障原因有：指示灯被短接；KM 的线圈和 SB₁ 同时被短接；主电路可能有短路（QF 到 KM 主触头这一段）。

3）合上 QF 后，若指示灯亮且电动机马上运转，故障原因有：SB₁ 起动按钮被短接；SB₁ 常开触头错接成常闭触头。

4）合上 QF 后，指示灯亮，但按 SB₁ 时，烧熔丝或断路器跳闸，故障原因有：KM 的线圈被短接；主电路可能有短路（KM 主触头以下部分）。

5）合上 QF 后，按 SB₁，KM 不动作，电动机也不转动，故障原因有：SB 不能闭合，或接成常开触头；FR 的辅助常闭触头断开或错接成常开触头；KM 线圈未接上，或线圈坏，未形成回路；接线有误。

6）合上 QF 后，指示灯亮，按 SB₁，若 KM 接触器能吸合，但电动机不转动，故障原因有：电动机星形（Y 形）联结的中性点未接好；电源缺相（有嗡嗡声）；接线错误。

7）合上 QF 后，指示灯亮，若按 SB₁，电动机只能点动运转，故障原因有：KM 的自锁触头未接好；KM 的自锁触头损坏。

5. 安全文明要求

1）通电试运转时应按电工安全要求操作，未经指导教师同意，不得通电。

2）要节约导线材料（尽量利用使用过的导线）。

3）操作时应保持工位整洁，完成全部操作后应马上把工位清理干净。

6. 思考题

（1）测量电动机的绝缘电阻时，要测量哪几组绝缘电阻值？如何测量？

（2）如何测量电气控制电路中电动机的相电压、线电压、相电流、线电流和零序电流？测量值与电动机的接法有何关系？

（3）控制电路的电源电压如何确定？如果接错，会有什么后果？

（4）配电板上装接电气控制电路，在工艺上有何要求？

（5）如何选用常用低压电器设备？

（6）电气电路中，应如何进行停送电操作？

（7）总结装接电路的经验和技巧。

（8）分析常用电气控制电路工作原理及装接方法。

6.10　常用电气控制电路

在电力拖动系统中，电气控制电路主要用来实现控制电动机的起动、制动、反转和调速，以满足生产机械工作的各种需要。电动机基本控制电路是组成各种电气控制电路的基本环节，学会这些基本环节电路的安装使用，将有助于掌握其他任何复杂控制电路的安装使用，也是电工的基本技能。通过现场实物的安装训练，可以有机地将有关的理论知识与实际操作紧密的结合在一起，加深对理论知识的理解和掌握，培养运用知识于实践的动手能力，为后续课程的学习和创新能力的培养打下一定的基础。

因此，掌握常用控制电路环节的安装与接线就非常重要，下面就此提供最常见的几种电动机控制电路，如图 6-55 ~ 图 6-67 所示，老师可根据教学进度和学生的掌握技能层次，选择装接。装接步骤和方法基本相同，可参照上一节实训内容自行完成。

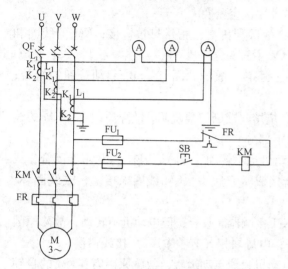

图 6-55 带电流表点动控制电路

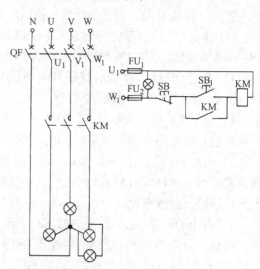

图 6-56 三相负载间接起动控制电路

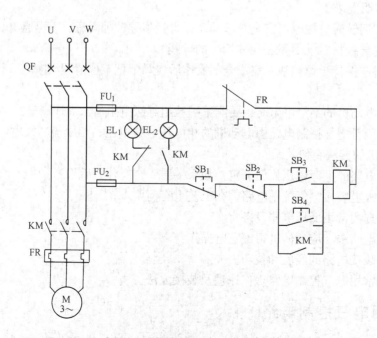

图 6-57 电动机两地控制电路

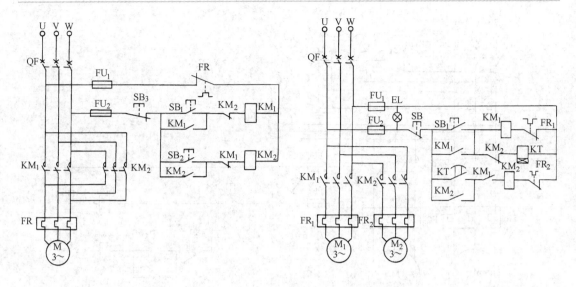

图 6-58　电动机手动正反转控制电路　　　　图 6-59　电动机顺序自动控制电路

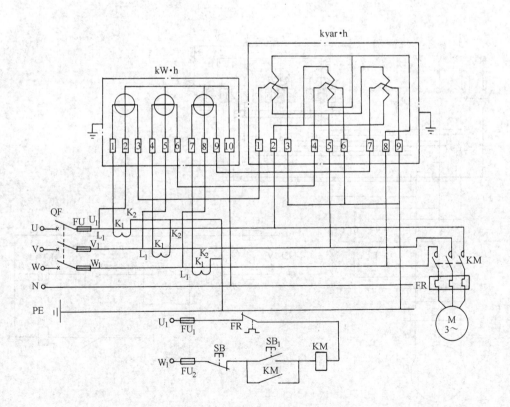

图 6-60　电动机有功、无功计量电路

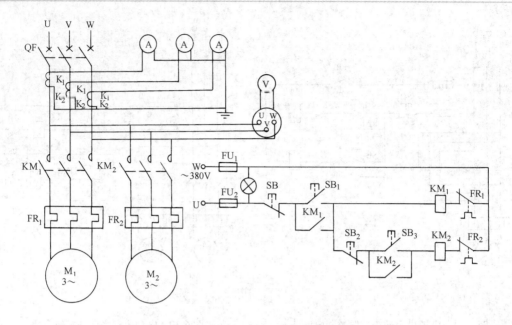

图 6-61　电动机带电流表、电压表手动顺序控制电路

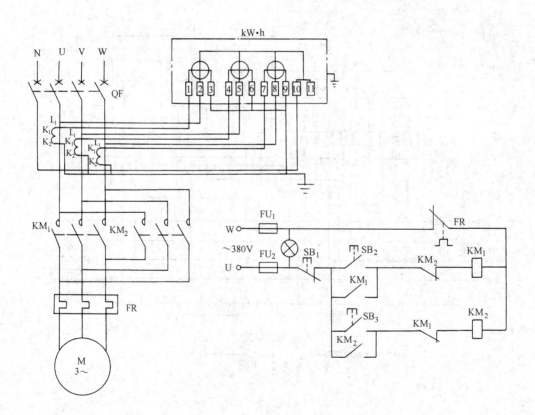

图 6-62　电动机带有功计量手动正反转控制电路

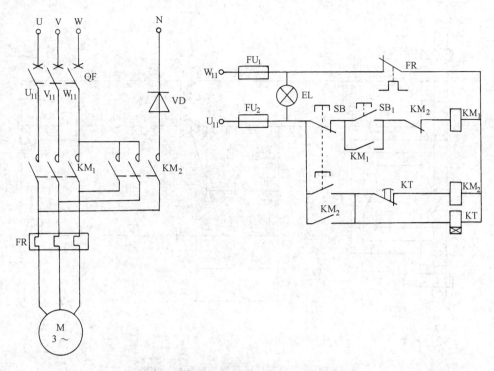

图 6-63　电动机正反转半波能耗制动控制电路

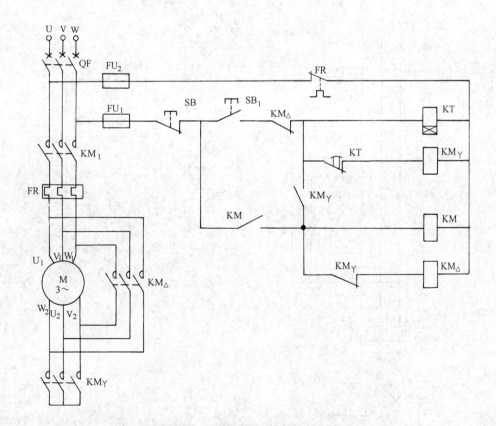

图 6-64　电动机Y—△起动控制电路

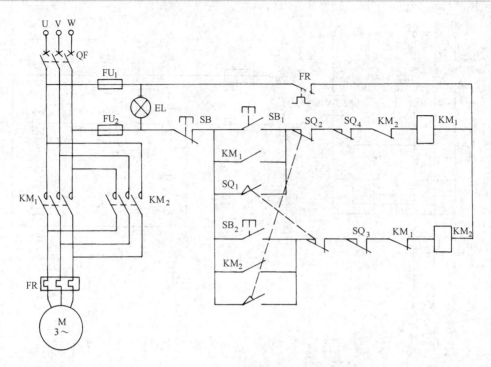

图 6-65　电动机正反转行程和极限控制电路

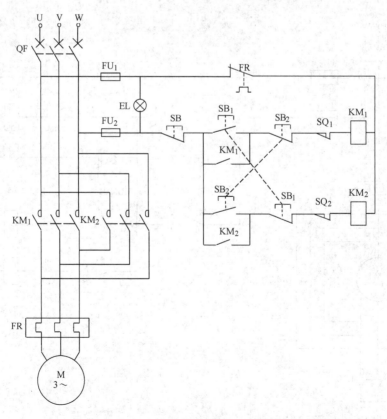

图 6-66　电动机可逆限位控制电路

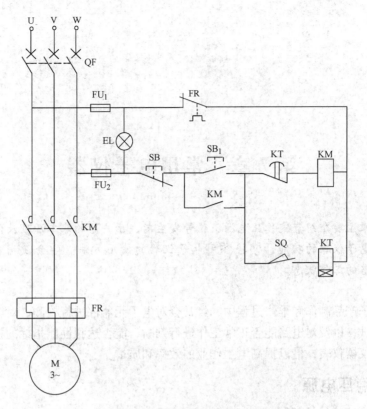

图 6-67 电动机空载自停控制电路

第7章　常用电子仪器

内容提要： 本章主要介绍直流稳压电源、信号发生器、示波器的基本原理及使用方法。通过实训熟悉常用电子仪器的功能，掌握常用电子仪器的使用方法。学会使用电子仪器（表）检查、测量电路的工作状态。

在电工电子产品制作和维修过程中，经常会对电子元器件进行检测，对电路故障进行查找或整机的调试，以及对电路能否正常工作进行判断，能否达到性能指标的检查和测量，都需要使用各种仪器仪表，借以提高电工作业的效率和质量。

7.1　直流稳压电源

直流稳压电源是用来提供可调直流电压和电流的电源设备。在给定的交流电源电压或负载发生变化时，也能保持其输出电压或电流稳定不变。直流稳压电源作为电压源使用时，内阻较小，其伏安特性十分接近理想电压源。作为电流源使用时，内阻很大，伏安特性十分接近理想电流源。直流稳压电源的种类和型号较多，面板布置和功能也不尽相同，但一般功能和基本使用方法基本相同。本节以 GPC—30300DQ 型双路直流稳压电源为例介绍直流稳压电源的工作原理、使用方法及注意事项。其他型号的直流稳压电源的使用方法和操作步骤与此基本相同。GPC—30300DQ 型双路直流稳压电源的特点是：具有三路电压输出，其中两路电压值在 0～30V 范围内可调，具有独立、串联、串联跟踪和并联等多种工作方式，稳压、稳流状态可随负载的变化而自动转换，电流值在 0～3A 内可任意预置；另一路独立不可调，5V 电压输出，最大电流为 3A。

7.1.1　直流稳压电源的工作原理

GPC—30300DQ 型双路直流稳压电源的工作原理框图如图 7-1 所示，它主要由变压器、交流电压转换电路、整流滤波电路、调整电路、输出滤波电路、取样电路、CV 输出电路、CC 比较电路和基准电路等 9 部分以及辅助部分数码指示器和电源供给电路组成。下面介绍各部分电路的功能。

（1）变压器　将 220V 交流电压变成多量程交流低电压。

（2）交流电压转换电路　由于输出电压的变化范围比较宽，电路由运算放大器组成模/数转换控制电路，将电源输出电压转换成不同数码，通过驱动电路控制继电器动作，达到自动换档的目的，随着输出电压的变化，模/数转换器输出不同的数码，控制继电器动作，及

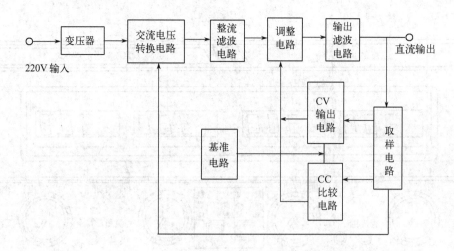

图 7-1　GPC—30300DQ 型直流稳压电源框图

时调整送入整流电路的电压，保证调整管两端电压值始终保持在最合理的范围内。

（3）整流滤波电路　将交流低压进行整流滤波变成直流。

（4）调整电路　是串联线性调整器，由比较放大器控制调整管，使输出电压（电流）稳定。

（5）输出滤波电路　是将输出电路中的交流分量进行滤波的电路。

（6）取样电路　是对输出电压或电流取样的电路。

（7）CV 输出电路　本电路输出电流可以预置，当输出电流小于预置电流时，电路处于稳压状态，CV 比较放大器处于控制优先状态。当输入电压或负载变化时，输出电压发生相应变化，此变化经取样电阻输入到比较放大器与基准电压比较放大器中，并控制调整管，使输出电压回到原来的数值，从而使输出电压恒定。

（8）CC 比较电路　当负载改变，输出电流大于预置电流时，CC 比较放大器处于控制优先状态，对调整管起控制作用，当负载加重使输出电流加大时，比较电阻上的电压降增大，CC 放大器输出低电平，使调整管电流趋于原来的值，恒定在预置的电流上，达到输出电流恒定不变的效果，从而使电源及负载得到保护。

（9）基准电路　提供基准电压的电路。

（10）数码指示器　将输出电压或电流进行 A/D 转换并显示。

（11）电源供给电路　为整个机器各电路提供电压。

7.1.2　直流稳压电源的使用方法

GPC—30300DQ 型双路直流稳压电源面板如图 7-2 所示。

1.　面板控制功能说明

1 为 POWER（电源开关）：按下为整机电源接通，弹出为整机电源关闭。

2、3 为 V（电压表）：数显式，分别指示主电源、辅电源输出电压值。

4、5 为 A（电流表）：数显式，分别指示主电源、辅电源稳流（限流）电流值。

6、7 为 VOLTAGE（电压控制旋钮）：分主电源、辅电源各一只，分别调节各自输出电压值，顺时针旋转电压控制旋钮时输出电压值增大。

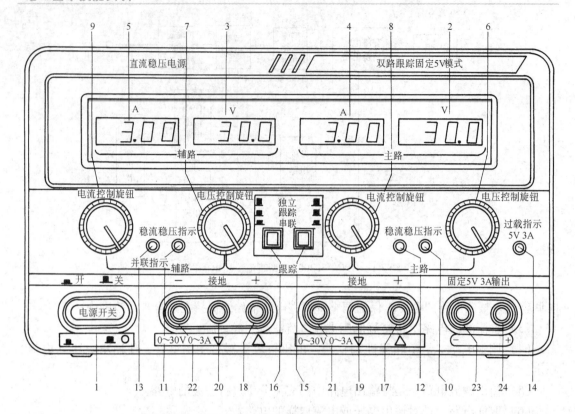

图 7-2　GPC—30300DQ 型双路直流稳压电源面板图

8、9 为 CURRENT（电流控制旋钮）：分主电源、辅电源各一只，分别调节各自稳流（限流）电流值，顺时针旋转电流控制旋钮时预置电流值增大。

10、11 为稳压指示：分别指示主电源、辅电源处于稳压状态时，指示灯亮。

12、13 为稳流指示：分别指示主电源、辅电源处于稳流状态时，指示灯亮。

14 为过载指示。

15、16 为输出工作方式开关（独立、跟踪、串联、并联）。

17、18 为主辅电源" + "输出端。

19、20 为主辅电源输出接"地"端。

21、22 为主辅电源" - "输出端。

23 为 5 V 电源" - "输出端。

24 为 5 V 电源" + "输出端。

2. 输出工作方式

（1）独立工作方式　输出工作方式开关按钮置"独立"位置，即左右两个按钮都弹起时，两路输出各自独立，得到两组完全独立的电源，输出电压可分别设置。

（2）串联跟踪工作方式　输出工作方式开关按钮置"跟踪"位置，即左边按钮按下，右边按钮弹起时，将主电源输出" - "端与辅助电源输出" + "端短接，调节主电源电压，让辅助电源输出的电压完全跟踪主电源输出的电压，即可得到一组电压值相同，但是极性相反的电压。

（3）并联工作方式（扩大电流使用）　输出工作方式开关按钮置"独立"位置，即左右两个按钮都弹起时，分别调节两路输出电压为同一数值，主电源、辅电源的"＋"连在一起，主电源、辅电源的"－"连在一起。此时可得到一组输出电流为两路电流之和的输出直流稳压电源。

（4）串联工作方式　输出工作方式开关按钮置"串联"位置，即左右两个按钮都按下时，将主电源输出"－"端与辅助电源输出"＋"端短接，然后将负载接在主电源输出"＋"端与辅助电源输出"－"端上时，两路输出电压均可独立调节。输出电压值为两路输出值之和。

7.1.3　直流稳压电源使用注意事项

1）连接负载前应调节面板电流调节旋钮，使输出电流大于负载电流值，以有效保护负载。如果不预置，电位器应顺时针旋至最大。

2）电流调节旋钮调节在逆时针尽头时，无法调节电压值。

3）更换熔丝时，先断开电源，并用同类型、同规格的熔丝，不可随意代用其他规格熔丝或将熔丝管短接。

4）每次使用完毕后，应先将电压、电流旋钮调至最小值，再关上电源。

7.2　信号发生器

信号发生器是一种能提供正弦波、方波等信号电压和电流的电子仪器，一般作标准信号源使用。要求其输出信号频率准确度高、稳定性好（即在规定时间内频率的变化率低），它在生产、科研和教学实验中应用十分广泛，几乎所有的静态和动态电子测试过程都离不开它，在通信、电工电子领域尤为重要。

信号发生器的种类很多，依据不同的分类标准有不同的分类，如根据测量目的的不同，一般将信号发生器分为通用信号发生器和专用信号发生器两大类。通用信号发生器用于普通测量，具有一定的通用性，应用面比较宽；而专用信号发生器则用于某种特殊测量，如电视图像信号发生器、编码脉冲信号发生器等，应用面比较窄，是一种专门化的电子测量仪器。

通用信号发生器根据其输出波形不同，又可分为正弦波信号发生器和非正弦波信号发生器。正弦波信号发生器用于产生正弦波信号，是电子测量中应用最为广泛的一种信号源，如最常见的音频信号发生器。非正弦波信号发生器则用于产生非正弦波信号，如方波、三角波和锯齿波等。函数信号发生器、脉冲信号发生器、噪声发生器等都属于非正弦波信号发生器。下面以 HH—1630 型函数信号发生器为例，介绍其工作原理、使用方法及注意事项。HH—1630 型函数信号发生器的特点是：能产生 0.2 ~2MHz 的正弦波、方波、三角波、脉冲波和锯齿波等五种不同波形的信号。信号的最大幅值可达 20V（峰-峰值），脉冲占空系数由10% ~90% 连续可调。

7.2.1　函数信号发生器的工作原理

函数信号发生器是用恒流源充放电的原理来产生三角波，同时产生方波。改变充放电电流值，就可以得到不同频率的信号。当充电与放电电流值不相等时，原先的三角波可变成各种斜率的锯齿波，同时方波就变成各种占空系数的脉冲。此外，将三角波通过波形变换电路，就可产生正弦波。最后将正弦波、三角波（锯齿波）、方波（脉冲）经函数转换开关选择，由放大器放大后输出，其工作原理框图如图7-3所示。

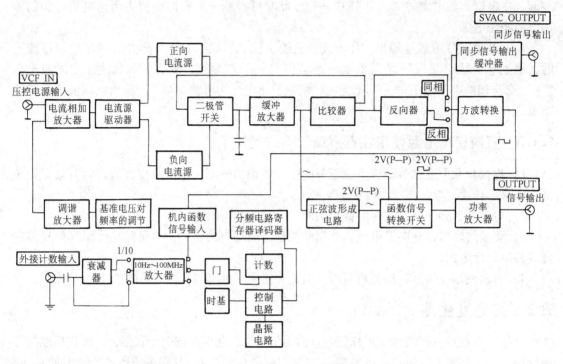

图7-3　HH—1630型函数信号发生器工作原理框图

7.2.2　函数信号发生器的使用方法

HH—1630型函数信号发生器面板如图7-4所示。

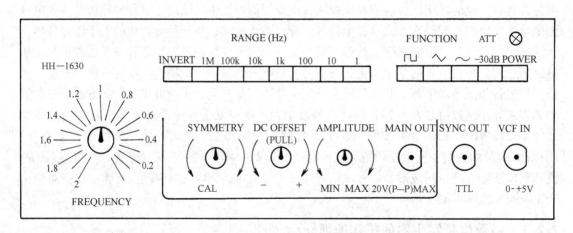

图7-4　HH—1630型函数信号发生器面板图

1. 面板功能

［POWER］电源开关：函数信号发生器的电源开关，按下时电源接通。

　　[⊗] 指示灯：电源接通，指示灯亮。

　　[FUNCTION] 函数选择开关：由三个互锁的按键开关组成，用来选择输出波形。如正弦波、方波、三角波等。

　　[RANGE] 频率档位：由 7 个按键组成的一组按键开关，用来选择信号的频率档位。7 档频率档位为：1Hz、10Hz、100Hz、1kHz、10kHz、100kHz、1MHz。

　　[INVERT] 反向控制器：当按键弹出时，输出脉冲信号不反向，按入时，输出信号反向。

　　[FREQUENCY] 频率调节旋钮：一个带有刻度盘指示的可调电位器，可以调节信号的输出频率，其最大读数为 2.0 × 频率档位，最小读数为 0.2 × 频率档位。

　　[ATT] 衰减器：按键弹出时，输出信号不衰减，当按入时，输出信号衰减 30dB。

　　[DC OFFSET] 直流偏置旋钮：当该旋钮被拉出时，可有一个直流偏置电压被加到输出信号上，该直流偏置电压可在 −10 ~ +10V 之间变化。当该旋钮被推入时，输出信号上没有加上直流偏置电压。

　　[AMPLITUDE] 信号幅值旋钮：可控制输出信号幅值的大小，顺时针方向旋转到底输出信号幅值为最大。

　　[SYMMETRY] 校准旋钮（锯齿波/脉冲波）：该控制器用来调整方波或三角波的占空系数，当控制器置于校准位置"CAL"时（反时针旋转到底），占空系数约为 50% ，输出的为方波、正弦波、三角波，其刻度盘指示的频率为有效。当置于非校准位置时，可以连续调节脉冲的占空系数，其变化为从 10% ~ 90% 。

　　[MAIN OUT] 输出插孔：可输出正弦波、方波、三角波、脉冲波、锯齿波信号。

　　[SYNC OUT]（TTL）同步输出端：该连接器提供了一个与 TTL 电平兼容的同步输出信号，该信号不受函数选择开关 FUNCTION 与幅值控制器 AMPLITUDE 的影响。同步输出信号的频率与该仪器输出信号的频率相同。

　　[VCF IN] 直流电压输入端：当一个外部直流电压 0 ~ +5V 由 VCF 输入时，函数发生器的信号频率变化为 100:1。

2. 使用方法

　　1）使用时打开电源开关 [POWER]，指示灯亮，待预热 0.5h 后，仪器就能稳定工作。但一般实验可预热 5min，即可得到较稳定的信号。

　　2）根据波形需求，按入函数选择开关 [FUNCTION] 中的波形按键，如需要输出锯齿波或脉冲，还应设置校准（锯齿波/脉冲波）[SYMMETRY] 旋钮于非校准位置，并调节该控制器以得到所要的占空系数。

　　3）设置频率范围 [RANGE] 于所要的档位，然后调节刻度盘读数，直至与你所需要的信号频率相同为止（频率读数在校准置于"CAL"位置时才有效）。

　　4）调节信号幅值旋钮 [AMPLITUDE] 到所需要的信号幅值，若需要小信号时则可按入衰减器 [ATT] 按键。

　　5）调节直流偏置旋钮 [DC OFFSET] 于所需要的直流电平。

　　6）若需要 TTL 电平的兼容信号，则可使用同步输出端 [SYNC OUT] 得到与输出信号频率相同的同步输出信号。

　　7）按入反向控制 [INVERT] 按键，可得到相移为 180° 的反向脉冲。

8）在直流电压输入端［VCF IN］输入一个外加的固定直流电压 0 ~ +5V 时，对应的信号频率变化为 100∶1。

7.2.3 函数信号发生器使用注意事项

1）要在温度为 10 ~ 40℃，湿度 ≤90% 的环境中使用。

2）在无强烈的电磁场干扰的情况下使用。

3）对输出端［MAIN OUT］、同步信号输出端［SYNC OUT］、直流电压输入端［VCF IN］，不应馈入大于 10V（AC + DC）的电平，否则会损坏仪器。

4）在使用中，输出端的两根引线不可任意放置，以防短接而造成仪器损坏。为防止外界干扰，应尽可能采用屏蔽线。

7.3 示波器

示波器是一种能够显示电信号瞬时值及信号波形（图像）的电子测量仪器。利用它的图像显示功能，可以方便地测量出信号的幅值、频率、相位、脉宽等参数，并根据屏幕上显示的信号波形，可以观察该信号随时间的变化规律，以便对信号的产生与传输系统进行更深入的研究。

目前，示波器作为一种直观、通用、精密的测量工具，已经在科学研究、实验、工业生产、通信等领域获得广泛的应用。

若要使示波器充分发挥其优良的性能，还必须对示波器的工作原理、正确使用方法、性能、用途有相当的了解，这样使用起来才能得心应手。

7.3.1 示波器的组成与波形显示原理

1. 基本组成

示波器通常由示波管、垂直放大电路、水平放大电路、时基（扫描）电路以及高低压电源等电路组成，其简单的结构图如图 7-5 所示。

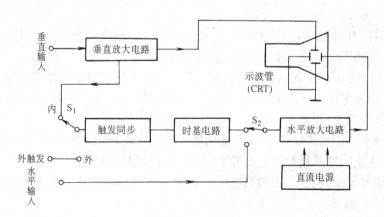

图 7-5　示波器结构图

2. 各部分功能

（1）示波管　是示波器的核心部分，用来显示被测信号波形。目前绝大多数示波管都采用阴极射线管（简称为 CRT 管）作为示波器的显示器件。

（2）垂直放大电路　用于放大微弱的被测信号，使之达到一定的电平后，驱动电子束在示波管内作垂直偏转。

（3）时基（扫描）电路　用来产生时基信号，该信号一般为一个随时间成线性变化的锯齿波电压，这个电压经水平放大电路放大后加到示波管的水平偏转板上，使电子束产生水平扫描。

（4）触发同步电路　用来使锯齿波扫描电压与被测信号或外加触发信号同步，使示波管上显示出一个稳定的波形，以便观察和测量。

（5）电源　给示波器各电路提供各档稳定的直流电压。

7.3.2　双踪示波器的基本特性

本节选用通用性较强的日立 V—212 型双踪示波器为例，介绍其主要特性。

1. 日立 V—212 型双踪示波器整机框图

日立 V—212 型双踪示波器组成框图如图 7-6 所示。

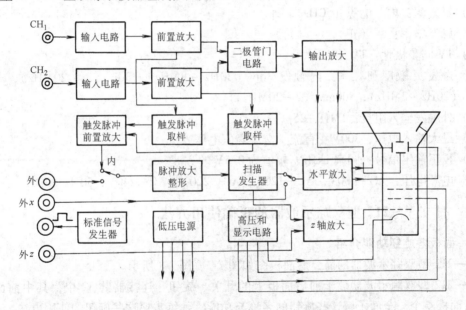

图 7-6　日立 V—212 型双踪示波器组成框图

2. 日立 V—212 型双踪示波器特性

V—212 型双踪示波器是一种可携带式的双踪示波器，它不但工作稳定可靠、操作方便、整机结构合理，而且还具有以下一些特性：

（1）示波管特性

1）采用 6in 方形阴极射线示波管。

2）磷光质：P31 型黄—绿区标准荧光粉。

3）屏幕刻度：$8 \times 10\mathrm{div}$（每 div 10mm）内刻度线。

4）加速阳极电压：约 2kV。

5）聚焦、亮度、光迹均可调节校正。

（2）垂直系统特性

1）频宽（垂直）和上升时间：DC—20MHz；17.5ns。

2）偏转灵敏度：5mV/div～5V/div，加放大后至1mV/div。

3）显示方式：单踪显示（CH_1 或 CH_2）；双踪显示，交替扫描用于高频，断续扫描用于低频；单踪显示 CH_1 和 CH_2 的叠加波形。

4）输入阻抗：1MΩ，25pF（直接输入）。

5）最大输入电压：300V（直流电压＋交流峰值电压或500V峰—峰值交流电压，$f \leqslant$ 1kHz）。

6）输入耦合方式：AC·GND（地）·DC。

（3）水平系统特性

1）扫描速度（时基）：0.2μs/div～0.2s/div，可扩展至100ns/div。

2）频宽（水平）：DC—500kHz。

（4）触发系统特性

1）触发方式：正常（等待）、自动（连续）、TV（电视行或帧）。

2）触发源：内、电源（50Hz）、外。

3）触发斜率：＋（正），－（负）。

4）TV同步极性：TV（－）。

5）触发灵敏度和频率：内触发2div（20Hz～2MHz），3div（2～20MHz），外触发200mV（20Hz～2MHz），800mV（2～20MHz）。

6）外触发输入阻抗：1MΩ，25pF。

7）最大输入电压：300V（直流＋交流峰值电压）。

8）校正输出信号：频率1kHz、幅值为0.5V的方波。

9）电源电压：AC—100V，AC—120V，AC—220V，AC—240V，50Hz/60Hz。

7.3.3 日立 V—212 型双踪示波器的正确使用方法

1. 面板各旋钮功能介绍

V—212型双踪示波器的前、后面板图如图7-7、图7-8所示。

V—212型双踪示波器位于前后面板上的开关、旋钮、连接器共32个，其中前面板28个，后面板4个。全面了解这些旋钮的名称与功能，熟练掌握这些旋钮的使用方法，是灵活使用示波器的关键。为了便于学习和记忆，一般将这32个旋钮和插孔归纳成三个大系统。现对应图7-7和图7-8中各个旋钮及开关的编号进行介绍。

（1）电源和示波管系统　此系统共包含7个控制功能开关或旋钮。

①——［POWER］电源开关。

②——电源指示灯。

③——［FOCUS］聚焦调节。此旋钮调节应与亮度调节钮⑤共同配合，才能获得最佳的效果。方法是先调节⑤，使荧光屏上显示适当亮度的光迹，而后再反复调节③，使其光迹（或时间基线）越细越好，这样可以减小测试误差。

④——［TRACE ROTATION］踪迹旋转控制旋钮。利用此旋钮，可调节示波器荧光屏上的光迹，使其与水平标尺刻度线一致。

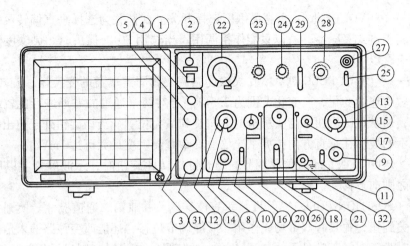

图 7-7　V—212 型双踪示波器前面板图

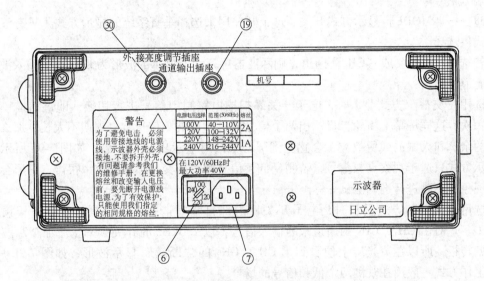

图 7-8　V—212 型双踪示波器后面板图

⑤——［INTENSITY］亮度控制。顺时针旋转使光迹亮度增加，反之变暗。

⑥——［VOLTAGE SELECTOR］电源电压选择开关。

⑦——交流电源插座。

（2）垂直偏转系统

⑧——［CH_1 INPUT］第一通道输入插座。当示波器工作于显示波形时，此插座作为第一路垂直信号用。若示波器工作于显示图形（李沙育图）方式（$x \sim y$），则该插座输入为水平（x 轴）信号。

⑨——［CH_2 INPUT］第二通道输入插座。不论示波器工作方式如何，其输入始终作垂直控制信号（第二路）用。

⑩、⑪——［AC—GND—DC］输入耦合方式（选择）开关。AC 与 DC 分别表示信号输入采用交流耦合与直流耦合方式，［GND］表示输入端接地。

⑫、⑬——[VOLTS/div] 垂直灵敏度选择开关。此开关为选择垂直偏转灵敏度用，由于它的结构属步进式衰减器，所以只能作粗调用。当选用 10∶1 探头时，灵敏度选择开关所指示的读数应乘以 10。

⑭、⑮——[VAR PULL×GAIN] 灵敏度微调及其固定增益的变换钮。旋转这个旋钮，可使垂直灵敏度连续变化，其变化范围为 2.5∶1。当对两个通道的波形进行比较或者测量方波的前沿时，通常将该旋钮按箭头所指的方向旋到最大位置。当该旋钮处于拉出位置时，示波器上所显示的波形在垂直方向扩展了 5 倍。其垂直灵敏度最大可达 1mV/格。

⑯——[POSITION] 垂直位移调节。顺时针旋转此旋钮时，示波屏幕上以所显的波形向上移，反之则向下移动。

⑰——[POSITION PULL INVERT] 垂直位移调节并兼第二通道极性转换开关。它是一个按拉式开关旋钮，并具有双重功能作用。既能调节位移，还能改变该路输入信号的显示极性。即按下时为常态，正常显示第二通道输入的信号；拉出时，则显示倒相（反向）的二通道输入信号。

⑱——[MODE] 显示方式开关。这个开关用来选择垂直系统的显示方式，只有五种显示方式供选择。

若选用 "CH₁" 或 "CH₂" 通道，则示波器屏幕上所显示的波形为 CH_1 通道输入波形或 CH_2 通道波形。

选用 "交替" 方式显示时，电子开关靠扫描电路闸门信号进行切换，即每扫描一次便转换一次，这样屏幕上将轮流显示出两个信号波形。若被测信号重复周期不太长，那么利用屏幕的余辉和人眼的残留效应，会感觉到屏幕上同时显示出两个波形，如图 7-9a 所示。这种显示方式只适于观察高频信号，若测量低频信号则由于交替显示的速率很慢，图形会出现闪烁现象，不易进行准确测试。

选用 "断续" 方式显示时，电子开关靠内部自激间谐振荡器控制，开关信号频率为 250kHz。这时由 CH_1，CH_2 两通道来的输入信号，以 250kHz 的开关频率轮流加至示波管的垂直偏转板，所以在荧光屏上便看到了 CH_1、CH_2 的 "断续" 显示波形，如图 7-9b 所示。这种工作方式一般用在观测两个低频信号的场合。

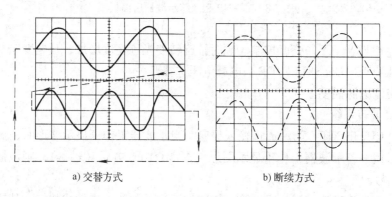

a) 交替方式　　　　　　　　　　　　b) 断续方式

图 7-9　示波器双踪显示

当选择 "ADD" 方式时，屏幕上所显示的波形是 CH_1 通道和 CH_2 通道输入信号相加或相减（CH_2 通道极性开关为负极性时）的波形。

⑲——［CH₁ OUTPUT］CH₁通道信号输出插座。

⑳、㉑——［DC BAL］平衡调节。属半调整器件。正常使用时无需调节，如需调节时，首先将输入耦合调至［GND］位置，然后调节该旋钮可使灵敏度开关在（5～10mV/div）不同档位时，使零电平基线在垂直轴方向上位置变化最小。

（3）水平偏转系统　此系统由 11 个控制开关及旋钮组成，它主要完成示波器的触发、扫描和校正等功能。

㉒——［TIME/div］扫描速度选择开关。可选扫描时间范围为 0.2μs/div～0.2s/div，但不是连续调节，而是按档位的顺序分 19 步进行时间选取。除此之外它还兼有示波器显示图像类型的控制功能，即当位于第 20 步时，它显示的图形为任意二变量 x 与 y 的关系（x—y）。

㉓——［SWP VAR］扫描速度微调。利用此旋钮可在扫描速度粗调的基础上连续的调节。微调旋钮按顺时针方向转至满度为校正（CAL）位置，此时的扫描速度值就是粗调旋钮所在档的标称值（如 0.5μs/div），若是反时针方向旋转至底，其粗调扫描速度可最大变化 2.5 倍。（例：2.5×0.5μs/div ＝1.25μs/div）。

㉔——［POSITION PULL×10MAG］水平位移及扫描扩展开关。此调节机构将旋钮和按拉开关的作用融为一体。按拉开关处于按下位置时为常态。转动此旋钮，可使屏幕上显示的波形沿水平方向左右移动。

当开关拉出时（拉×10），荧光屏上的波形在水平方向扩展 10 倍，此时的扫描速度增大 10 倍，即扫描时间是指示值的 1/10，如图 7-10 所示。

㉕——［SOURCE］触发源选择开关。

开关置于"INT"（内）时，触发信号取自垂直通道（CH₁ 或 CH₂）；置于"LINE"（电源）时，触发信号取自 50Hz 交流电源；置于"EXT"（外）时，触发信号直接由外触发同轴插座端输入。后两种触发情况，都要求它们分别与被显示信号在频率上应有整数倍的关系（同步）。

㉖——［INT TRIG］内触发源选择开关。

开关置于"CH₁"时，触发信号取自第一通道，此时示波器屏幕上显示出稳定的 CH₁ 通道输入信号波形。

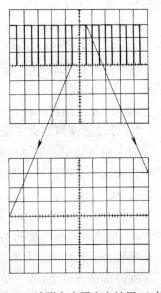

图 7-10　波形在水平方向扩展 10 倍

开关置于"CH₂"时，则信号取自第二通道，屏幕上显示出稳定的 CH₂ 输入的信号波形。

开关置于"VERT MODE"（交替触发）时，触发信号交替的取自 CH₁ 和 CH₂ 通道。此时荧光屏上同时显示出稳定的两个通道信号波形。

㉗——［TRIG IN］外触发输入同轴插座。

㉘——［LEVEL PULL（－）SLOPE］触发极性选择兼触发电平调节开关。此操作部分的结构具有开关兼旋钮的作用。其中开关属于按拉式开关，由二者共同完成确定触发信号波形的触发点（即显示波形起始点的扫描位置）。具体调节方法如下。

极性选择：

开关拉出时，用负（－）极性触发，即用触发信号的下降沿触发。

开关按下时，用正（＋）极性触发，即用触发信号的上升沿触发。

电平选择：

极性选择仅能确定触发的方向，而触发点的选定，要靠调节触发电平旋钮，使电路在合适的电平上启动扫描。上述调试过程可由图 7-11 说明。

㉙——［MODE］触发模式选择开关。扳键开关置"AUTO"（自动）时，扫描处于连续工作状态。有信号时，在触发电平调节和扫描速度开关的控制下，荧光屏上显示稳定的信号波形。若无信号，荧光屏上便显示时间基线。

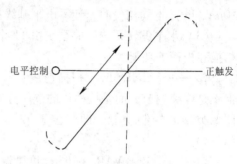

图 7-11　触发电平和极性选择示意图

开关置"NORM"（常态）时，扫描处于触发状态。有信号时，波形的稳定显示靠调节触发电平旋钮和扫描速度开关来保证；若无信号，荧光屏上不显示时间基线（此时扫描电路处于等待工作状态）。此方式对被测频率低于 25Hz 的信号，观测更为有效。

开关置 TV—V 或 TV—H 时，可用于观察复杂的电视信号波形和图像信号。

㉚——［EXT BLANKING INPUT］用于亮度调制的外接同轴插座。

㉛——［CAL 0.5V］校准信号接头。从接头输出频率为 1kHz、峰-峰值为 0.5V 的方波信号，用于示波器的校正。

㉜——示波器接地端。

2. 示波器使用注意事项

对于初次使用者来说，除了应了解示波器面板上的各旋钮、按键和连接器的功能外，还需仔细阅读示波器使用说明书，以便在较短的时间内掌握其使用方法。

1）使用前，要详细检查旋钮、开关、电源线有无问题，清除仪器上的灰尘、杂物，拧紧松动了的开关和旋钮。电源线、传输线和附件如有断裂、损坏，应及时修理或更换。

2）使用时，亮度旋钮不宜开得过亮，不能使光点长期停留在荧光屏一处，因为高速的电子束轰击荧光屏时，只有少部分能量转化为光能，大部分则变成热能。所以不应当使亮点长时间停留在一点上，以免烧坏荧光粉而形成斑点。若暂不使用，可以将亮度调暗一些。

3）在送入被测信号电压时，输入电压幅值不能超过示波器允许的最大输入电压。应注意，一般示波器给定的允许最大输入电压值是峰—峰值，而不是有效值。

4）合理使用探头。由于示波器的输入阻抗就是被测电路的负载，因此当示波器接入被测电路时，就会对电路带来一定的影响，尤其是测量高速脉冲电路时，影响更甚。合理使用探头可以减小示波器输入阻抗对被测电路的影响。V—212 示波器选用了低电容探头，其外型、内部结构如图 7-12 所示。

该探头为 10：1 探头，图中的微调电容可用于调节信号高频特性的补偿量。使用时，以良好的方波电压通过探头加到示波器，若高频补偿良好，应显示图 7-13a 波形，若补偿不足或过补偿，则分别会出现图 7-13b、c 的波形。此时，可调节微调电容，直至调出不失真的方波为止。

5）示波器应避免冲击和震动，示波管的屏蔽罩一般采用坡莫合金制成，检修时切不可

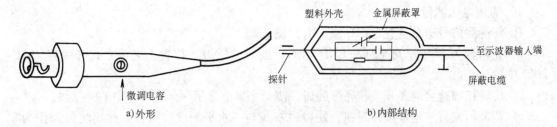

图 7-12　V—212 示波器探头

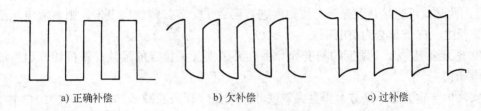

a) 正确补偿　　　　　　　　b) 欠补偿　　　　　　　　c) 过补偿

图 7-13　探头频率补偿情况

敲击和碰撞，以免影响屏蔽性能。对探头等附件，也不可摔打，以防将内部器件摔坏或性能改变。

6）示波器正常使用温度在 0~40℃。使用时不要将其他仪器或杂物盖在示波器的通风孔上，以免影响散热，造成仪器过热而损坏。

7）示波器使用时不要频繁地开关电源。一般在工作开始前打开示波器，工作结束后才关闭示波器。在工作中暂时不使用示波器时，只要将光迹亮度调小就可以了，而不要将示波器电源关掉。

8）注意不要用探头拖拉示波器。

9）注意安全。示波器的电源线应选用三芯插头线，示波器的机壳应良好接地，以免机壳带电，引发事故。

3．示波器基本使用方法

示波器的型号和种类很多，在此不必每种都介绍，因为示波器的基本使用原则是相同的。在掌握了某一种示波器面板上各机件的功能之后，也能使用好其他类型的示波器。即根据调节要求，识别并选中要调节的机件，正确调整就可以达到使用目的。至于某一种示波器的特殊功能，只要参阅其使用说明书，也可以很快地掌握它的特殊功能，一般示波器有如下基本使用原则。

改变显示波形垂直方向的大小：调节垂直灵敏度开关［VOLTS/div］。

调节波形的垂直位置：调节垂直位移［POSITION］旋钮用于移动 CH$_1$ 或 CH$_2$ 信号的波形。

调节波形在水平方向的个数：调节主扫描速度选择开关［TIME/div］。

如果波形左右移动，调整与触发有关的各种机件。下面介绍常用参数的具体测量方法。

（1）电压测量　利用电子示波器可以很方便地测量出电压值。实际上，电子示波器所做的任何测量，都是归结为对电压的测量。一般利用示波器可以对直流电压、正弦交流电压、非正弦交流电压以及脉冲电压进行准确的测量。

1）直流电压测量。

① 将待测信号送至垂直（CH_1 或 CH_2）输入端。

② 先将输入耦合开关（AC—GND—DC）扳至"GND"位置，显示方式开关置"AUTO"位置。

③ 旋转扫描速度选择开关和亮度旋钮，使荧光屏上显示一条亮度适中的时基线。

④ 调节示波器的垂直位移旋钮，使得时基线与一水平刻度线重合。此线的位置作为零电平参考基准线。

⑤ 然后，将输入耦合开关置于"DC"位置，垂直微调旋钮置"CAL"位置（顺时针旋到头），此时就可直接在荧光屏上按刻度进行读数了。若扫描线向上偏，则直流电压必为正电压，反之，向下偏必为负电压。

⑥ 根据扫描线上下跳变的刻度数和垂直灵敏度开关位置的读数，就可计算出所测得的直流电压值：

实际值＝垂直指示格数×垂直灵敏度开关旋钮×探头衰减倍数

例如：测一直流电压，荧光屏上显示的波形如图 7-14 所示。此时垂直灵敏度为 2V/div，则此直流电压的值为

$$U_{DC} = 2V \times 3 = 6V$$

若测试时使用了 10∶1 的探头，则输出电压读数增大了 10 倍，即

$$U_{DC} = 2V \times 3 \times 10 = 60V$$

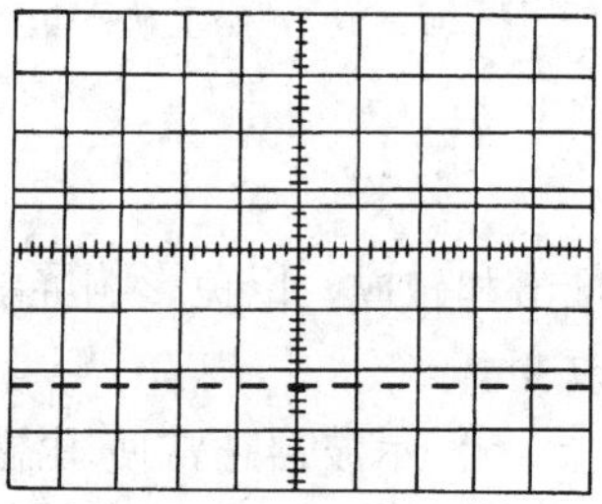

图 7-14　直流电压测量

2）交流电压测量。

用此方法可以方便地测出振荡电路、信号发生器或其他电子设备输出的交流电压值。交流电压包括正弦波、三角波、矩形波和方波等。交流信号的频率不得超出示波器频带宽度的上限。具体测量步骤如下：

① 将待测信号送至垂直输入端。

② 输入耦合开关置于"AC"位置。

③ 调整垂直灵敏度开关于适当位置，微调旋钮顺时针旋到头（校正位置）。**注意**：屏幕上所显示的波形最大不要超出垂直有效方格。

④ 分别调整水平扫描速度开关和触发同步系统的有关开关，使得荧光屏上能显示出一个周期以上、十几个周期以下能看清楚的稳定波形为止。

⑤ 被测量信号的电压便是波形在垂直方向上所偏移的刻度数乘以垂直灵敏度开关所指示的读数。这个电压的值为信号的峰-峰值。

例如：图 7-15 中，A 为正弦波，B 为三角波，灵敏度开关分别置于 2V/div、5V/div，则此二波形的电压峰-峰值为

"A"：
$$U_{P-P} = 2V \times 4 = 8V$$

"B"：
$$U_{P-P} = 5V \times 6 = 30V$$

一般正弦交流电压用有效值表示，即

$$U = \frac{U_{P-P}}{2\sqrt{2}}$$

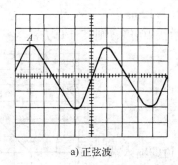 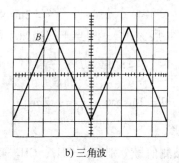

a) 正弦波   b) 三角波

图 7-15 交流电压测量

对于 A 波形，则 $U = \dfrac{8V}{2\sqrt{2}} \approx 2.828V$

三角波或其他非正弦波电压，仅能以 U_{P-P} 来表示。

若采用 10∶1 探头，则必须再乘以 10，各波形的电压分别为

"A"：

$$U_{P-P} = 2V \times 4 \times 10 = 80V$$

$$U = 80V \times \frac{1}{2\sqrt{2}} = 28.28V$$

"B"：

$$U_{P-P} = 5V \times 6 \times 10 = 300V$$

（2）电流测量　对于电路中直流电流或交流电流的测量，是用代换的方法间接进行的。首先必须将电流量变换为一成正比例的电压量，才能以示波器来观察。一般测试的方法是，在被测电路中串接一只精度高、阻值小而且是已知的无感电阻，而后利用示波器测量电压的方法，测出该电阻两端的电压有效值，再根据欧姆定律换算成实测电流值，即

$$I = \frac{U}{R}$$

式中，U 为被测电压有效值，R 为已知电阻值。

（3）时间测量　利用示波器可以测量一个信号的时间常数，如周期性信号的重复周期、脉冲信号的宽度、时间间隔、上升时间和下降时间、两个信号的时间差等。具体测试方法和步骤如下：

1）测时间间隔。

① 将被测信号经探头与示波器的垂直输入端相连接。

② 调节垂直灵敏度开关，使荧光屏上显示的波形幅值适当，注意不要过大，以免出现限幅失真现象。

③ 选择适当的扫描速度，并将扫描微调置"校正"位置，使被测信号的周期（或被测信号两点间的时间间隔）占有较多的格数。

④ 调整触发电平或触发模式选择开关，使荧光屏上显示出清晰、稳定的被测信号波形。

⑤ 记录被测两点间的距离 D（格数）。

⑥ 利用扫描速度开关的指示值（t/div）乘以被测点间的距离 D，求出时间间隔。即

$$T = t/\mathrm{div} \times D$$

例如，屏幕上显示的波形如图 7-16 所示，若选用扫描速度为 2ms/div，则时间间隔为

$$T = 2\text{ms} \times 6 = 12\text{ms}$$

如果使用"扩展×10",相当于扫描速度增快10倍,则其计算方法为

$$T = t/\text{div} \times D \times \frac{1}{10}$$

则

$$T = 2\text{ms} \times 6 \times \frac{1}{10} = 1.2\text{ms}$$

2）测时间差。

① 将两个被测信号分别接入 CH_1、CH_2 通道的输入端。

② 分别调整垂直灵敏度、扫描速度、触发选择、触发电平、垂直和水平位移等旋钮或开关,使荧光屏上显示出两路清晰、稳定、易测的信号波形。

③ 记录两信号前沿或后沿间的相隔距离 D。

④ 计算出两信号的时间差,如图7-17所示。即

$$T = t/\text{div} \times D$$

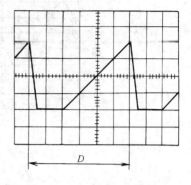

图 7-16 时间间隔的测量

3）脉冲上升、下降沿时间测量。

测量方法与以上所述方法相仿,只是应注意以下几点:

① 将扫描速度开关置于更快一些的档位,将前、后沿充分展开,以利于观测与读数。

② 应仔细调节灵敏度开关及垂直位移旋钮,使屏幕上所显示的波形能方便地确定波形幅值10%与90%的位置。

③ 根据脉冲前沿（后沿）的幅值从10% ~ 90%之间这段波形所占的格数和扫描速度开关所指示的值,计算出视在上升或下降沿时间,即

$$T_{ro} = t/\text{div} \times D$$

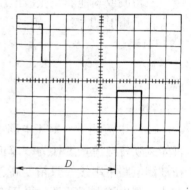

图 7-17 时间差的测量

测量波形如图7-18所示。

这里要注意,示波器所显示出的视在上升（下降）时间并不等于脉冲本身真正的上升（下降）时间。这是因为,示波器本身还有上升（下降）时间。对日立 V—212 示波器来说,本身的上升时间为7ns,因此需要将视在上升时间加以修正才能计算出脉冲的实际上升（下降）时间。计算方法如下

$$T_{rx} = \sqrt{T_{ro}^2 - T_{rs}^2}$$

式中,T_{ro}是视在上升时间;T_{rs}是示波器本身上升时间;T_{rx}是实际上升时间。

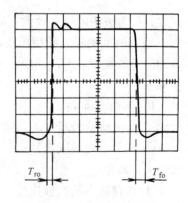

图 7-18 脉冲沿时间测量

4）脉冲宽度测量。

① 将示波器调至正常工作状态。

② 调节触发电平旋钮,使荧光屏上出现稳定的被测信号波形。

③ 适当调节灵敏度和扫描速度开关,使脉冲波形的幅值约占 2 ~ 4div,宽度约占 4 ~ 6div,如图7-19所示,此时,根据脉冲前沿及后沿的中心点的距离 D 即可求出脉冲宽度时

间 T，具体计算公式与时间测量相同，即

$$T = t/\mathrm{div} \times D$$

（4）频率测量　利用时间测量法确定频率首先按照测量时间间隔的方法，测量出信号的周期，而后由周期推算出信号的频率。其根据为：频率与周期成倒数关系，即

$$f = \frac{1}{T}$$

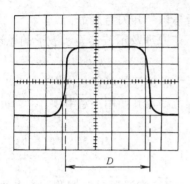

图 7-19　脉冲宽度测量

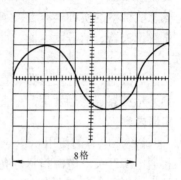

图 7-20　时间法测频率

例如：测量某正弦波电压的频率时，扫描速度开关指示值为 $1\mu s/\mathrm{div}$，荧光屏上一个周期波形的水平偏转距离为 $8\mathrm{div}$，如图 7-20 所示。

则该信号的周期为

$$T = 1 \times 8\mu s = 8\mu s$$

$$f = \frac{1}{T} = \frac{1}{8 \times 10^{-6}}\mathrm{Hz} = 125 \times 10^{3}\mathrm{Hz}$$

（5）相位测量　时差测量法，就是利用示波器双踪测量的功能，由两个输入端分别送入两个被测信号，通过荧光屏上所显示的两个信号波形，测量出两信号的时间差，然后按下式计算出相位差。

$$\varphi = \frac{360°}{T} \times \tau$$

式中，φ 是两信号的相位差；T 是信号 1 个周期所占有的格数；τ 是两信号的时间差，也以格数表示。

例如：当两被测信号在示波器上显示的波形如下图 7-21 所示，$\tau = 1$　$T = 5$，则两信号相位差为

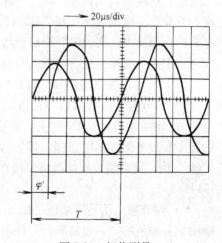

图 7-21　相位测量

$$\varphi = \frac{360°}{T}\tau = 360° \times \frac{1}{5} = 72°$$

7.4　实训　常用电子仪器的使用

1. 实训目的

1）掌握直流稳压电源的使用方法，会用多种工作模式选择。

2）掌握低频信号发生器的使用方法，会用其输出一定频率和幅值的信号，会调节信号

的频率和幅值的大小。

3）掌握示波器的使用方法，会用示波器观察信号波形，测试信号的幅值，测试信号周期或频率。

2. 实训材料与设备

实训电源台、示波器、信号发生器、直流稳压电源及相关器件等。

3. 实训前准备

1）熟悉实训室的实训电源台，了解其功能、面板标识、开关与显示。

2）了解示波器、信号发生器、直流稳压电源的工作原理及示波器显示波形的原理和扫描的方式。

3）熟悉示波器、信号发生器、直流稳压电源面板上各旋钮的名称、作用。

4）熟悉示波器、信号发生器、直流稳压电源量程范围及其使用注意事项。

4. 实训内容

（1）直流稳压电源的使用

1）接通电源开关，电源指示灯亮。

2）输出电压和电流都是连续可调的。电压、电流调节旋钮顺时针调节，输出的电压、电流由小变大；逆时针调节，输出的电压、电流由大变小。

3）将工作方式转换开关置于"独立"位置时，各路独立输出。

4）指示表头显示窗口将显示主电源和辅电源输出电压值和电流值。

5）将工作方式转换开关置于"跟踪"位置时，若主电源的正端输出与辅电源的正端输出相连，负端与负端相连，则为并联跟踪接法，可以输出较大的电流，调节主电源电压或电流调节旋钮，输出电压可在电压表上读出，电流为两路电流之和；若主电源的负端输出接辅电源的正端输出，则为串联跟踪接法，调节主电源电压或电流调节旋钮，辅电源的输出电压或电流跟随主电源变化，负载电流可由电流表读出，输出电压为两路电压之和。

（2）信号发生器的使用　打开信号发生器的电源开关预热 5min。

1）调节输出信号的频率：按下面板上的频率档位选择开关，配合调节频率调节刻度盘，可以输出 0.2~2MHz 的正弦信号、方波信号或者三角波信号。根据频率档位开关指示的频率和频率调节刻度盘指示的刻度，就可以读出输出信号频率的数值。例如频率档位在"10k"档，频率调节刻度盘旋钮指在 1.2 的位置上，则输出信号的频率为 $10000Hz \times 1.2 = 12kHz$。

2）调节输出信号的幅值：面板下方有一个信号幅值旋钮和衰减器开关，都是用于调节输出信号幅值的。一般旋转信号幅值旋钮或按下衰减器开关，就可以调节输出信号的幅值。衰减器开关没按下，不衰减输出信号；按下衰减器开关输出信号衰减 30dB。例如：当信号幅值旋钮置于最大位置，衰减器开关按下，则输出信号电压的峰-峰值大约为 0.7V。

（3）用示波器观察信号波形

1）接通示波器的电源预热 5min 左右。

2）将触发信号源选择开关置于"CH_1"。

3）调节"亮度"、"聚焦"等旋钮（调节亮度时，以看清扫描基线为准，一定不要将亮度调得过大），使屏幕上显示一条细而清晰的扫描基线。调节 x 轴和 y 轴位移旋钮，使基线居于屏幕中央。

4）将被测信号从 CH_1 输入端输入，其输入耦合方式开关置于"AC"。

5）调节 y 轴输入灵敏度选择开关及其微调旋钮，控制显示波形的高度。调节扫描速度选择开关及其微调旋钮，改变扫描电压周期使屏幕上显示的波形尽量稳定。读取信号的频率、周期和幅值。

（4）用万用表、示波器测量直流稳压电源的输出电压　接通直流稳压电源，调节其输出电压值，使电源上电压表的读数分别为 3V、6V、12V、15V 等，再用万用表的直流档（DCV 档）分别进行测量，并用示波器分别测出相应的电源输出电压值和波形，记入表 7-1 中。

表 7-1　直流电压的测量

直流稳压源输出电压/V	3	6	12	15
万用表 DCV 档测量值/V				
示波器测量值/V				
波形				

（5）用万用表、示波器测量信号发生器的输出信号　用信号发生器输出电压峰-峰值为 1V 频率为 2kHz 的正弦波和电压峰-峰值为 100mV 频率为 1kHz 的正弦波，分别用万用表、示波器测量信号发生器的输出电压，并用示波器观察信号波形，填入表 7-2 中。

表 7-2　信号发生器输出信号测量

信号发生器输出电压	峰-峰值 1V、2kHz	峰-峰值为 100mV、1kHz
万用表 ACV 档测量值/V		
示波器测量值/V		
波形		

5．思考题

（1）低频信号发生器的用途是什么？使用中应注意哪些事项？

（2）开机后，若示波器屏幕上不出现光点，可能是哪几方面的原因？

（3）自动扫描和触发扫描各有何特点？选用触发扫描方式时，在 y 轴尚未输入信号期间，示波器显示屏上是否会出现扫描线？

（4）示波器 y 轴输入端的"AC、⊥、DC"端的选择开关有何作用？如何选择"AC"档、"DC"档和"⊥"档？

（5）为提高示波器测量电压的精度，在测试过程中应注意什么问题？

（6）简述用示波器测量低频信号发生器发出的 1kHz，1V 信号（要求在示波器屏幕上显示信号的两个周期）时，示波器和低频信号发生器的调节步骤、方法（包括仪器面板上各旋钮的位置）。

第8章 常用电子元器件

内容提要： 本章主要介绍常用电子元器件的类别、型号、规格和性能。通过实训能够正确识别和选用电子元器件，学会查阅电子元器件手册和熟练使用万用表对电子元器件进行判别检验。

随着科学技术的进步，许多电工产品或多或少是由一些电子元器件组成。熟悉常用电子元器件的类别、型号、规格、性能及其使用范围，能查阅电子元器件手册，合理选用元器件并能进行好坏判别，对电工作业人员极为重要。本章将对电力电子中常用的电子元器件进行介绍。

8.1 电阻器

8.1.1 电阻器的作用及单位

电阻器是"阻碍"电流流通的一种元件，其作用大致有：降低电压、分配电压、限制电流、分配电流、与电容配合作滤波器及阻抗匹配等，是电子设备中应用最广泛的元件之一。

电阻器简称"电阻"，用字母"R"表示。电阻的度量单位是欧姆，用字母"Ω"表示。规定电阻两端加 1V 电压，通过它的电流为 1A 时，该电阻的阻值为 1Ω。实际应用中还有千欧（用"kΩ"表示）和兆欧（用"MΩ"表示），它们之间的换算关系是：

$$1M\Omega = 10^3 k\Omega = 10^6 \Omega$$

$$或\ 1\Omega = 10^{-3} k\Omega = 10^{-6} M\Omega$$

8.1.2 电阻器的种类

电阻器按结构可分为固定电阻和可变电阻；按材料和使用性质可分为膜式、线绕式、热敏电阻、压敏电阻；按伏安关系可分为线性电阻和非线性电阻等。

电阻器的图形符号如图 8-1 所示。

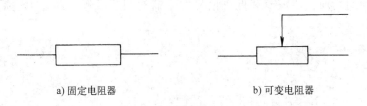

a) 固定电阻器　　　　　　　　b) 可变电阻器

图 8-1　电阻器的图形符号

1. 固定电阻器

电阻值不可调整的电阻器称为固定电阻器。常用的固定电阻器有以下几种：

（1）碳膜电阻器（RT 型）　碳膜电阻器是以陶瓷管作骨架，在真空和高温下，沉积一层碳膜作导电膜，瓷管两端装有金属帽盖和引线，一般涂有橙色或绿色保护漆。碳膜电阻器的特点是：噪声低、稳定性好、价格便宜、阻值范围宽（$1\Omega \sim 10M\Omega$），适用于高频电路。

（2）金属膜电阻器（RJ 型）　金属膜电阻器用真空蒸发法或烧结法在陶瓷骨架上覆一层金属膜。它各方面性能均优于碳膜电阻器，体积远小于同功率的碳膜电阻器。它广泛应用在稳定性及可靠性要求较高的电路中。

（3）金属氧化膜电阻器（RY 型）　金属氧化膜电阻器的结构与金属膜电阻器相似，不同的是导电膜为一层氧化锡薄膜，其特点是功率大、过载能力强、性能可靠。

（4）实心碳质电阻器（RS 型）　该电阻器是用石墨粉作导电材料，用粘土和石棉作填充剂，另加有机黏合剂经加热压制而成。其优点是过负荷能力强、可靠性较高。缺点是噪声大、精度差、分布电容和分布电感大，不适用于要求较高的电路。

（5）线绕电阻器（RX 型）　线绕电阻器是用金属电阻丝绕制在由陶瓷或其他绝缘材料制成的骨架上，表面涂以保护漆或玻璃釉制作而成。线绕电阻器的优点是阻值精确（电阻值在 $0.1\Omega \sim 5M\Omega$ 间）、功率范围大、噪声小、耐热性能好、工作稳定可靠，主要用于精密和大功率场合。它的缺点是体积较大、高频性能差、时间常数大、自身电感较大，不适用于高频电路。

2. 电位器

电位器（可变电阻器）是指其阻值可在一定范围内连续调节的电阻器，一般是通过电刷在电阻体上滑动而获得变化的电阻值。电位器的分类有以下几种：

按电阻体材料分，可分为薄膜（非线绕）电位器和线绕电位器；按结构分，可分为有单圈、多圈、单联、双联和多联电位器；按有无开关分，可分为带开关和不带开关电位器，开关形式有旋转式、推拉式和按键式等；按调节活动机构的运动方式分，可分为旋转式电位器和直滑式电位器。旋转式电位器调节时，电刷在电阻体上作旋转运动，如多数的微调和半可调电位器、普通单圈和多圈电位器等都属于这类。直滑式电位器的电阻体为板条形，通过滑柄作直线运动使电阻值发生变化；按用途分，可分为普通电位器、精密电位器、功率电位器、微调电位器和专用电位器；按输出特性分，可分为线性电位器和非线性电位器。

3. 感应电阻器

这类电阻器的电阻值对光、温度和机械力等物理量表现敏感，如光敏、热敏、压敏、气敏电阻器等。它们几乎都是用半导体材料做成的，因此这类电阻器也叫做半导体电阻器。

常用电阻器的外形如图 8-2 所示。

8.1.3　电阻器的型号

电阻器的型号由四部分组成，如表 8-1 所示。

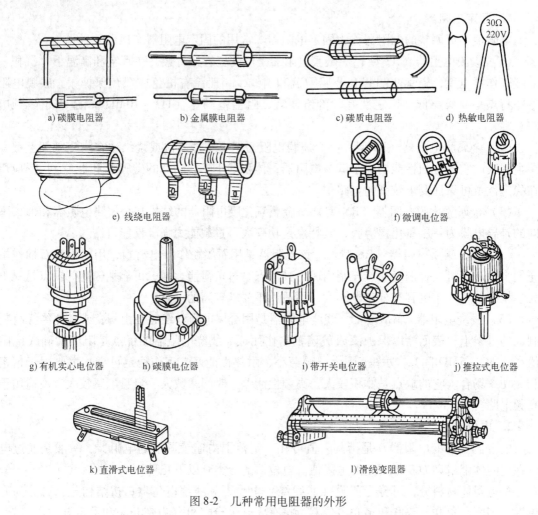

a) 碳膜电阻器　　b) 金属膜电阻器　　c) 碳质电阻器　　d) 热敏电阻器

e) 线绕电阻器　　　　　　f) 微调电位器

g) 有机实心电位器　　h) 碳膜电位器　　i) 带开关电位器　　j) 推拉式电位器

k) 直滑式电位器　　　　　l) 滑线变阻器

图 8-2　几种常用电阻器的外形

表 8-1　电阻器的型号

第一部分		第二部分		第三部分		第四部分
主称		材料		特征		序号
符号	意义	符号	意义	符号	意义	对主称、材料特征相同,仅尺寸、性能指标略有差别,但基本上不影响互换的产品给同一序号。否则在序号后面用大写字母作为区别代号予以区别
R	电阻器	T	碳膜	1.2	普通	
W	电位器	P	硼碳膜	3	超高频	
		U	硅碳膜	4	高阻	
		C	沉积膜	5	高温	
		H	合成膜	7	精密	
		I	玻璃釉膜	8	电阻器—高压	
		J	金属膜		电位器—特殊函数	
		Y	氧化膜	9	特殊	
		S	有机实心	G	高功率	
		N	无机实心	T	可调	
		X	线绕	X	小型	
		R	热敏	L	测量用	
		G	光敏	W	微调	
		M	压敏	D	多圈	

电阻器型号组成的含义：

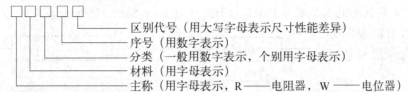

区别代号（用大写字母表示尺寸性能差异）
序号（用数字表示）
分类（一般用数字表示，个别用字母表示）
材料（用字母表示）
主称（用字母表示，R——电阻器，W——电位器）

例如，精密金属膜电阻器：RJ71—0.25—2KI。

第一部分，主称：电阻　　　　额定功率：0.25W

第二部分，材料：金属膜　　　标称阻值：2kΩ

第三部分，分类：精密　　　　允许误差：I 级 ±5%

第四部分，序号：1

8.1.4 电阻器和电位器的主要参数

1. 电阻器的主要参数

（1）额定功率　是指在规定的湿度和环境温度，假设周围空气不流通，在长期连续工作而不损坏或基本不改变电阻器性能的情况下，电阻器上允许消耗的最大功率。功率的单位为瓦（用 W 表示）。一般选用额定功率要有余量（大 1~2 倍）。常用电阻器的额定功率系列如表 8-2 所示。在电路图中电阻器额定功率的符号表示如图 8-3 所示。

表 8-2　常用电阻器额定功率系列　　　　　　　　　　（单位：W）

种类	电阻器额定功率系列
线绕	0.05、0.125、0.25、0.5、1、2、4、8、10、16、25、40、50、75、100、150、250、500
非线绕	0.05、0.125、0.25、0.5、1、2、5、10、25、50、100

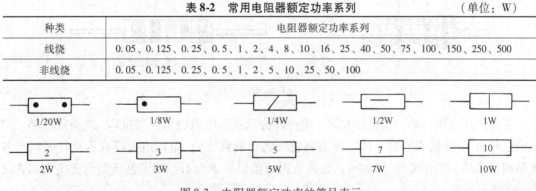

图 8-3　电阻器额定功率的符号表示

（2）标称阻值及允许误差　标在电阻器上的电阻值简称标称值。电阻器的实际值对于标称阻值的最大允许偏差范围称为电阻器的允许误差，它表示产品的精度。标称值单位用欧姆（Ω）、千欧（kΩ）、兆欧（MΩ）表示。通用电阻的标称值系列和允许误差等级如表 8-3 所示，任何电阻器的标称值都应符合表 8-3 所列数值乘以 $10^n\Omega$，其中 n 为整数。精密电阻的误差等级有 ±0.05%、±0.2%、±0.5%、±1%、±2% 等。

表 8-3　通用电阻的标称值系列和允许误差等级

系列	允许误差等级	电阻的标称值系列
E_{24}	I 级 ±5%	1.0、1.1、1.2、1.3、1.5、1.6、1.8、2.0、2.2、2.4、2.7、3.0、3.3、3.6、3.9、4.3、5.1、5.6、6.2、6.8、7.5、8.2、9.1
E_{12}	II 级 ±10%	1.0、1.2、1.5、1.8、2.2、2.7、3.3、3.9、4.7、5.6、6.8、8.2
E_6	III 级 ±20%	1.0、1.5、2.2、3.3、4.7、6.8

使用时，将表中的数值乘以 10、100、1000、……，一直到 10^n（n 为整数）就可成为这一阻值系列。如 E24 系列中的 1.5 就有 1.5Ω、15Ω、150Ω、$1.5k\Omega$、$150k\Omega$ 等。

电阻器的标称阻值的表示方法有直标法、文字符号法和色标法三种：

1）直标法是将电阻器的数值与阻值误差直接打印在电阻器上，如图 8-4 所示。

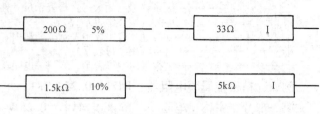

图 8-4　标称阻值的直标法和文字符号法

2）文字符号法是将文字、数字有规律地组合起来表示电阻器的阻值与允许误差。标志符号规定为：欧姆用 Ω 表示；千欧用 $k\Omega$ 表示；兆欧（$10^6\Omega$）用 $M\Omega$ 表示；吉欧（$10^9\Omega$）用 $G\Omega$ 表示；太欧（$10^{12}\Omega$）用 $T\Omega$ 表示。

3）色标法（又称色环表示法）是用不同颜色的色环来表示电阻器的阻值及误差等。色环电阻的色标由左向右排列，由密的一端读起，普通色环电阻有四道色环，精密电阻有五道色环，如图 8-5 所示。

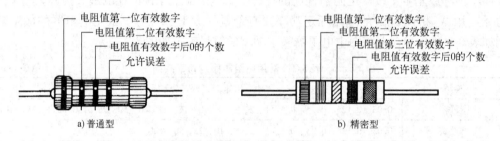

图 8-5　标称阻值的色标法

普通色环电阻的第一道色环和第二道色环分别表示电阻的第一位和第二位有效数字，第三道色环表示 10 的乘方数（10^n，n 为颜色所表示的数字），第四道色环表示允许误差（若无第四道色环，则误差为 ±20%）。色环电阻的单位一律为 Ω。四道色环颜色所代表的含义如表 8-4 所示。

表 8-4　四道色环颜色所代表的含义

颜色	第一道色环第一位数	第二道色环第二位数	第三道色环倍数	第四道色环误差
黑	0	0	10^0	
棕	1	1	10^1	
红	2	2	10^2	
橙	3	3	10^3	
黄	4	4	10^4	
绿	5	5	10^5	
蓝	6	6	10^6	
紫	7	7	10^7	
灰	8	8	10^8	

（续）

颜色	第一道色环第一位数	第二道色环第二位数	第三道色环倍数	第四道色环误差
白	9	9	10^9	
金			10^{-1}	$\pm5\%$
银			10^{-2}	$\pm10\%$
无色				$\pm20\%$

精密电阻器一般用五道色环标注，前三道色环表示三位有效数字，第四道色环表示 10^n（n 为颜色所代表的数字），第五道色环表示阻值的允许误差。五道色环颜色所代表的含义如表 8-5 所示。采用色环标志的电阻器颜色醒目，标志清晰，不易褪色，从不同的角度都能看清阻值和允许误差。色标法目前在国际上广泛采用。

表 8-5　五道色环颜色所代表的含义

颜色	第一道色环第一位数	第二道色环第二位数	第三道色环第三位数	第四道色环倍数	第五道色环误差
黑	0	0	0	10^0	
棕	1	1	1	10^1	$\pm1\%$
红	2	2	2	10^2	$\pm2\%$
橙	3	3	3	10^3	
黄	4	4	4	10^4	
绿	5	5	5	10^5	$\pm0.5\%$
蓝	6	6	6	10^6	$\pm0.25\%$
紫	7	7	7	10^7	$\pm0.1\%$
灰	8	8	8	10^8	
白	9	9	9	10^9	
金				10^{-1}	
银				10^{-2}	

（3）最高工作电压　指电阻器长期工作不发生过热或电击穿损坏的工作电压限度。

2. 电位器的主要参数

电位器的阻值可以从零连续变到标称阻值，它有三个引出接头，两端接头的阻值就是标称阻值。中间接头可在轴上移动，使其与两端接头间的阻值改变。电位器的型号、标称阻值、额定功率等都印在电位器外壳上。

标称值读数，第一、第二位数值表示电阻的第一和第二位，第三位表示倍数 10^n。

例如："204" 表示 $20 \times 10^4\ \Omega = 200\text{k}\Omega$。"105" 表示 $10 \times 10^5\ \Omega = 1000\text{k}\Omega = 1\text{M}\Omega$。

电位器的主要参数除标称阻值、额定功率外，还有阻值变化规律和滑动噪声等参数。

8.1.5　电阻器的选用

1. 电阻器的选择

1）根据电子设备的技术指标和电路的具体要求，选用电阻器的标称阻值和误差等级。

2）选用电阻器的额定功率必须大于实际承受功率的两倍。

3）在高增益前置放大电路中，应选用噪声电动势小的金属膜电阻器、金属氧化膜电阻器、线绕电阻器、碳膜电阻器等。线绕电阻器分布参数较大，不宜用于高频前置电路中。

4）根据电路的工作频率选择电阻器的类型。RX 型线绕电阻的分布电感和分布电容都比较大，只适用于频率低于 50kHz 的电路；RH 型合成膜电阻器和 RS 型实心碳质电阻器可在几十兆赫的电路中使用；RT 型碳膜电阻器可用于 1000MHz 左右的电路；而 RJ 型金属膜电阻器和 RY 型金属氧化膜电阻器可在高达数百兆赫的高频电路中使用。

5）根据电路对温度稳定性的要求，选择温度系数不同的电阻器。线绕电阻器温度系数小，阻值稳定。金属膜、氧化膜、玻璃釉膜电阻器和碳膜电阻器都具有较好的温度特性，适合温度稳定性要求较高的场合。实心电阻器温度系数较大，不适用于温度稳定性要求较高的电路。

2. 电阻器的简单测试

测量电阻可用欧姆表、电阻电桥或万用表欧姆档直接测量。下面介绍用指针式万用表测量电阻的步骤。

1）对万用表进行机械调零。

2）将万用表的功能选择开关置于"Ω"档，并选择合适的量程。

3）将两表笔短接，表头指针应在 Ω 刻度线的零点位置，若指针不在零点，要调节万用表的调零旋钮，将其调到零点位置，俗称欧姆调零。

4）两表笔分别接在被测电阻两端，表头指针即指示出电阻值。测量时应注意不要用双手同时触及电阻的引线两端，以免将人体电阻并联至被测电阻，影响测量准确性。

8.1.6　电位器的选用

1. 选择电位器的基本方法

1）根据需要选择不同结构形式和调节方式的电位器。如旋转式开关电位器（动触点对电阻体有磨损）、推拉式开关电位器（动触点对电阻体无磨损）。开关有单刀单掷、单刀双掷、双刀双掷等，选择时应根据需要确定。

2）根据电路要求选择不同技术性能的电位器。各种电位器的特点如下：

线绕电位器接触电阻低、精度高、温度系数小，缺点是分辨力较差，可靠性差，不宜应用于高频电路。标称阻值一般低于 100Ω，既有小功率型也有大功率型。

实心电位器体积小、耐温耐磨、分辨力高。

合成膜电位器分辨力高、阻值范围宽，但阻值的稳定性和耐温耐湿性差。

金属膜电位器耐温性能好、分辨力高，但阻值范围较窄。

玻璃釉膜电位器分辨力高、阻值范围宽、可靠性高、高频特性好，耐温、耐湿、耐磨，有通用型、精密型、微调型等品种。

2. 电位器的测试与安装

（1）测试　安装前要先用万用表的欧姆档测量电位器的最大阻值是否与标称值相符，再测量中心滑动端和电位器任一固定端的电阻值。测量旋转转轴时，万用表指针应平稳移动、阻值变化连续且没有跳动现象。转动转轴时应感到内触点滑动灵活、松紧适中，听不到

"咝咝"的噪声，表示电位器的电阻体良好，动触点接触可靠。

（2）安装　使用时应用紧固零件将电位器安装牢靠，特别是带开关的电位器，开关常与电源线相接，若安装不牢固，电位器在调节时易引起松动而发生短路的危险。

电位器的端子应正确连接，如图8-6所示，电位器的三个引线端子分别用A、B、C表示，中间的端子 B 连接电位器的动触点，转轴按顺时针旋转时，动触点 B 从 A 端向 C 端滑动。连接线路时应根据这一规律接线。例如在音量控制电路，A 端应接信号地端，而 C 端应接信号高端。若 A，C 接反，则顺时针调节时音量越来越小，不符合人们的习惯。

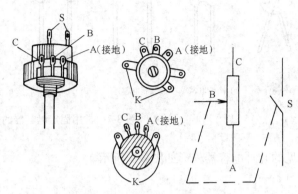

图 8-6　电位器端子的正确连接

8.2　电容器

电容器是由两块相互靠近又彼此绝缘的金属片构成。这两块金属片称为电容器的两个电极，中间的绝缘材料称为绝缘介质。电容器是一种储能元件，储存的是电能。由于电容器具有阻止直流电通过而允许交流电通过的特性，在电路中常用于隔直流、交流耦合、交流旁路、滤波等；它同另一储能元件电感组成谐振回路，起信号调谐和选频作用。

8.2.1　电容器的种类

电容器按介质不同，可分为空气介质电容器、纸介电容器、有机薄膜电容器、瓷介电容器、玻璃釉电容器、云母电容器、电解电容器等；按结构不同，可分为固定电容器、半可变电容器、可变电容器等。

1. 固定电容器

固定电容器是指电容器一经制成，其电容量不再改变的电容器。固定电容器分无极性和有极性两种。

（1）无极性固定电容器　是指电容器的两金属电极没有正负极之分，使用时两极可以交换连接。

无极性固定电容器的种类很多，按绝缘介质分为纸介电容器、瓷介电容器、云母电容器、涤纶电容器、聚苯乙烯电容器等。

（2）有极性固定电容器　是指电容器的两极有正负极之分，使用时一定要将正极性端接电路的高电位，负极性端接电路的低电位，否则会造成电容器的损坏。有极性电容亦称为电解电容器，分为铝电解电容器和钽电解电容器等。

常用的几种固定电容器的外形和图形符号如图 8-7 所示。

2. 半可变电容器

半可变电容器又称微调电容器或补偿电容器。其特点是电容量可在小范围内变化，可变电容量通常在几皮法或几十皮法之间，最高可达 100pF（陶瓷介质时）。它的图形符号及常

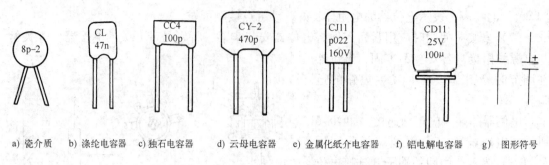

a) 瓷介质　　b) 涤纶电容器　　c)独石电容器　　d) 云母电容器　　e)金属化纸介电容器　　f)铝电解电容器　　g) 图形符号

图 8-7　常用固定电容器的外形和图形符号

见的几种电容器外形如图 8-8 所示。

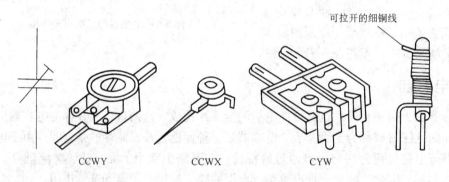

图 8-8　常用半可变电容器的图形符号和外形

3. 可变电容器

可变电容器的电容量可在一定范围内连续变化，由若干片形状相同的金属片并接成一组（或几组）定片和一组（或几组）动片。动片可以通过转轴转动，改变动片插入定片的面积，从而改变电容量。其介质有空气、有机薄膜等。可变电容器有单联、双联和三联之分，外形及电路符号如图 8-9 所示。

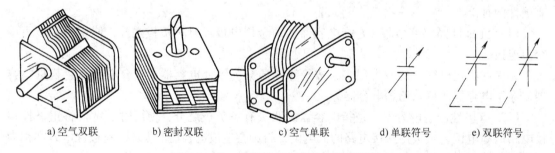

a)空气双联　　　　b)密封双联　　　　c)空气单联　　　　d) 单联符号　　　e)双联符号

图 8-9　单、双联可变电容器外形及符号

8.2.2　电容器的型号

电容器型号由四个部分构成，如表 8-6 所示。

表 8-6　电容器的型号命名法

第一部分		第二部分		第三部分		第四部分
用字母表示主称		用字母表示材料		用字母表示特征		用字母或数字表示符号
符号	意义	符号	意义	符号	意义	对材料特征相同，仅尺寸、性能指标略有差别，但基本上不影响互换的产品给同一序号。否则在序号后面用大写字母作为区别代号予以区别
C	电容器	C I O Y V Z J B F L S Q H D A G N T M E	瓷介 玻璃釉 玻璃膜 云母 云母纸 纸介 金属化纸介 聚苯乙烯 聚四氟乙烯 涤纶（聚脂） 聚碳酸脂 漆膜 纸膜复合 铝电解 钽电解 金属电解 铌电解 钛电解 压敏 其他材料电解	T W J X S D M Y	铁电微调 金属化 小型 独石 低压 密封 高压 穿心式	

例如，电容型号 CJJ—250—0.33— ±10%。

主称：电容　　　额定工作电压：250V

材料：金属化纸介　标称电容量：0.33μF

特征：小型　　　允许误差：±10%

8.2.3　电容器的主要参数

1. 标称容量

电容器的电容量表示电容储存电荷的能力。单位是法拉（F）、微法（μF）、纳法（nF）和皮法（pF），它们之间的关系是：$1F = 10^6 \mu F = 10^9 nF = 10^{12} pF$。

标称容量是标在电容器上的名义电容量，常用电容器电容量的标称值系列如表 8-7 所示。任何电容器的标称容量都满足表中数据乘以 10^n（n 为整数）。

表 8-7　常用电容器电容量的标称值系列

电容器类别	标称值系列
高频纸介质、云母介质、玻璃釉介质、高频（无极性）有机薄膜介质	1.0、1.1、1.2、1.3、1.5、1.6、1.8、2.0、2.2、2.4、2.7、3.0、3.3、3.6、3.9、4.3、4.7、5.1、5.6、6.2、6.8、7.5、8.2、9.1
纸介质、金属化纸介质、复合介质、低频（有极性）有机薄膜介质	1.0、1.5、2.0、2.2、3.3、4.0、4.7、5.0、6.0、6.8、8.0
电解电容器	1.0、1.5、2.2、3.3、4.7、6.8

电容器的电容量标注方法：一般电容器的容量及误差都标在电容器上；体积较小的电容

器常用数字和文字标注。

（1）加单位的直标法 这种方法是国际电工委员会推荐的表示方法。具体内容是：用2~4位数字和一个字母表示标称容量，其中数字表示有效数值，字母表示数值的量级。字母有 m、μ、n 和 p。字母 m 表示毫法（$10^{-3}F$）、μ 表示微法（$10^{-6}F$）、n 表示纳法（$10^{-9}F$）、p 表示皮法（$10^{-12}F$）。字母有时也表示小数点。如 33m 表示 33000μF；47n 表示 0.047μF；3μ3 表示 3.3μF；5n9 表示 5900pF；2p2 表示 2.2pF。另外也有在数字前面加 R，表示为零点几微法，即 R 表示小数点，如 R22 表示 0.22μF。

（2）不标单位的直接表示法 这种方法是用 1~4 位数字表示，容量单位为 pF。如用零点零几或零点几表示，其单位为 μF。如"3300"表示 3300pF；"680"表示 680pF；"7"表示 7pF；"0.056"表示 0.056μF。

（3）电容量的数码表示法 一般用三位数表示电容量的大小。前面两位数字为电容器标称容量的有效数字，第三位数字表示有效数字后面零的个数，它们的单位是 pF。如"102"表示 1000pF；"104"表示该电容器的容量为 100000pF（或 0.1μF）；"221"表示 220pF；"224"表示 22×10^4pF。需要注意的是，在这种表示方法中有一个特殊情况，当第三数字是 9 时，是用有效数字乘上 10^{-1} 来表示容量的。如"339"表示的容量不是 33×10^9pF，而是 33×10^{-1}pF（即 3.3pF）。

（4）电容量的色码表示法 色码表示法是用不同的颜色表示不同的数字。

具体的方法是：沿着电容器引线方向，第一、二种色环代表电容量的有效数字，第三种色环表示有效数字后面零的个数，其单位为 pF。每种颜色所代表的数字如表 8-8 所示。如遇到电容器色环的宽度为两个或三个色环的宽度，就表示这种颜色的两个或三个相同的数字。沿着引线方向，若第一道色环的颜色为棕，第二道色环的颜色为绿，第三道色环的颜色为橙色，则这个电容器的电容量为 15000pF 即 0.015μF；又如第一道色环为橙色，第二道色环为红色，则该电容器的容量为 3300pF，如图 8-10 所示。

表 8-8 色码表示的意义

颜 色	黑	棕	红	橙	黄	绿	蓝	紫	灰	白
数 字	0	1	2	3	4	5	6	7	8	9

2. 允许误差

实际电容器的电容量与标称值之间的最大允许偏差范围，称为电容量的允许误差。误差的标注方法一般有三种：

1）将电容量的允许误差直接标在电容器上，即直接表示法。如（2.2±0.2）pF。

2）用罗马数字"Ⅰ"、"Ⅱ"、"Ⅲ"分别表示±5%、±10%、±20%。

3）用英文字母表示误差等级。用 D、F、G、J、K、M、N 分别表示 ±0.5%、±1%、±2%、±5%、±10%、±20%、±30%。如电容器上标有 334K 则表示 0.33μF，误差为 ±10%。

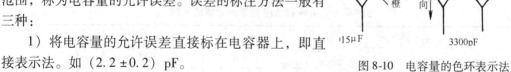

图 8-10 电容量的色环表示法

3．额定工作电压

额定工作电压是指电容器在规定的工作温度范围内，长期可靠地工作所能承受的最高电压（又称耐压值）。常用固定电容器的耐压值有：1.6V、4V、6.3V、10V、16V（＊）、25V（＊）、32V、40V、50V（＊）、63V、100V（＊）、125V、160V、250V、300V（＊）、400V、450V（＊）、500V、630V、1000V 等，其中有"＊"符号的只限用电解电容。耐压值一般都直标在电容器上，但也有些电解电容在正极根部标上色点来代表不同的耐压等级。如棕色代表耐压值为 6.3V，红色代表 10V，灰色代表 16V 等。

4．绝缘电阻

电容器的绝缘电阻是指电容器两极之间的电阻，又称漏阻。绝缘电阻的大小由电容器介质性能的好坏决定。使用电容器时应选绝缘电阻大的。绝缘电阻越小，漏电越多，这样会影响电路的正常工作。理想电容器的绝缘电阻应为无穷大，但实际电容器的绝缘电阻往往达不到无穷大。可用下式表示

$$R = U/I_L$$

式中，R 为绝缘电阻，单位为 $MΩ$；U 为加在电容器两端的直流电压，单位为 V；I_L 为漏电流，单位为 $μA$。

一般电容器的绝缘电阻应在 5000MΩ 以上。绝缘电阻越大，电容器漏电越小，性能越好。优质电容器的绝缘电阻可达 TΩ（$10^{12}Ω$，称太欧）级。

5．介质损耗

理想电容器应没有能量损耗，但实际上电容在工作时总有一部分电能因转换成热能而消耗能量，包括漏电流损耗和介质损耗。小功率电容器主要是介质损耗。介质损耗，是指由于介质反复极化和介质导电所引起的损耗。电容器损耗的大小通常用损耗系数，即损耗角的正切值来表示，即

$$tanδ = 损耗功率/无功功率$$

在电容量和工作条件相同的情况下，损耗越大，电容器传递能量的效率越低。损耗角大的电容不宜用在高频电路中。

8.2.4　常用电容器的性能

（1）纸介电容器（CZ 型）　其电极用铅箔或锡箔，绝缘介质用浸蜡的纸。优点是电容量大而体积小（电容量可达 $20μF$）；缺点是化学稳定性差、易老化、吸湿性大，需要密封。工作温度一般在 85 ~ 100℃ 以下。主要用于低频电路的旁路和隔直。

（2）金属化纸介电容器（CJ 型）　这种电容器用蒸发的方法使金属附着于纸上作为电极。因此体积小。其最大的优点是具有自愈作用，即当工作电压过高，电容器被击穿后，由于金属膜很薄，可蒸发，电容在脱离高压后能自愈。

（3）有机薄膜电容器　是用聚苯乙烯（CB 型）、聚四氟乙烯（CF 型）或涤纶（CL 型）等有机薄膜代替纸介质构成的电容器。优点是体积小、耐压高、损耗小、绝缘电阻大、稳定性好，但温度系数大。

（4）云母电容器（CY 型）　以云母作介质。其特点是高频、性能稳定、介质损耗小、漏电电流小、耐压高（50 ~ 5000V）、电容量小（10 ~ 30000pF）、绝缘电阻高（1000 ~ 7500MΩ）、分布电感小。适用于高频高压电路。

（5）瓷介电容器（CC 型）　以高介电常数、低损耗的陶瓷材料为介质，并在表面烧渗上银层作为电极的电容器。优点是体积小、损耗小、温度系数小、绝缘性能好，可工作在超高频范围，适合作温度补偿电容。缺点是机械强度低、容量较小（一般为几皮法到几百微法，但铁电瓷介电容器的容量可达零点几微法，并且具有较小的体积）、稳定性较差、耐压一般也不高。主要用于旁路电容、电源滤波等场合。

（6）玻璃釉电容器（CI 型）　其介质是由釉粉加压制成的薄片，介质介电系数大，因此电容器体积较小，抗潮性能好，能在较高的工作温度（125℃）下工作。

（7）电解电容器　电解电容器有正（＋）、负极（－）之分，以铝（CD 型）、钽（CA 型）、铌、钛等附着有氧化膜的金属极片为阳极（正极），阴极（负极）则是液体、半液体或胶状的电解液。一般在电容器的外壳上都有标记，若无标记，则长引线为"＋"端，短引线为"－"端。

铝电解电容器应用最广，它容量大、体积小、耐压高（一般在 500V 以下）、价格低，常用于滤波；缺点是绝缘电阻低、容量误差大且随频率而变动。在要求较高的电路中，常用钽、铌或钛电解电容器，它们漏电电流小、体积小、工作稳定性高、耐高温、寿命长，但价格高。

8.2.5　电容器的选用及使用注意事项

1. 电容器的选用方法

（1）根据电路要求选用合适的类型　一般在低频耦合或旁路、电气特性要求较低时，可选用纸介、涤纶电容器；在高频高压电路中，应选用云母电容器和瓷介电容器；在电源滤波和退耦电路中，可选用电解电容器。

（2）容量及精度的选择　在振荡回路、延时回路、音调控制等电路中，电容器电容量应尽可能与计算值一致。在各种滤波器及网络（如选频网络）中，电容器的电容量要求精确，其误差值应在 ±0.3% ～ ±0.5% 之间。在退耦电路、低频耦合等电路中，对电容量及精度要求都不太严格，选用时比要求值略大些即可，误差等级可选 ±5% 、 ±10% 、 ±20% 、±30% 等。

（3）耐压值的选择　选用电容器的额定电压应高于实际工作电压，电容器的额定电压应高于实际工作电压的 10% ~20% 。对工作电压稳定性较差的电路，为确保电容器不被损坏和击穿，要留有足够的余量，一般选用耐压值为实际工作电压两倍以上的电容器。某些铁电陶瓷电容器的耐压值只对低频适应，高频虽未超过其耐压值，电容器也有可能被击穿，使用时应特别注意。

（4）注意使用的环境条件　优先选用绝缘电阻高，损耗小的电容器。

2. 电容器的代用

选购电容器时可能买不到所需的型号或所需电容量的电容器，或在维修时现有的与所需电容器不相符合，此时，要考虑代用。代用的原则是：电容器的电容量基本相同；电容器的耐压值不小于原电容器的耐压值；对于旁路电容、耦合电容，可选用比原电容量大的电容器代用；高频电路中的电容，代换时一定要使频率特性满足电路的频率要求。

3. 使用注意事项

1）电容器在使用前应先检查外观是否完整无损，引线是否有松动或折断，型号规格是否符合要求，然后用万用表检查电容器是否击穿短路或漏电电流过大。

2）若现有的电容器和电路要求的电容量或耐压不符合，可采用串联或并联的方法解决。但应注意：两个耐压值不同的电容器并联时，耐压值由低的那只决定；两只电容量不同的电容器串联时，容量小的那只所承受的电压高于容量大的那只。一般不宜用多个电容器并联来增大等效容量，因为电容器并联后，损耗也随着增大。

3）电解电容在使用时不能将正负极接反，否则会损坏电容器。另外电解电容器一般工作在直流或脉动电路，安装时应远离发热元件。

4）可变电容器在安装时一般应将动片接地，这样可以避免人手转动电容器转轴时引入干扰。用手将转轴朝前、后、左、右、上、下等各个方向推动，不应有任何松动的感觉；旋转转轴时，应感到十分圆滑。

5）电容器安装时其引线不能从根部弯曲。焊接时间不应太长，以免引起性能变坏甚至损坏。

8.2.6　电容器的测试方法

电容器的常见故障有断路、短路、失效等。为保证电路正常工作，事先必须对电容器进行检测。常用的电容器检测仪器有电容测试仪、交流电桥、Q 表（谐振法）和万用表。下面介绍利用指针式万用表的欧姆档对电容器进行简单测试的方法。

（1）漏电电阻的测量　将万用表选择欧姆档（"R×10k"或"R×1k"档，视电容器的容量而定），两表笔分别接触电容器的两根引线，表针首先朝顺时针方向（R 为零的方向）摆动，然后又慢慢地反方向退回到∞位置的附近，待不动时指示的电阻值越大，表示漏电电流越小。表针摆动范围大说明电容器电容量大。表针静止时若表针所指位置距无穷大较远，表明电容器漏电严重，不能使用。有的电容器在测漏电电阻时，表针退回到无穷大位置后，又顺时针摆动，表明电容器漏电更严重。

（2）电容器断路的测量　用万用表判断电容器的断路情况，要先看电容量的大小。对于 $0.01\mu F$ 以下的电容器用万用表不能判断其是否断路，只能用其他仪表进行鉴别（如 Q 表等）。

对于 $0.01\mu F$ 以上的电容器用万用表测量时，必须根据电容器容量的大小，分别选择合适的量程，才能正确地加以判断。如测 $300\mu F$ 以上的电容器可放在"R×100"或"R×1k"档；$10\sim300\mu F$ 的电容器可放在"R×1k"档；$0.47\sim10\mu F$ 的电容器可放在"R×1k"或"R×10k"档；$0.01\sim0.47\mu F$ 电容器可放在"R×10k"档。具体的测量方法是：用万用表的两表笔分别接触电容器的两根引线（测量时，手不能同时碰触两根引线），若表针不动，将表针对调后再测量，表针仍不动，说明电容器断路。

（3）电容器短路的测量　用万用表的欧姆档，将两表笔分别接触电容器的两引线，测到的电阻值越大越好，一般要在几百千欧至几千千欧，若表针指示阻值很小或为零，表针不再退回，说明电容器已击穿短路。测量电解电容时，要根据电容器电容量的大小，适当选择量程，电容量越小，量程越要放小，否则就会将电容器的充电误认为是击穿。

（4）电解电容器的极性的判断　一些耐压较低的电解电容器，如果正、负引线标注不清，可根据电容器正接时漏电电流小（电阻值大），反接时漏电电流大的特性来判断。用万用表测量电解电容器的漏电电阻，并记下这个阻值，然后将红黑表笔对调再测电容的漏电电阻，将两次所测得的阻值对比，漏电电阻小的一次，黑表笔所接触的就是负极。

（5）可变电容器的测量　对可变电容器，主要是测其是否发生碰片短路现象。方法是：用万用表的电阻档（"R×1"）测量动片与定片之间的绝缘电阻，即用红黑表笔分别接触动片和定片，然后慢慢旋转动片，如转到某一位置，阻值为零，表明有碰片现象，应予以排除，然后再用。如将动片全部旋进与旋出，阻值均为无穷大，则表明可变电容器良好。

8.3　电感器

电感器又称电感线圈，是用漆包线在绝缘骨架上绕制而成的元件，它在电路中具有滤波、阻交流通直流、谐振等作用。电感线圈在电路中用字母 L 表示。

8.3.1　电感器的种类

电感器按电感量是否可调，分为固定电感器、可变电感器和微调电感器；按导磁体性质分，可分为带磁心和不带磁心的电感器；按绕线结构分，可分为单层线圈，多层线圈和蜂房式线圈电感器。

各种电感线圈具有不同的特点和用途，但它们都是用漆包线、纱包线或镀银裸铜线绕在绝缘骨架、铁心或磁心上构成，而且圈与圈之间要彼此绝缘。为适应各种用途的需要，电感线圈做成各式各样的形状。常用电感器及电路符号如图 8-11 所示。

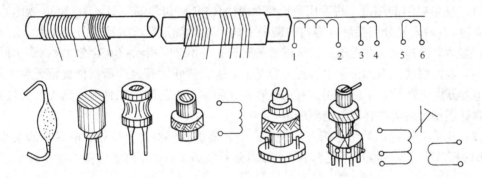

图 8-11　电感器及其电路符号

8.3.2　电感器的主要参数

1. 电感量

电感包括自感和互感，反映电感器存储磁场能量的能力，也反映电感器通过变化电流时产生感应电动势的能力。电感量的大小与线圈的圈数、直径、线圈内部是否有铁心或磁心、线圈的绕制方式有关系，圈数越多，电感量越大，线圈内有铁心或磁心的，比同样的空心线圈的电感量大得多。

电感量的常用单位是亨（H），毫亨（mH），微亨（μH）。

2. 品质因数

电感器线圈无功伏安值与消耗能量值的比值称为品质因数，用 Q 值来表示

$$Q = \omega L/R$$

式中，ω 叫为工作角频率；L 为线圈电感；R 为线圈的等效串联损耗电阻。

品质因数是电感线圈的一个重要参数，反映了线圈质量的高低。Q 值与构成线圈的导线粗细、绕法、单股线还是多股线有关。如果线圈的损耗小，Q 值就高，反之，损耗大，Q 值就小。Q 值高表示电感器的损耗功率小、效率高。但 Q 值的提高受到导线的直流电阻、线圈骨架的介质损耗等多种因素的限制，通常为 $50 \sim 300$。

3. 分布电容

由于线圈每两圈（或每两层）导线可以看成是电容器的两块金属片，导线之间的绝缘材料相当于绝缘介质，即相当一个很小的电容。分布电容是指电感线圈的匝与匝之间、线圈与地之间、线圈与屏蔽盒之间存在的寄生电容。由于分布电容的存在，将使线圈的品质因数 Q 值下降，稳定性变差。减小分布电容的方法有：减小线圈骨架的直径；用细导线绕制线圈；采用间绕法、蜂房式绕法绕制线圈。

4. 额定电流

额定电流是指电感器长期工作不损坏时所允许通过的最大电流。额定电流是在选用工作电流较大的电感器时应考虑的重要参数。

8.3.3 电感器的识别方法

为了表明各种电感器的不同参数，以及便于在生产、维修时识别和应用，常在小型固定电感器的外壳上涂上标志，其标志方法有直标法和色标法两种。小型固定电感器电感量的数值和单位通常直接标注在外壳上，也有采用色环标志法标注的。目前，我国生产的固定电感器一般采用直标法，国外的电感器常采用色环标志法。

（1）直标法 直标法是指将电感器的主要参数，如电感量、误差值、最大直流工作电流等用文字直接标注在电感器的外壳上。电感器直标法标注如图 8-12 所示。其中，最大工作电流常用字母 A、B、C、D、E 等标注，字母和电流的对应关系如表 8-9 所示。

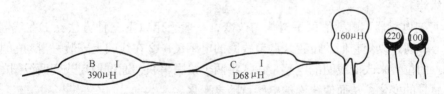

图 8-12 小型固定电感器直标法标注

表 8-9 小型固定电感器的工作电流和字母的关系

字　　母	A	B	C	D	E
最大工作电流/mA	50	150	300	700	1600

例如，电感器外壳上标有 3.9mH、A、Ⅱ 等字标，表示其电感量为 3.9mH，误差为 Ⅱ 级（±10%），最大工作电流为 A 档（50mA）。

（2）色标法 色标法是指在电感器的外壳涂上各种不同颜色的环，用以标注其主要参数。如图 8-13 所示，最靠近某一端的第一条色环表示电感量的第一位有效数字；第二条色环表示第二位有效数字；第三条色环表示 10^n 倍乘数；第四条表示误差。其数

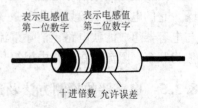

图 8-13 小型固定电感器色标法标注

字与颜色的对应关系和电阻器色环标志法相同，单位：微亨（μH）。

例如，某一电感器的色环标志依次为：棕、红、红、银，则表示其电感量为 $12 \times 10^2 \mu H$，允许误差为 $\pm 10\%$。

8.3.4　常用电感器

（1）固定电感器　固定电感器又称色码电感器，是将铜线绕在磁心上，用塑料壳或环氧树脂包封组成。固定电感器体积小，重量轻，结构牢固可靠，防潮性能好，安装方便。固定电感器有立式和卧式两种，广泛应用于各种电子设备中。

目前大部分国产固定电感器都是将电感量、误差直接标在外壳上，而不再采用色环法。若采用 E_{12} 系列，允许误差分别用罗马数字"Ⅰ"、"Ⅱ"、"Ⅲ"表示 $\pm 5\%$，$\pm 10\%$，$\pm 20\%$。工作频率在 $10kHz \sim 200MHz$ 之间。

（2）单层电感器　单层电感器的电感量较小，大约在几微亨至几十微亨，适应于高频电路。线圈的绕制常采用密绕和间绕，间绕指线圈每匝间都相距一定的距离，所以它的分布电容小。若采用粗导线绕制，可获得高 Q 值（$150 \sim 400$）和高稳定性。电感值大于 $15\mu H$ 时的线圈常采用密绕，密绕线圈体积小，但它的匝间电容较大，会使 Q 值和稳定性下降。

（3）多层电感器　电感值大于 $300\mu H$ 时常采用多层电感器。多层电感器的匝和匝、层与层之间分布电容大，同时层与层之间的电压相差较多，线圈两端具有较高电压时，容易发生跳火、绝缘击穿等问题，为避免上述情况发生，可采用分段绕制。

（4）蜂房式电感器　将导线以一定的偏转角（约为 $19° \sim 26°$）在骨架上缠绕为蜂房式，可减少线圈的分布电容。

（5）带磁心的电感线圈　线圈加装磁心后电感值和品质因数都将增大，所以带磁心的电感线圈应用很广。如晶体管收音机中的天线线圈、振荡线圈等。磁心材料有锰锌铁氧体、镍锌铁氧体等。

（6）可变电感器　电感值可平滑均匀改变，一般采用以下三种方法：①在线圈中插入磁心或铁心，通过改变它们的位置来调节线圈的电感量；②在线圈上安装一滑动的触点，通过改变触点的位置来改变线圈的电感量；③将两个线圈串联，通过均匀改变两线圈的相对位置达到互感量的变化，从而使线圈的电感量随之变化。

（7）微调电感线圈　有些电路需要在较小的范围内改变电感量，用以满足整机调试的需要，如收音机的中频调谐回路和振荡电路。本机振荡线圈就是这种微调线圈。当改变磁帽上下的相对位置时，就可改变电感量。

（8）阻流圈　阻流圈又叫扼流圈，可分为高频阻流圈和低频阻流圈。高频阻流圈在电路中用来阻止高频信号通过，让低频交流信号通过。如直放式收音机中用的就是高频阻流圈。它的电感量一般只有几个微亨。低频阻流圈又称滤波线圈，一般由铁心和线圈构成。它与电容器组成滤波电路，消除整流滤波后的残存交流成分，让直流通过，其电感量较大，一般为几亨。阻流圈在电路中用符号"ZL"表示。

8.3.5　电感器的检测方法及选用

1. 电感器的检测

先从外观上检查，看线圈有无松散、发霉，引脚是否折断；然后用万用表的欧姆档

"R × 10"或 "R × 1" 档测量，若电阻很小，表明电感器正常。若直流电阻为无穷大，说明线圈内或线圈与引出线间断路；若直流电阻比正常值小很多，说明线圈内局部短路；若直流电阻为零，则说明线圈被完全短路。如要测电感器的电感量或 Q 值，就需要用专用电子仪器，如 QBG—3 型高频 Q 表或交流电桥等。具有金属屏蔽罩的线圈，还需测量它的线圈和屏蔽罩间是否有短路。

2. 电感器的选用

1）选用电感器时，首先应明确其使用频率范围。铁心线圈只能用于低频；铁氧体线圈、空心线圈可用于高频。其次要弄清线圈的电感量和适用的电压范围。

2）电感器本身是磁感应元件，对周围的电感性元件有影响，安装时要注意电感性元件之间的相互位置，一般应使相互靠近的电感线圈的轴线互相垂直。

8.4 变压器

利用电磁感应原理制成的变压器，在电路中可变换电压、电流和阻抗，起传输能量、传递交流信号和实现电气隔离的作用。

8.4.1 变压器的种类

在电子电路中按用途不同将变压器分为电源变压器、低频变压器、中频变压器、高频变压器、脉冲变压器等。常见的高频变压器有电视接收机中的天线阻抗变压器，收音机中的天线线圈、振荡线圈。中频变压器有超外差式收音机中频放大电路用的变压器，电视机中频放大电路用的变压器。常见的低频变压器包括输入变压器、输出变压器、线间变压器、耦合变压器等。电子电路中常见变压器的图形符号如图 8-14 所示。

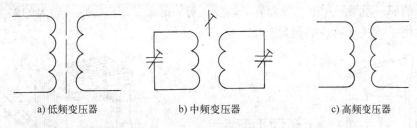

a) 低频变压器   b) 中频变压器   c) 高频变压器

图 8-14　常见变压器的图形符号

8.4.2 变压器的结构

变压器的外形各异，但基本结构均由铁心、骨架、绕组及固定装置等主要部件组成。

1. 电源变压器的基本结构

（1）磁性材料（铁心）　铁心是构成磁路的重要部件。电源变压器的铁心大多采用硅钢材料制成，按制作的工艺可分为两大类：一类是冷轧硅钢带（板），具有高磁导率、低损耗、体积小、重量轻、效率高等特点。如 C 形铁心，就是采用冷轧硅钢带卷绕制成。由两个 C 形铁心组成一套铁心称为 CD 形铁心，由四个 C 形铁心组成一套铁心称为 ED 形铁心，目前这种铁心已得到广泛的应用。另一类是热轧硅钢板，它的性能比冷轧的低，常见的有 E 形、口形硅钢片。口形铁心的绝缘性能好，易于散热，磁路短，主要用于 500 ~ 1000W 的大功率变压器中。几种常见电源变压器如图 8-15 所示。

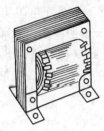

a) 开敞直立式　　　b) CD形铁心电源变压器　　　c) ED形铁心电源变压器

图 8-15　常见电源变压器

（2）骨架　骨架是变压器绕组的支撑架，常用青壳纸、胶纸板、胶布板或胶本化纤维板制成。要求具有足够的机械强度和绝缘强度。骨架结构如图 8-16 所示，可分为底筒和侧板，其制作步骤是先制作底筒，再装上侧板并用胶水粘牢，注意线圈框的尺寸，避免过大或过小。

（3）绕组　小功率变压器的绕组一般用漆包线绕制。低电压大电流的线圈，采用纱包粗铜线或扁铜线缠绕。为使变压器的绝缘不被击穿，线圈的各层间应衬垫薄的绝缘纸，绕组间衬垫耐压强度更高的绝缘材料，如青壳纸、黄蜡布或黄蜡绸。

线圈排列顺序通常是一次侧绕在里面，二次侧绕在外面。若二次侧有几个绕组，一般将电压较高的绕在里面，然后绕制低电压绕组。为确保散热，线圈和窗口之间应留 1～3mm 的空隙。线圈的引线最好用多股绝缘软线，并用各种颜色予以区别。

（4）固定装置　变压器线圈插入铁心后，必须将铁心夹紧。常用的方法是用夹板条夹上，再用螺钉插入硅钢片上预先冲好的孔中，然后将螺母拧紧，如图 8-17 所示。另外，螺钉插入铁心的那一段最好加上绝缘套管，以免螺钉将硅钢片短路，形成较大的涡流。小功率变压器，常用 U 形夹子将铁心夹紧。

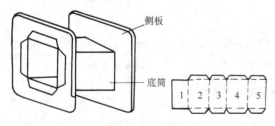

图 8-16　骨架结构

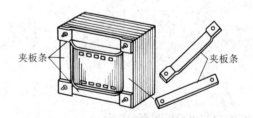

图 8-17　用夹板条固定变压器铁心

（5）静电屏蔽层　用于无线电设备中的电源变压器通常应加静电屏蔽层。静电屏蔽层是在一、二次绕组之间用铜箔、铅箔或漆包线缠绕一层，并将其一端接地，这样可将电力网进入变压器一次绕组的干扰电波通过静电屏蔽层直接入地，有效地抑制它的干扰。

2. 中频变压器的基本结构

中频变压器又称中周，多用于收音机或电视机的中频放大电路。其外形及内部结构如图 8-18 所示，由磁帽、铁心、支

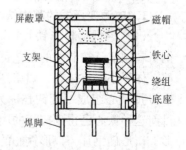

图 8-18　中频变压器

架、屏蔽罩、绕组等组成。绕组直接绕在"工"字形铁心上，铁心固定在底座中央，外套支架，调节磁帽可使其在支架内旋转，从而改变电感量以及绕组与绕组之间耦合度。中频变压器的主要性能参数有电压传输系数、选择性、通频带、Q 值等。常见的收音机中频系列有 TTF—1 系列、TTF—2 系列、TTF—3 系列等，磁帽上标有各种不同的颜色以区分不同系列。

8.4.3　变压器的主要参数

（1）额定容量　指在规定的频率和电压下，变压器能长期工作而不超过规定温升时的最大输出视在功率，单位为 V·A。

（2）电压比　变压器的一次额定电压与二次绕组空载电压之比。

（3）变压器的效率　指在额定负载时变压器的输出功率和输入功率的比值，即

$$\eta = \frac{P_2}{P_1} \times 100\%$$

式中，η 为变压器的效率；P_1 为变压器输入功率；P_2 为变压器输出功率。

（4）温度等级和温升　电源变压器工作时会有不同程度的发热现象，必须根据其所用的绝缘材料相应地规定它的允许工作温度。一般为 105～180℃。特殊环境下使用的高温变压器工作温度可达 250～500℃，甚至更高。

变压器的温升是指变压器工作发热后，温度上升到稳定值时比周围的环境温度所高的数值。它决定变压器绝缘系统的寿命。

（5）频率响应　该参数反映变压器传输不同频率信号的能力。要求用于传输信号的变压器对信号在规定频带宽度内的不同频率分量的信号电压能均匀而不失真地传输。

（6）绝缘电阻　是表征变压器绝缘性能的一个参数，包括绕组与绕组间、绕组与铁心间、绕组与外壳间的绝缘电阻值。

8.4.4　变压器的测试

（1）外观检查　检查引线是否断线、脱焊，绝缘材料是否烧焦，有无表面破损等。

（2）直流电阻的测量　变压器的直流电阻通常很小，用万用表的"R×1"档测变压器的一次、二次绕组的电阻值，可判断绕组有无断路或短路现象。

（3）绝缘电阻的测量　变压器各绕组之间、绕组和铁心之间的绝缘电阻可用 500V 或 1000V 绝缘电阻表（根据变压器工作条件而定）进行测量。测量前先将绝缘电阻表进行一次开路和短路试验，检查绝缘电阻表是否良好，具体做法是先将表的两根测试线开路，摇动手柄，此时绝缘电阻表指针应指向无穷大；然后将两线短路一下，此时绝缘电阻表指针应指向零点，则说明绝缘电阻表是良好的。

一般电源变压器和阻流圈应用 1000V 绝缘电阻表测量，绝缘电阻应不小于 1000MΩ。晶体管收音机输入、输出变压器用 500V 绝缘电阻表测量，绝缘电阻应不小于 100MΩ。

（4）空载电压测试　将变压器一次侧接入电源，用万用表测变压器输出电压。一般要求高压线圈电压误差范围为 ±5%；具有中心抽头的绕组，其不对称度应小于 2%。

（5）温升　对小功率电源变压器，变压器在额定输出电流下工作一段时间后切断电源，用手摸变压器的外壳，若感觉温热，则表明变压器温升符合要求；若感觉非常烫手，则表明变压器温升指标不符合要求。普通小功率变压器允许温升是 40～50℃。

8.5 继电器

在自动装置中，继电器起到控制和转换电路的作用。就是说，它可以用小电流去控制大电流或高电压的转换、变换，实现电路的自动接通和断开。

8.5.1 继电器的种类

继电器的种类很多，分类方法也不一样。按功率的大小可分为小功率继电器、中功率继电器、大功率继电器。按用途可分为启动继电器、限时继电器、限位继电器等。继电器的外形和结构如图8-19所示。

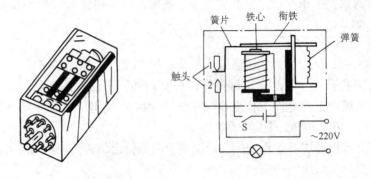

图8-19 继电器的外形和结构

8.5.2 继电器的主要参数

继电器的参数很多，同一型号中还有很多规格代号，它们的各项参数都不相同，下面介绍几个主要参数。

1. 额定工作电压

额定工作电压指继电器正常工作时线圈需要的电压。有交流电压和直流电压之分，随型号不同而不同。为使每种型号的继电器能在不同的电压电路中使用，每一种型号的继电器都有几种额定工作电压供选择。表8-10是JRX—13F型继电器的参数，其额定工作电压有12V、24V、48V、110V、220V等多种。

表8-10 JRX—13F型继电器参数

规格代号	直流电阻/Ω	线圈匝数	额定电压/V	吸合电流/mA	释放电流/mA
SRM4.523.035	4600±0.1	17000	48	≤6	3
SRM4.523.036	700±0.1	6500	18	≤13	3
SRM4.523.037	300±0.1	4300	12	≤20	3
SRM4.523.038	1200±0.1	8500	24	≤9.5	3

2. 直流电阻

直流电阻指线圈的直流电阻，可用万用表进行测量。

3. 吸合电流

吸合电流指继电器能够产生吸合动作的最小电流。使用时给定的电流必须略大于吸合电流继电器才能可靠工作。为保证可靠地吸合动作，给线圈加上的电压必须是额定的工作电压或略高于额定工作电压。但一般不要超过额定工作电压的 1.5 倍，否则有可能烧毁继电器的线圈。

4. 释放电流

释放电流指继电器产生释放动作时的最大电流。继电器吸合状态的电流减小到一定程度时，继电器恢复到释放状态。这个时候的电流比吸合电流小得多。

5. 触头的切换电压和电流（触头负荷）

触头的切换电压和电流指继电器触头允许加载的电压和电流。它决定了继电器控制电压和电流的大小。使用时不能超过此数值，否则将损坏继电器的触头。

8.5.3　继电器的触头

继电器在电路中的图形符号如图 8-20 所示。

继电器的触头有两种表示方法，一种是把它们直接画到长方形框上方或一侧，另一种按照电路的连接需要，把触头分别画到各自的控制电路中。画到电路中触头必须标注清楚是哪一个继电器的触头，并将触头编号说明。

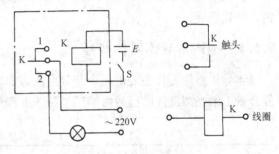

图 8-20　继电器图形符号

继电器的触头有三种基本形式，如表 8-11所示。有常开触头（动合型），这种触头表示线圈不通电时是断开的，通电后闭合。另一种触头是常闭触头（动断型），这种触头表示线圈不通电时是闭合的，通电后断开。还有一种触头是转换触头，这种触头组有三个触头，中间的是动触头，上下各有一个静触头，实际上它是两种触头的组合。线圈不通电时，动触头和其中一个静触头断开和另一个静触头闭合，线圈通电时动触头就移动，使原来断开的闭合，原来闭合的断开。

表 8-11　继电器的触头形式

名　称	符　号	继电器吸合时	名　称	符　号	继电器吸合时
常开（动合）触头		触头闭合	双转换触头		两组常开触头闭合　两组常闭触头断开
常闭（动断）触头		触头断开	双常闭（动断）触头		两组触头同时断开
双常开（动合）触头		两组触头同时闭合	转换触头		常开触头闭合常闭触头断开

读图时，要注意触头组的状态表示线圈不通电时的原始状态。

8.5.4 继电器的选用

继电器不仅种类型号多，而且同一型号中还有多种规格代号，它们的各项参数都不相同。因此选用继电器时，必须与电路要求相符，否则将造成继电器的误动作。具体应用时应考虑以下几方面因素：

1）控制电路方面，继电器线圈的额定电压，线圈所用的是交流电还是直流电。

2）被控制电路方面，即继电器触头电路，应考虑触头的种类、数量、通过触头的电流是交流还是直流；电流电压的大小；是常开还是常闭触头等。

3）继电器体积大小、安装方法、寿命长短等。

8.6 半导体分立器件

所谓半导体是指导电能力介于导体和绝缘体之间的物质。常用作半导体的物质有硅、锗、砷化钾等。

8.6.1 国产半导体器件型号

半导体器件型号主要由五个部分组成，如表8-12所示。场效应器件、半导体特殊器件、复合管、激光型器件的型号由第三、四、五部分组成。

表8-12 半导体器件型号命名法

第一部分		第二部分		第三部分				第四部分	第五部分
用数字表示器件的电极数目		用汉语拼音字母表示器件的材料		用汉语拼音字母表示器件的类型				用数字表示器件序号	用汉语拼音字母表示规格号
符号	意义	符号	意义	符号	意义	符号	意义		
2	二极管	A B C D	N型，锗材料 P型，锗材料 N型，硅材料 P型，硅材料	P V W C Z L S U K X G	普通管 微波管 稳压管 参量管 整流管 整流堆 隧道管 光电器件 开关管 低频小功率管： $f_a<3MHz$, $P_c<1W$ 高频小功率管： $f_a\geq3MHz$, $P_c<1W$	D A T Y B J CS BT FH PIN JG	低频大功率管： $f_a<3MHz$, $P_c\geq1W$ 高频大功率管： $f_a\geq3MHz$, $P_c\geq1W$ 半导体晶闸管 体效应器件 雪崩管 阶跃恢复管 场效应器件 半导体特殊器件 复合管 PIN管 激光器件	反映了极限参数、直流参数和交流参数等的差别	反映了承受反向击穿电压的程度。如A、B、C、D、…。其中A承受的反向击穿电压最低，B次之
3	三极管	A B C D E	PNP型，锗材料 NPN型，锗材料 PNP型，硅材料 NPN型，硅材料 化合物材料						

示例1："2AP10"为N型锗材料的普通二极管，序号为10。

示例2："3AX31A"为PNP型锗材料的低频小功率三极管，序号31，规格为A档。

示例3："CS2B"为场效应器件，序号为2，规格号为B档。

8.6.2 半导体二极管

1. 半导体二极管的分类与电路符号

半导体二极管是由一个 PN 结加上引线及管壳构成，二极管具有单向导电性，其类型很多，按制作材料不同分为锗二极管和硅二极管；按制作的工艺不同分为点接触型二极管和面接触型二极管。按用途不同又可分为整流二极管、检波二极管、稳压二极管、变容二极管、发光二极管、光敏二极管和桥堆等。常用二极管的外形及图形符号如图 8-21 所示。

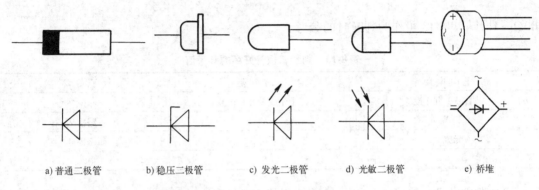

a) 普通二极管　　b) 稳压二极管　　c) 发光二极管　　d) 光敏二极管　　e) 桥堆

图 8-21　常用二极管的外形及图形符号

2. 二极管的主要性能参数

（1）最大整流电流 I_F　I_F 是指二极管用于整流时，根据允许温升折算出来的最大正向平均电流值，实际工作电流超过此值时二极管很容易烧坏。大功率整流管的 I_F 值可达 1000A。

（2）最大反向工作电压 U_{RM}　U_{RM} 是指为避免击穿所能加于二极管的最大反向电压。为安全起见，手册中的 U_{RM} 值是击穿电压 U_{BR} 值的一半。目前最高的 U_{RM} 值可达几千伏。

（3）最高工作频率 f_M　由于 PN 结具有电容效应，工作频率超过某一限度时其单向导电性将变差。点接触型二极管的 f_M 值较高（达 100MHz 以上），面接触型二极管则较低，为几千赫。

3. 二极管的简单测试

（1）判别二极管的正、负极　普通二极管一般有玻璃封装、塑料封装和金属封装几种。它们的外壳上均印有型号和标记。标记有箭头、色点、色环三种，箭头所指方向或靠近色环的一端为负极，有色点的一端为正极。遇到型号和标记不清楚时，可用指针式万用表的欧姆档进行判别。主要是利用二极管的单向导电性，其反向电阻远大于正向电阻。万用表欧姆档一般选在"R×100"或"R×1k"档，测量时两表笔分别接被测二极管的两个电极，如图 8-22a、b 所示。若测出的电阻值为几百欧到几千欧（对锗二极管为 100Ω~1kΩ），说明是正向电阻，这时黑表笔接的是二极管的正极，红表笔接的是二极管的负极；若电阻值在几十千欧到几百千欧，则为反向电阻，此时红表笔接的是二极管的正极，黑表笔接的是二极管的负极。

（2）检查二极管的好坏　一般二极管的反向电阻比正向电阻大几百倍，可通过测量正、反向电阻判断二极管的好坏。小功率硅二极管正向电阻为几百欧到几千欧，锗二极管约为

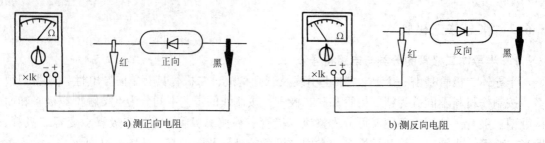

a) 测正向电阻   b) 测反向电阻

图 8-22   万用表测量二极管

$100\Omega \sim 1k\Omega$，表 8-13 可作为判断时的参考。

表 8-13   判断二极管好坏的参考值

正 向 电 阻	反 向 电 阻	管 子 好 坏
几百欧～几千欧	几十千欧～几百千欧	好
0	0	短路损坏
无穷大	无穷大	断路损坏
正、反向电阻比较接近		损坏

（3）判别硅管、锗管   如果不知道被测的二极管是硅管还是锗管，可借助图 8-23 所示电路来判断，图中电源电动势 E 为 1.5V，R 为限流电阻（检波二极管的 R 可取 200Ω，其他二极管只可取 $1k\Omega$），用万用表电压档测量二极管正向压降，硅二极管一般为 $0.6 \sim 0.7V$，锗管为 $0.1 \sim 0.3V$。

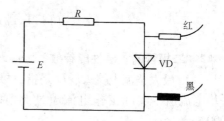

图 8-23   用万用表区分硅二极管与锗二极管的方法

4. 数字式万用表测量二极管方法

用数字式万用表也可判别二极管的极性，是硅管还是锗管，及其好坏，但在测量方法上与上述指针式万用表不同。

（1）极性判别   将数字万用表置于二极管档，红表笔插入"V·Ω"插孔，黑表笔插入"COM"插孔，量程选择在专用的二极管档位上，这时红表笔接表内电源正极，黑表笔接表内电源负极。将两支笔分别接触二极管的两个电极，如果显示溢出符号"1"，说明二极管处于截止状态；如果显示数值较小，说明二极管处于正向导通状态，表显示数值为二极管的正向压降，此时与红表笔相接的是管子的正极，与黑表笔相接的是负极。

（2）好坏的测量   将数字式万用表置于二极管档，红表笔插入"V·Ω"插孔，黑表笔插入"COM"插孔。红表笔接二极管的正极，黑表笔接二极管的负极时，显示数值较小；黑表笔接二极管的正极，红表笔接负极时，显示溢出符号"1"，表示被测二极管正常。若两次测量均显示溢出，则表示二极管内部断路。若两次测量均显示"000"，则表示二极管已击穿短路。

数字式万用表测二极管，不宜用其他的电阻档测量，否则测出来的数值与正常值相差极大。

5. 一般二极管的选用

选二极管时不能超过它的极限参数，即最大整流电流、最大反向工作电压、最高工作频率、最高结温等，还要留有一定的余量。此外，还应根据技术要求进行选择：

1）要求反向电压高、反向电流小、工作温度高于 100℃ 时应选硅管。需要导通电流大时，选面接触型硅管。

2）要求导通压降低时选锗管；工作频率高时，选点接触型二极管（一般为锗管）。

6. 常用二极管

（1）稳压管　稳压管有塑封和金属外壳封装两种，与普通二极管的外形相似。用万用表判别稳压管的方法与一般二极管判断方法相同。

稳压管在电路中是使 PN 结工作在反向击穿状态，其两端电压基本不变。反向电流不超过允许值时电压值称为稳压值。确定稳压管的稳定值的方法有三种：

1）根据稳压管的型号查阅手册得知。

2）在晶体管测试仪上测出其伏安特性曲线获得。

3）通过如图 8-24 所示的实验电路测得，改变直流电源电压 U，使之由零开始增加，同时稳压管两端用直流电压表监视，当 U 增加到一定值时稳压管反向击穿，这时再增加 U，电压表指示的电压值不再变化，这个电压值就是稳压管的稳压值。

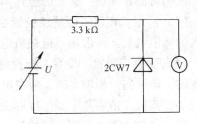

图 8-24　测试稳压管的稳压值的实验电路

使用稳压管注意事项如下：

1）任意数量的稳压管可串联使用（串联稳压值为各管稳压值之和），但不能并联使用。

2）工作过程中所用稳压管的电流与功率不允许超过其极限值。

3）稳压管替换时，必须使替换上去的稳压管与原稳压管的稳压值相同，而最大允许工作电流 I_{ZM} 则要相等或更大。

（2）发光二极管（LED）　发光二极管是一种将电信号转换成光信号的半导体器件，通常是用磷化镓、砷化镓、磷砷化镓等材料制成。发光二极管和普通二极管一样，具有单向导电性，正向导通时才能发光。发光二极管的发光颜色有多种，如红、绿、黄、蓝等，形状有圆形和长方形，具有工作电压低、耗电少、体积小、抗冲击、耐振动、寿命长、响应速度快、容易与数字集成电路匹配等特点，被广泛应用于单个显示电路或做成七段显示器。在数字电路实验中，常用作逻辑显示器。

检查发光二极管的好坏，是用指针式万用表 "R×10k" 档测正、反向电阻，一般正向电阻应小于 30kΩ，反向电阻应大于 1MΩ，若正、反向电阻均为零，说明内部击穿短路；若正、反向电阻均为无穷大，说明内部断路。发光二极管的正向工作电压一般在 1.5～3V，允许通过的电流为 2～20mA，电流的大小决定发光的亮度。若与 TTL 器件相连接使用，一般需串接一个 470Ω 的降压电阻，以防器件损坏。用数字万用表测试发光二极管也是相当方便，其方法是使用数字万用表的二极管档，将表笔接至发光二极管的两端，如果发光，说明是好的，并且这时红表笔所接的一端为正极，黑表笔所接的一端为负极；如果不发光，将两表笔对调后再测，如果仍不发光，说明已损坏。

（3）光敏二极管　光敏二极管又称光电二极管。是利用光电效应制成的单 PN 结光敏器件。在光敏二极管的管壳上备有一个玻璃窗口，在没有光照的情况下，反向电流很小，称为暗电流。一旦有光照射时，反向电流迅速增大，称为光电流。光敏二极管常用于光电式传感器、光电输入机、光电转换自动控制以及光电读出装置。国产光敏二极管的典型产品有 2CU 系列、2DU 系列。用万用表测量光敏二极管的方法如下：

1）用一张黑纸把光敏二极管遮盖住，将万用表拨至"R×1k"档，红、黑表笔分别接光敏二极管的管脚，若这时万用表表头指针偏转读数为几千欧，黑表笔所接为光敏二极管的正极，红表笔接的是光敏二极管的负极。这是正向电阻，是不随光照而变化的阻值。

2）将万用表两根表笔对调一下测反向电阻，万用表表头指针偏转应很小，一般读数应在几百千欧到无穷大（注意测量时窗口不对着光）。

3）用手电筒的光照射光敏二极管的顶端窗口，这时表头指针偏转应加大，光线越强，光敏二极管的反向电阻应越小（仅几百欧）。

使用时注意光敏二极管的极性不得接反，必须加反向偏压。

（4）阻尼二极管　阻尼二极管主要用在高频电压电路，能承受较高的反向击穿电压和较大的峰值电流。一般用于电视机电路。常用的阻尼二极管有 2CN1、2CN2、BS—4 等。

（5）变容二极管　变容二极管是利用 PN 结反偏时势垒电容大小随外加电压变化的特性制成的。即反向电压增大时，势垒电容减小；反之，势垒电容增大。变容二极管的电容量一般较小，其最大值为几十到几百皮法，最大电容量与最小电容量之比为5:1，主要在高频电路中用于自动调谐、调频、调相等。例如在电视机调谐回路中作可变电容。

（6）桥堆　桥堆是将四只整流二极管按照全波整流电路的连接方式连接起来并封装在一起的整流器件。

1）桥堆的种类。桥堆可分为单相桥堆和三相桥堆。家用电器中用的是单相桥堆。

2）桥堆的主要参数。桥堆的主要参数有正向整流电流 I_0 与反向峰值电压 U_{RM}。这两个参数一般都与型号一起标注在桥堆的外表面上，是选用时最重要的参数。

3）桥堆的内部电路与电路符号。桥堆的内部电路由四只二极管按要求连接，如图8-25a 所示，其电路图形符号如图8-25b 所示。

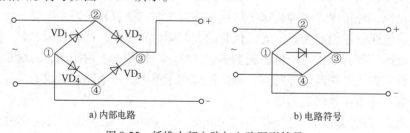

a) 内部电路　　　　　　　　　　　b) 电路符号

图 8-25　桥堆内部电路与电路图形符号

4）桥堆好坏的检测。①桥堆好坏判别。由于桥堆是由四只二极管构成，因此桥堆好坏的判断可通过分别检测每个二极管的好坏进行。其方法是用万用表的"R×1k"档或"R×100"档，将红、黑表笔接相邻两个引脚，测其正、反向阻值，这样可以测得四组正、反向阻值，其正向阻值一般为几千欧，反向阻值接近∞，全部符合这个数值的表明桥堆是好的，如果有一组正、反向阻值不符合要求，表明桥堆不能使用。②管脚判别。将指针式万用表打到"R×1k"档，任意测量两管脚正反向电阻值，若测得正反向电阻值都很大，则被测两管脚为交流输入端。再测另外两管脚，当测得的值是二极管正向电阻值时，此时黑表笔接的是桥堆直流输出的"－"极，红表笔接的是直流输出的"＋"极。注意，若用数字式万用表判别直流输出正负极，则此时红表笔接的是直流输出的"－"极。

5）桥堆的选用。桥堆的常见型号有 QL（国产）、RB（国外）、RS（国外）等，图 8-26 所示是常用桥堆的外形。

在选用时主要根据电路的工作电流及工作电压，选择合适的 I_0 与 U_{RM} 值。一般情况下 I_0 值要大于电路工作电流 1 倍以上。如果选用的桥堆 I_0 值较小，会使因桥堆过热而烧毁。

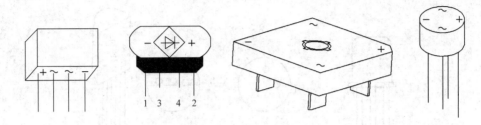

图 8-26　常用桥堆外形

8.6.3　晶体管

晶体管是一种电流控制型器件，它最基本的作用是放大，即将微弱的电信号转换成幅值较大的电信号。此外还可作无触头开关。它结构牢固、寿命长、体积小、耗电省，被广泛应用于各种电子设备中。

1. 晶体管的分类、符号、外形及管脚排列

晶体管的种类若按所用的半导体材料分有硅管和锗管；按结构分有 NPN 管和 PNP 管；按用途又可分为低频管、中频管、高频管、超高频管、大功率管、中功率管、小功率管和开关管等；按封装方式分有玻璃壳封装管、金属壳封装管、塑料壳封装管等。晶体管的外形和符号如图 8-27 所示。

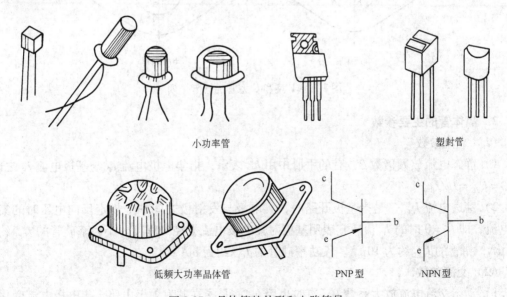

图 8-27　晶体管的外形和电路符号

锗材料晶体管的增益大，频率特性好，尤其适用于低电压电路；硅材料晶体管（多为 NPN 型）反向漏电流小，耐压高，温度漂移小，能在较高的温度下工作和承受较大的功率损耗。在电子设备中，常用的小功率（功率在1W以下）硅管和锗管有金属外壳封装和塑料外壳封装两种，金属外壳封装的管壳上一般有定位标记，将管底朝上，从定位标记起按顺时针方向三根电极依次为e、b、c。晶体管的管脚排列，不同的生产厂家管脚排列的顺序不同，以万用表判别为准。3AX31和3DG6的管脚排列，如图8-28所示。

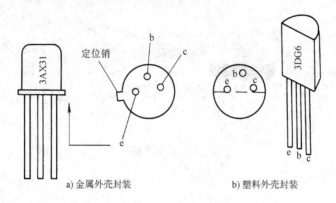

a) 金属外壳封装 b) 塑料外壳封装

图8-28　晶体管的管脚排列

大功率晶体管外形一般分为F型和G型两种。F型管从外形上只能看到两根电极e、b，底座为c。G型管的三根电极一般在管壳的顶部。它们的电极排列如图8-29所示。

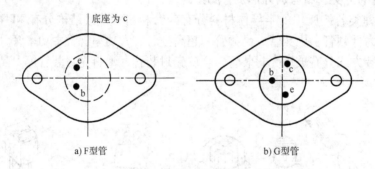

a) F型管 b) G型管

图8-29　F型和G型管的管脚排列

2．晶体管的主要参数

（1）直流参数

1）静态电流放大倍数β，有的手册中用h_{FE}表示，指集电极电流I_C与基极电流I_B之比，即$\beta = h_{FE} = I_C / I_B$。

2）穿透电流I_{CEO}，是指基极开路时，集电极与发射极之间加上规定反向电压时的集电极电流，即$I_B = 0$时的I_C值。它表明基极对集电极电流失控的程度。小功率硅管的I_{CEO}约为$0.1\mu A$，锗管的I_{CEO}约为$10\mu A$。大功率硅管的I_{CEO}约为mA级。

（2）交流参数

1）动态交流电流放大系数β，有时也用h_{FE}。是指在共发射极电路，集电极电流变化量$\triangle I_C$与基极电流变化量$\triangle I_B$之比，即$\beta = h_{FE} = \triangle I_C / \triangle I_B$。

2）截止频率f，是指电流放大系数因频率增高而下降至低频放大系数的0.707倍时的频率，即β值下降了3dB时的频率。

3）特征频率f_T，表明晶体管起放大作用的频率极限，此时β值为1。高频晶体管的f_T值可达1000MHz以上。

（3）极限参数

1）最大集电极电流I_{CM}，由以下两方面的因素决定：当$U_{CE}=1V$时，使管耗P_C达到最大值的I_C值；使β值下降到正常值的2/3时的I_C值，I_C超过I_{CM}时，管子不一定损坏，但性能将显著变差。

2）最大管耗P_{CM}，即I_C与U_{CE}的乘积不能超过此限度，其大小决定于集电结的最高结温。

3）反向击穿电压值$U_{(BR)CEO}$，指基极开路时加在c、e两端的电压的最大允许值，一般为几十伏。

3. 利用指针式万用表测试晶体管

用万用表可以判断晶体管的电极、类型及好坏。测量时一般将万用表置欧姆档"R×100"或"R×1k"。

（1）判断基极b和晶体管的类型　先假设晶体管的某极为"基极"，将黑表笔接在假设的基极上，再将红表笔分别接其余两个电极，若两次测得的电阻都很大（约为几千欧到十几千欧）或者都很小（约为几百欧至几千欧），则对换表笔再重复上述测量，若测得两个电阻值相反（都很小或都很大），则可确定假设的基极正确。否则假设另一电极为"基极"，重复上述的测试，以确定基极。若无一个电极符合上述测量结果，说明晶体管已坏或不是晶体管。

基极确定后，将黑表笔接基极，红表笔分别接其他两极时，若测得的电阻值都很小，则该晶体管为NPN型；反之则为PNP型。

（2）判断集电极c和发射极e　以NPN型管为例，测试电路如图8-30所示。把黑表笔接到假设的集电极c上，红表笔接到假设的发射极e上，用手指短接b极和假设的c极（b、c不能直接接触，通过人体相当于在b、c之间接入偏置电阻），观察表头指针偏转的位置，再将红、黑两表笔交换重测。测量NPN管时，手捏位置始终握着黑表笔与基极间；测

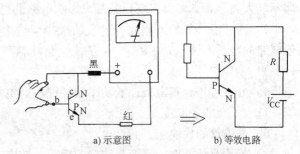

图8-30　判别晶体管c、e电极的测试电路

量PNP管时，手捏位置始终跟着红表笔与基极间。观察指针偏转位置，对比两次指针偏转的大小，偏转大的那次，NPN型管黑表笔所接的是集电极，PNP型管红表笔所接的是集电极，另一个就是发射极了。此测量方法也可同时粗略判别晶体管的放大倍数，万用表指针偏转角越大放大倍数越高。

如需进一步精确测试晶体管的输入、输出特性曲线及电流放大倍数β等参数，可用晶体管特性测量仪测试。

4. 利用数字式万用表测试晶体管

用数字式万用表可以十分方便地判断出晶体管的三个极、类型（NPN、PNP）以及测量β值，下面介绍其方法。

（1）判别基极和管的类型　　把数字万用表转换开关置于"─▷├"档，先假定晶体管的某一电极为"基极"，将万用表的红表笔接到假定的基极，再将黑表笔依次接到其余两个电极，若两次均能显示相近的数值（均显示为"1"或较小数值），则假定的基极可能是正确的。这时应将两个表笔交换再测一次，即将万用表的黑表笔接到假定的基极，再将红表笔依次接到其余的两个电极，测量的数值与上次刚好相反时，则可肯定所假定的基极是正确的，否则应假设另一电极为"基极"，重复上述的测试，直至找到符合上述要求的基极为止。如果无一电极符合上述要求，说明晶体管已损坏或被测器件不是晶体管。

如果上述测量中，红表笔接在基极，黑表笔分别接到其他两极，测量显示的数值较小时，则该晶体管是 NPN 型，反之则是 PNP 型。

（2）β 的测量和集电极 c、发射极 e 的判别　　判别出晶体管的基极和管类型后，用数字万用表 "hFE" 档位来测量 β 和判别集电极 c、发射极 e 也十分容易。只要将万用表的档位开关打到 "hFE" 处，再按晶体管的类型选定好测量 β 的插座，将晶体管的基极对准插座的 β 插孔，另外两极按晶体管的管脚排列顺序不扭转地对准 c 或者 e 插孔，插入插座中，这时可得到一组读数。将晶体管拔出，基极仍对准 β 插孔，并使原对准 c 插孔和 e 插孔的两个管脚电极对调插孔，再插入测量插座内，这时可得到另一组读数。比较两组读数，读数较大的一次测量中，晶体管的管脚与测量插座上标明的相符合，表显示的数据就是该晶体管的 β 值。

5. 晶体管的选用

根据不同的用途选用不同参数的晶体管，考虑的主要参数有：特征频率、击穿电压、电流放大系数、集电极耗散功率等。

1）根据电路的需要，选晶体管时应使晶体管的特征频率高于电路工作频率的 3～10 倍，但不能太高，否则将引起高频振荡，影响电路的稳定性。

2）对于晶体管的电流放大倍数的选择应适中，一般选在 40～100 即可。β 值太低，将使电路的增益不够。β 值太高，将造成电路的噪声增大，稳定性变差。

3）击穿电压 $U_{(BR)CEO}$ 应大于电源电压。

4）在常温下，集电极耗散功率应根据不同电路进行选择：选小了会因过热而烧毁晶体管，选大了会造成浪费。

6. 晶体管的代换

1）换用晶体管时，新换晶体管的极限参数应等于或大于原管的极限参数。

2）性能好的晶体管可代替性能差的晶体管。如穿透电流小的可代换穿透电流大的，电流放大倍数较高的可代替电流放大倍数较低的。

3）在集电极耗散功率允许的前提下，可用高频管代替低频管。如 3DG 型可代替 3DX 型。

4）用开关晶体管代替普通晶体管。如 3DK 型代替 3DG 型，3AK 型代替 3AG 型等。

5）管子的基本参数相同可以代换，性能高的可代换性能低的。但通常锗、硅管不能互换。

7. 晶体管的使用注意事项

1）晶体管接入电路前，首先要弄清管型、极性、不能接错管脚，否则将损坏管子。

2）晶体管工作时必须防止其电流、电压超出最大极限值。

3）焊接晶体管时，为防止过多的热量传递给晶体管的管芯，要用镊子夹住管子的引线，以帮助散热，电烙铁选用 45W 以下的为好。

4）电路通电时，不能用万用表的欧姆档测量晶体管的极间电阻。因为万用表的欧姆档的表笔间有电压存在，将改变电路的工作状态，使晶体管损坏，再者，电路的电压也可能将万用表损坏。

5）更换晶体管时，必须先断开电路的电源，再进行拆、装、焊接工作，不然，可能会使晶体管及其他元器件被意外损坏，造成不应有的损失。

6）晶体管安装时应避免靠近发热元件，并保证管壳散热良好。大功率管应加散热片（磨光的紫铜板或铝板），散热装置应垂直安装，以利于空气自然对流。

8.6.4　单向晶闸管

晶闸管也叫可控硅，有单向晶闸管、双向晶闸管等多种类型。

1．单向晶闸管的结构及等效电路

单向晶闸管广泛地用于可控整流、交流调压、逆变器和开关电源电路，其外形结构、等效电路如图 8-31 所示。它有三个电极，分别为阳极（A）、阴极（K）和控制极（G）。由图可见，它是一种 PNPN 四层半导体器件，其中，控制极是从 P 型硅层上引出，供触发晶闸管用。晶闸管一旦导通，即使撤掉正向触发信号，仍能维持通态。欲使晶闸管关断，必须使正向电流低于维持电流 I_H 或施以反向电压强迫其关断。晶闸管的等效电路有两种画法，一种是用两只晶体管等效，另一种是用三只二极管等效，如图 8-31d。普通晶闸管的工作频率一般在 400Hz 以下，随着频率升高，功耗将增大，器件会发热。快速晶闸管一般可工作在 5kHz 以上，最高可达 40kHz。

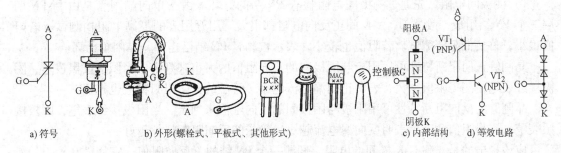

a) 符号　　　b) 外形(螺栓式、平板式、其他形式)　　c) 内部结构　　d) 等效电路

图 8-31　晶闸管的符号、外形、结构与等效电路

2．单向晶闸管的伏安特性

单向晶闸管的伏安特性曲线如图 8-32 所示。

（1）正向阻断特性　曲线 I 描绘了单向晶闸管的正向阻断特性。

阳极加上正向电压，无控制极信号时，晶闸管的正向导通电压为正向转折电压 U_{BO}，有控制极信号时，正向转折电压会下降（即可在较低正向电压下导通），转折电压随控制极电流的增大而减小。当控制极电流大到一定程度时，就不再出现正向阻断状态了。

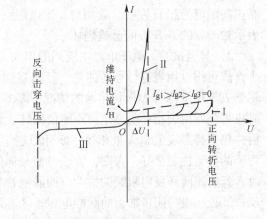

图 8-32　单向晶闸管的伏安特性曲线

（2）导通工作特性　曲线Ⅱ说明单向晶闸管的导通工作特性。

晶闸管导通后内阻很小，管压降很低，此时外加电压几乎全部降在外电路负载上，而且负载电流较大，特性曲线与半导体二极管正向导通特性相似。若阳极电压减少（或负载电阻增加），致使阳极电流减小，阳极电流小于维持电流 I_H 时，晶闸管从导通状态立即转为正向阻断态，回到曲线 l 状态。

（3）反向阻断特性　曲线Ⅲ即为单向晶闸管的反向阻断特性。

晶闸管的阳极加入反向电压时，被反向阻断（但有很小的漏电流）。当反向电压增大，在很大一个范围内维持阻断仍仅有很小的漏电流。反向电压大到击穿电压时，电流便突然增大，若不加限制，管子有可能烧毁。正常工作时，外加电压要小于反向击穿电压，才能保证管子安全可靠地工作。可见单向晶闸管的反向阻断特性类似于晶体二极管的反向特性。

3. 单向晶闸管检测

（1）判定单向晶闸管的电极　在控制极与阴极之间有一个 PN 结，而阳极与控制极之间有两个反极串联的 PN 结。因此用万用表"R×100"档可首先判定控制极 G。具体方法是，将黑表笔、红表笔分别碰触任两个电极，假如有一次阻值很小，约几百欧姆，交换表笔测时，阻值很大。则阻值较小的那次，黑表笔接的是控制极 G，红表笔接的是阴极 K，另一个极就是阳极 A，如不符合条件，交换表笔和管脚，直到符合上述条件为止。

（2）检查单向晶闸管的好坏　一只好的单向晶闸管应该是：三个 PN 结良好，反向电压能阻断，阳极加正向电压情况下，控制极开路也能阻断，而控制极加正向电压时，晶闸管导通，且撤去控制极后，阳极和阴极仍维持导通。

1）测极间电阻。先通过测极间电阻检查 PN 结的好坏。由于单向晶闸管是由 PNPN 四层三个 PN 结组成，故 A-G、A-K 间正反向电阻都很大。用万用表的最高电阻档测试，若阻值很小，再换低阻档测试。若阻值也较小，表示被测管 PN 结已击穿，晶闸管已坏。

晶闸管正向阻断特性可凭阳极与阴极间的正向阻值的大小来判定。当阳极接黑表笔，阴极接红表笔，测得阻值越大，表明正向漏电流越小，管子的正向阻断特性也越好。

晶闸管的反向阻断特性可用阳极与阴极间的反向阻值来判定。当阳极接红表笔，阴极接黑表笔，测得阻值愈大，表明反向漏电流越小，管子的反向阻断特性越好。

应该指出的是，测 G-K 极间的电阻，即测一个 PN 结的正反向阻值，宜用"R×1k"或"R×100"档进行。G-K 极间的反向阻值应较大，一般单向晶闸管的反向阻值为 80kΩ 以上，而正向阻值为 2kΩ 左右。若测得正向电阻（G 极接黑笔，K 极接红笔）极大，甚至接近∞，表示被测管的 G-K 极间已被烧坏。

2）导通试验。电子电路中应用的单向晶闸管大都是小功率的，由于所需的触发电流较小，故可用万用表进行导通试验。万用表选"R×1"档，黑表笔接 A 极，红表笔接 K 极。将黑表笔在保持与 A 极相接触的情况下跟 G 极接触，这相当于给 G 极加上一触发电压，此时应看到万用表指针明显地向小阻值偏转，说明单向晶闸管已触发导通并处于导通状态，此后，仍保持黑表笔和 A 极相接，断开黑表笔与 G 极的接触，若晶闸管仍处于导通态，说明管子的导通性能良好，否则，管子可能是坏的。通过以上测试我们知道晶闸管在无控制电平时，具有正向和反向阻断的特性。而晶闸管导通必须满足三个条件：①阳极与阴极加正向电压；②控制极与阴极加正向脉冲电压；③有足够的维持电流。晶闸管阳极和阴极导通后，控制极失去作用，要使晶闸管关断，必须在阳极、阴极间施加反向电压。

8.6.5　单结晶体管

单结晶体管广泛用于振荡、定时、双稳电路及晶闸管触发电路，具有电路简单、热稳定性好等优点。

1. 单结晶体管的结构

单结晶体管是由一个 PN 结和两只内电阻构成的三端半导体器件，由于它只有一个 PN 结，故称为单结晶体管，又因为它有两个基极，所以又称之为双基极二极管。其外形与晶体管相似，也有三只管脚，其中一个是发射极 e，另外两个是基极：第一基极 b_1 和第二基极 b_2。单结晶体管的结构、符号及等效电路如图 8-33 所示。图中 R_{b1} 为 b_1 至 PN 结间的电阻值，R_{b2} 为 b_2 至 PN 结间的电阻值，显然两基极之间的电阻 R_{bb} 为 R_{b1} 和 R_{b2} 串联之和，称为基区电阻，R_{bb} 的阻值范围一般为 $2\sim15\text{k}\Omega$，且为正温度系数。

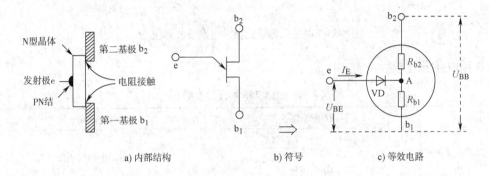

a) 内部结构　　　　　b) 符号　　　　　c) 等效电路

图 8-33　单结晶体管结构、符号及等效电路

2. 单结晶体管的伏安特性

单结晶体管是一种具有负阻特性的器件，即流经它的电流增加时，电压降不是随之增加而是随之减小。它的伏安特性曲线如图 8-34 所示。

从单结晶体管的伏安特性曲线可看出，两基极 b_1、b_2 间加上一恒定的电压 U_{BB} 时，等效电路中 A 点电压

$$U_A = \frac{R_{b1}}{R_{b1}+R_{b2}}U_{BB} = \frac{R_{b1}}{R_{bb}}U_{BB} = \eta U_{BB}$$

式中，η 称为单结管的分压比，是由管子内部结构所决定的，一般为 $0.3\sim0.9$ 之间。

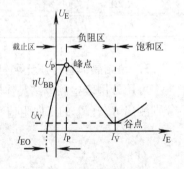

图 8-34　单结晶体管的
伏安特性曲线

当输入电压 $U_{BE} > \eta U_{BB} + U_D$（$U_D$ 为二极管正向压降，约为 0.7V）时，PN 结正向导通，I_E 明显增加，R_{b1} 阻值迅速减小，U_E 相应下降。这种电压随电流增加反而下降的特性就是双基极管的负阻特性。管子由截止区进入负阻区的交界点称为峰点。与其对应的发射极电压和电流分别称为峰点电压 U_P 和峰点电流 I_P，显然 $U_P \approx \eta U_{BB}$。随着发射极电流 I_E 不断增加，U_E 不断下降，降至某一点时不再下降，这一点称为谷点。谷点之后管子特性进入了饱和区。与谷点对应的发射极电压 U_V 与发射极电流 I_V 分别称为谷点电压和谷点电流。显然 U_V 是维持单结管导通的最小发射极电压，只要 $U_E < U_V$，管子又会重新截止。特性进入饱和区后，发射极与第一基极间的电流达到饱和状态，所以 U_E 继续增加时，I_E 增加不多。

单结晶体管的典型应用是组成张驰振荡器，如图 8-35 所示，该电路的振荡频率可通过改变 R_1 和 C 的数值进行调整。振荡周期可用下列公式近似表示

$$T = R_1 C \ln\left(\frac{1}{1-\eta}\right)$$

式中，ln 为自然对数；η 为单结晶体管的分压比（可在手册中查）。

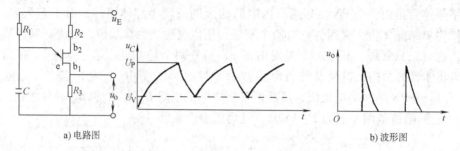

a) 电路图　　　　　　　　　　　　　　　　　　b) 波形图

图 8-35　单结晶体管的振荡电路及波形图

该典型电路元件参数见表 8-14。

表 8-14　图 8-35a 的元件参数

电路元件	取值范围	作　用
R_1/Ω	$\dfrac{U_E - U_P}{I_P} > R_1 > \dfrac{U_E - U_V}{I_V}$ $10k \sim 3M$	过大、过小电路均不能起振
R_2/Ω	$200 \sim 600$	用作温度补偿
R_3/Ω	$50 \sim 1000$	影响输出脉冲幅值与宽度
$C/\mu F$	$0.047 \sim 0.5$	影响输出脉冲频率与脉宽

3. 单结晶体管分压比和管脚判别

可用万用表检测单结晶体管的分压比。具体方法是：先将万用表拨到"R×100"档，分别测出 R_{b1}，R_{b2} 的正向阻值（黑表笔接 e，红表笔先后接 b_1、b_2），于是得到

$$\eta = \frac{R_{b1}}{R_{bb}} = \frac{R_{b1}}{R_{b1} + R_{b2}}$$

（1）发射极 e　指针式万用表置于"R×1k"档，任意测量两个管脚间的正反向电阻，其中必有两个电极间的正反向电阻是相等的，约为 $2 \sim 12k\Omega$（这两个管脚分别为第一基极 b_1 和第二基极 b_2），则剩余一个管脚为发射极 e（因为单结晶体管是在一块高电阻率的 N 型硅半导体基片上引出两个作为两个基极 b_1、b_2 的，b_1 和 b_2 之间的电阻就是硅片本身的电阻，正反向电阻相同）。

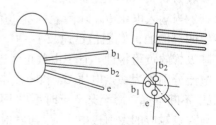

图 8-36　常用单结晶体管的外形及管脚排列

（2）b_1、b_2 极　测量发射极与某一基极间的正向电阻，阻值较大的为 b_1，阻值较小的为 b_2。

国产单结晶体管的型号有 BT—31，BT—32，BT—33，BT—35 等多种，图 8-36 所示是常用单结晶体管的

外形及管脚排列。

8.7　实训 1　延时开关电路装接

1. 实训目的

1）熟悉晶体管的工作状态以及电容器的充放电过程。

2）掌握开关电路的延时特性及影响延时时间长短的参数。

3）进一步学会万用表的使用，熟悉各元器件的作用，掌握检查元器件的好坏和判别极性的方法。

4）学会对色环电阻的识别。

2. 实训器材与工具

晶体管 1 个、电阻 3 个、电位器 1 个、发光二极管 1 个、继电器 1 个、整流二极管 1 个、电解电容 1 个、按钮开关 1 个、面包板 1 块、直流稳压电源 1 台、万用表 1 只。

3. 实训前准备

1）了解二极管的单向导电性及发光二极管、继电器的工作原理。

2）了解 RC 充放电的原理及参数变化对充放电时间的影响。

3）了解延时开关电路的连接与测量。

4. 实训内容

（1）实训电路　如图 8-37 所示。

（2）元器件参数　图中各元器件的参数取值如下：VT 为 9013 NPN 晶体管；VL 为发光二极管；VD 为 IN4007 整流管；C 为 220μF/25V 电解电容；R_1 为 RJ470Ω、1/4W 电阻；R_2 为 RJ50kΩ、1/4W 电阻；R_3 为 RJ1.5kΩ、1/4W 电阻；RP 为 WXX1MΩ、1/4W 电位器；K 为 JZC—23F5V 继电器。

（3）电路原理分析　接通电源，按下 SB 按钮，电流一路向电容器 C 充电，另一路经 R_2 向晶体管基极提供偏置电压，使晶体管饱和导通，继电器吸合，其触头闭合，发光管 VL 发亮：松开 SB 后，正常的基极偏置电源供电电路断开，

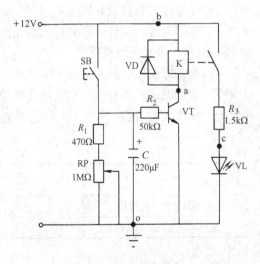

图 8-37　延时开关电路

晶体管保持导通靠电容器 C 存储的电能来维持，同时，电容器 C 通过 R_1、RP 形成放电回路开始放电，VT 基极电位逐渐下降，经过一段时间的放电，C 上的电压降低到一定程度，VT 由饱和状态退出，进入截止状态，继电器 K 释放，触头断开，VL 熄灭；RP 决定 C 的放电快慢，所以调节电位器可改变延时时间；若要再延长延时时间，可加大电容器的电容量。图中二极管起吸收继电器在断开时产生的反电势的作用，以防止晶体管被击穿。R_3 是 VL 的限流电阻，R_2 是基极限流电阻。

（4）实训步骤

1）色环电阻的识别。要求达到测量快速、准确，区分正确。将识别、测量结果填入表8-15 中。

表 8-15 电阻识别、测量

色环	阻值/Ω	色环	阻值/Ω	阻值/Ω	色环	阻值/kΩ	色环
棕黑黑		棕黑红		0.51		2.7	
红黄黑		绿棕棕		1		3	
橙橙黑		棕黑绿		36		5.6	
黄紫橙		蓝灰橙		220		6.8	
灰红红		黄紫棕		470		8.2	
白棕黄		红紫黄		750		24	
黄紫棕		紫绿棕		1k		47	
橙黑棕		棕黑橙		1.2k		39	
紫绿红		橙橙橙		1.8k		100	
白棕棕		红红红		2k		150	

注：由色环写出具体阻值（左半部分）；由具体阻值写出色环（右半部分）。1min 内读出色环电阻数/只；3min 内测量无标志电阻数/只。

注：标识误差级别的第四条色环（误差环）未标出时，误差均为 ±10%。

2）元器件的选择及好坏判别。

3）电路装接。经过筛选确定所给元器件均完好无损后，按电路图装接电路，注意布局合理，元器件极性不要接反。

4）准备好稳压电源并调至 12V 电压，接入电路。

5）数据测试。不按 SB（发光二极管不亮），测量 U_{ao}、U_{bo}、U_{co} 填入表中；按下 SB（发光二极管亮），测量 U_{ao}、U_{bo}、U_{co}，填入表 8-16 中。

表 8-16 电压测量 （单位：V）

条件 \ 电压	U_{ao}	U_{bo}	U_{co}
不按 SB（发光二极管不亮）			
按下 SB（发光二极管亮）			

将 RP 调到最小，接通电源，按下开关 SB，随后松开，听到继电器吸合的声音，发光二极管"亮"，经过一段时间的延时后熄灭。观察发光二极管延时熄灭的时间。

将 RP 调到最大，接通电源，按下开关，随后断开，会看到发光二极管经过较长的时间才灭，延时断开的时间由 RP 调节。要是想改变延时时间的长短，可加大电容器 C 的容量或减小其容量。

6）故障分析：①若按下开关，VL 亮，松开后立刻熄灭，可能是电容器 C 未接好、开路或电路插接错误，不起充放电作用；②若按下开关，无反应，应按下列步骤检查：测量 12V 电压→VT 是否导通→电阻 R_2 是否接好→是否有继电器吸合的声音→IN4007 二极管是否击穿或反接；③若调节 RP 不起作用，VL 很长时间不灭，可能是 R_1 支路未连接好或元件损坏等。

5. 思考题

（1）为什么此电路有延时功能？调节 RP 为什么能改变延时时间？

（2）VL 接反能否发光？

（3）为何万用表不同档位测量二极管的正反向电阻值时，阻值会不同？

（4）如何用万用表通过测量来判断一个电解电容的正负极？

8.8　实训 2　串联型稳压电源装接

1. 实训目的

1）会分析串联型稳压电源的原理，熟悉各个元器件的作用。

2）学会二极管、晶体管、稳压管、电解电容等元器件的极性和好坏的判别。

3）学会排除电子电路简单故障。

2. 实训器材与工具

面包板 1 块、万用表 1 只、晶体管 2 个、电阻 6 个、电位器 1 个、二极管 4 个、稳压管 1 个、电解电容 2 个、导线若干、变压器 1 个。

3. 实训前准备

1）了解二极管、晶体管、稳压管、电解电容等元器件的作用、性能及使用注意事项。

2）熟悉串联稳压电源的组成、安装步骤及调试技术。

4. 实训内容

（1）实训电路　如图 8-38 所示。

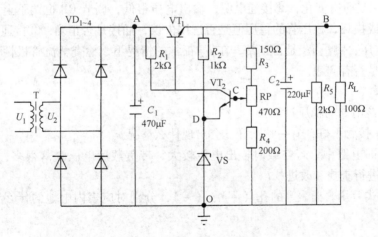

图 8-38　串联型稳压电源电路

（2）元器件参数　图中各元器件的参数取值如下：VT_1 为 C2655 NPN 晶体管；VT_2 为 9013 NPN 晶体管；VS 为 2CW53/5.1V 稳压管；VD_{1-4} 为 IN4007 整流管；C_1 为 470μF/50V 电解电容；C_2 为 220μF/50V 电解电容；R_1 为 RJ2kΩ、1/4W 电阻；R_2 为 RJ1kΩ、1/4W 电阻；R_3 为 RJ150Ω、1/4W 电阻；R_4 为 RJ200Ω、1/4W 电阻；R_5 为 RJ2kΩ、1/4W 电阻；R_L 为 RJ100Ω、2W 电阻；RP 为 WXX470Ω、1/4W 电位器；T 为 220V/12V、10V·A 变压器。

（3）工作原理　T 是 220V/12V 降压变压器，220V 经降压后变为 12V，送到 VD_{1-4} 进行整流、C_1 滤波后成为直流；VT_1 为调整管，VT_2 与 VS 以及 RP、R_3、R_4 构成取样电路，将

输出电压取样作 VT_1 基极的调整信号，从而调整 VT_1 管的 U_{ce} 电压。其中，R_2 与 VS 构成稳压电路，稳定 D 点的电压，C_2 对输出电压波形进一步起到稳定平滑的作用。稳压过程如下：

输出电压上升时，$U_O\uparrow\rightarrow U_{VT2B}\uparrow\rightarrow U_{VT2C}\downarrow\rightarrow U_{VT1B}\downarrow\rightarrow U_{VT1CE}\uparrow\rightarrow U_O\downarrow$，输出电压下降时 $U_O\downarrow\rightarrow U_{VT2B}\downarrow\rightarrow U_{VT2C}\uparrow\rightarrow U_{VT1B}\uparrow\rightarrow U_{VT1CE}\downarrow\rightarrow U_O\uparrow$，达到稳压目的。

（4）实训步骤

1）元器件的选择及好坏判别。

2）电路装接。经过筛选确定所给元器件均好后，开始按电路图装接电路，注意布局合理，元器件极性不要接反，完成后经老师检查无误即可通电。

3）数据测试。不接 R_L，调整 RP，使 $U_{BO}=10V$，此时测量 U_2、U_{AO}、U_{CO}、U_{DO}、U_{AB}，填入的表中；接入 R_L，重新调整 RP，使 $U_{BO}=10V$，再测量 U_2、U_{AO}、U_{CO}、U_{DO}、U_{AB} 填入表 8-17 中。

表 8-17　数据测量　　　　　　　　　　　　　　　　　（单位：V）

条件 ＼ 电压	U_2	U_{AO}	U_{CO}	U_{DO}	U_{AB}
$U_{BO}=10V$ 时，不接 R_L					
$U_{BO}=10V$ 时，接入 R_L					

4）故障分析。①接通电源，调节 RP，输出电压无变化：首先检查两个晶体管是否接触良好，稳压二极管 VS 是否击穿短路，用表检查 U_{CO} 是否随调节而变化，若没改变，再看 VT_1 极基的电压是否有变化；②接通电源，输出电压很低，调节 RP 也调不上去：应检查稳压管是否接反或损坏，稳压管的稳压值是否选用失误，插接是否正确；③接通电源，如电容器 C_1 两端无电压：测量 U_2 是否正常，在 U_2 正常的情况下，检查整流管极性是否正确，有无损坏，连接是否有问题。

5. 思考题

（1）分析该电路的稳压过程？

（2）若 R_3 接触不好，有一端断开，会出现什么情况？

（3）在实训电路中，若空载时输出电压较大，带负载后电压跌落很多，是什么原因？应从哪些方面进行查找和改进？

（4）指针式万用表插表笔的孔（＋）、（－），分别对应表内电池的什么极？数字万用表呢？

第9章 手工焊接基本知识

内容提要： 本章主要介绍手工焊接的相关知识。通过一些实用的电路板制作与焊接调试实训，掌握手工焊接的操作方法，具备制作和调试简单电子电路的能力。

焊接技术，对于一个电气技术人员来说，是既简单而又重要的技术。这是因为电气技术人员无论制作电路板还是维修电气设备，焊接电路中的电子元器件是经常的事。焊接质量的好坏，直接影响到电路的工作状态，因此，掌握焊接技术是非常必要的。通过加热或其他方法，将两种材料的原子互熔、相互扩散并结合起来的过程，称为焊接。焊接的类型主要有：熔焊、钎焊和压焊，电子产品装配中使用最多的是钎焊。钎焊按焊料的熔点分：低于450℃的称为软焊；高于450℃的称为硬焊。印制电路板的焊接，采用锡铅焊料，属于钎焊中的软焊，也称为锡焊。

随着现代科技的高速发展和电子产业的需求，焊接方法已从传统的手工焊接逐步向智能化的自动焊接机转变，焊接质量、工作效率得到了极大的提高，大大减轻了工人的劳动强度。尽管如此，手工焊接技术在小批量生产、研制开发产品及维修的过程中仍然发挥着自动焊接机所不可替代的重要作用。

9.1 焊接工具和材料

9.1.1 电烙铁

电烙铁是进行手工焊接最常用的工具，它是根据电流通过加热器件产生热量的原理制成的。电烙铁功率 $P = U^2/R$，其中 $U = 220V$，R 为电烙铁的内阻，即烙铁芯的电阻值。由此式可看出，电烙铁的功率越高，其内阻值越小。电烙铁的标称功率有15W，20W，30W，45W，75W，100W 和300W 等。

常用的电烙铁主要由烙铁头和烙铁芯构成。烙铁芯是由电阻丝和绝缘材料做成，是电烙铁的热源，其热传递给烙铁头。烙铁头是用导热良好的紫铜做成的，主要是用来熔化焊锡。在焊接前，首先应根据焊接任务的不同选择合适功率的电烙铁。选择原则是根据焊接点的面积、热容量的大小及散热的快慢而定。例如，要焊接金属板、地线等较大体积的金属，需用75W 以上的电烙铁；焊接电子元器件，集成电路等，用 15～30W 的电烙铁即可。特别注意，焊接 CMOS 器件时，电烙铁外壳接地要良好，如果没有接地线，可将电烙铁断电，利用余热进行焊接。

使用电烙铁应注意以下两点：

第一，新的电烙铁在使用前应用锉刀将烙铁头锉干净。根据焊接任务的不同，锉成细长斜面或者楔形等，通电加热后，应先上一层松香，再挂上一层焊锡，使其"吃锡"，这样有利于保护烙铁头，不易氧化。

第二，长时间使用的电烙铁，在烙铁头热到一定程度后，其表面氧化严重，导致烙铁头传热性能差，沾不上焊锡，无法焊接，这种现象叫"烧死"，可将电源电压降低一些，防止电烙铁"烧死"。

常用的电烙铁有普通电烙铁、控温电烙铁、防静电电烙铁等，另外还有半自动送料电烙铁、超声波电烙铁、吸锡式电烙铁等。下面简单介绍几种常见电烙铁。

1. 普通电烙铁

普通电烙铁，按对烙铁头的加热方式可分为内热式与外热式，其外形及结构如图 9-1 所示。内热式电烙铁的电热丝置于烙铁头内部，热量能被烙铁头充分吸收，效率较高；外热式电烙铁的电热丝则包在烙铁头上。这两种电烙铁的共同特点是构造简单，价格便宜，但烙铁头的温度不能有效控制，只能靠调节烙铁头长度来进行微调。

2. 控温电烙铁

控温电烙铁借助内部的自动开关来控制，并保持烙铁头温度在设定值。烙铁头温度恒定，故可提高焊接质量，延长使用寿命，并且省电。

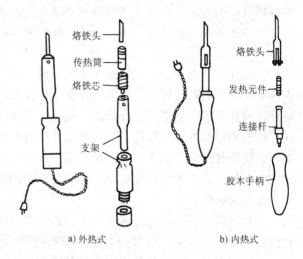

a) 外热式　　　　b) 内热式

图 9-1　普通电烙铁

3. 防静电电烙铁

防静电电烙铁主要用于一些有防静电要求的电路的装配与检测（如对集成电路、场效应晶体管等元器件的焊接），主要是对烙铁头进行接地处理，从而达到静电屏蔽的作用。

4. 热风焊枪

利用焊枪端头的喷嘴喷出来的高温空气来熔化焊料，从而达到对元器件的焊接或拆焊的目的。多用于表面贴装元器件的拆焊。

电烙铁主要是用烙铁头来传导热量并完成焊接的。它的形状有多种，根据用途的不同可适当选用或整形。良好的烙铁头应表面齐整、光亮，上锡良好。烙铁头经长时间使用后表面会受到焊剂和焊料的侵蚀，造成高低不平，影响焊接质量，这时要用锉刀修平，重新上锡。

5. 辅助工具

辅助工具有如下几种。

（1）尖嘴钳　图 9-2a 所示的尖嘴钳主要作用是在连接点上网绕导线、元件引线及对元器件引脚成型。使用时应注意：①不允许用尖嘴钳装卸螺母、夹较粗的硬金属及其他硬物；②塑料手柄破损后严禁带电操作；③尖嘴钳头部经过了淬火处理，不能在锡锅或高温地方使用。

（2）斜口钳　又称偏口钳、剪线钳，如图 9-2b 所示。主要用于剪切导线、元器件多余或过长的引线。不要用斜口钳剪切螺钉和较粗的钢丝，以免损坏钳口。

（3）镊子　如图 9-2c 所示，主要用来夹取微小器件，焊接时夹持被焊件以防止其移动和帮助散热。有的元器件引脚上套的塑料管在焊接时遇热收缩，此时，也可用镊子将套管向外推动使之恢复到原来位置。它还可在装配件上网绕较细的线材，以及用来夹蘸有汽油或酒精的小棉纱团或泡沫清洗焊点上的污物。

（4）刀子 如图 9-2d 所示，主要用来刮去导线和元器件引线上的绝缘物和氧化物，使之易于上锡。

（5）螺钉旋具 分为十字旋具、一字旋具。主要用于拧动螺钉及调整可调元器件的可调部分。

（6）烙铁架 一般情况下，焊接时配置一个烙铁架，焊接时随用随放，可以防止烫伤人或元器件。烙铁架可以自制：在一块木板上，固定一根 M 形粗铁丝即可，简单适用。

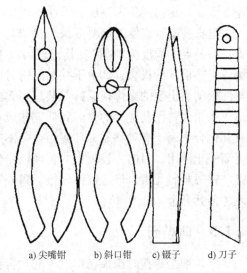

a) 尖嘴钳　　b) 斜口钳　　c) 镊子　　d) 刀子

图 9-2　焊接辅助工具

9.1.2 焊料

焊料由易熔金属构成，焊接时熔化并与待焊金属材料结合，在待焊材料表面形成合金层，将待焊材料连接在一起。焊料通常是用锡（Sn）与铅（Pb）再加入少量其他金属制成的材料，一般称为焊锡。它具有熔点低、流动性好、对元器件和导线的附着能力强、机械强度高、导电性好、不易氧化、抗腐蚀性好、焊点光亮美观等优点。

1. 焊锡的种类

常用焊锡按含量的多少可分为 15 种，按含锡量和杂质的化学成分分为 S，A，B 三个等级，电子元器件焊接使用的焊锡一般为 65Sn ~ 40Sn，如表 9-1 所示。

表 9-1　焊锡的符号、等级、液相温度

种 类	等 级	符 号	液相线温度/℃	种 类	等 级	符 号	液相线温度/℃
65Sn	S	H65S	186		S	H50S	
63Sn	S	H63S	184	50Sn	A	H50A	215
	A	H63A			B	H50B	
	B	H63B			S	H45S	
60Sn	S	H60S	190	45Sn	A	H45A	227
	A	H60A			B	H45B	
	B	H60B			S	H40S	
55Sn	S	H55S	203	40Sn	A	H40A	238
	A	H55A			B	H40B	
	B	H55B					

65Sn 用于印制电路板的自动焊接（浸焊、波峰焊等）；50Sn 为手工焊接中使用较广泛的焊锡，但其液相温度高（为 215℃），为防止器件过热，最好选用 60Sn 或 63Sn。

2. 焊锡的形状

常用焊锡有五种形状：块状、棒状、带状、丝状和粉末状等。块状及棒状焊锡用于浸焊和波峰焊等自动焊接机。丝状焊锡主要用于手工焊接，俗称焊锡丝，其直径（单位为 mm）有 0.5、0.8、0.9、1.0、1.2、1.5、2.0、2.3、2.5、3.0、4.0、5.0 等。

手工焊接时，为简化操作，将焊锡丝制成管状，管内夹带固体焊剂。焊剂一般用特级松香并添加一定的活化剂制成。管状焊锡丝有一芯、二芯和多芯等品种。

整机装配、维修时焊料多采用锡铅焊料，其配比为含锡63%、铅37%，又称为共晶焊锡，共晶点的温度为183℃。其优点为：①焊点温度低，减少了元器件及印制电路板等被焊物件受热损坏的机会；②由于共晶焊锡可以由液体直接变成固体，减少了焊点冷却过程中元器件松动而出现的虚焊现象；③共晶焊锡的抗拉强度和剪切强度高。

锡铅焊料因其优异的性能和低廉的成本，一直是电子组装焊接中的主要焊接材料。但铅及其化合物属于有毒物质，且锡铅合金不能满足近代电子工业对可靠性的要求，故铅焊料将逐渐停止使用。目前，较理想的替代锡铅焊料的无毒合金是锡基合金，主要以锡为主，添加银、锌等金属元素，形成以锡—银、锡—锌为基体，再加以适量的其他金属元素所组成的三元、多元合金。

9.1.3 助焊剂

助焊剂是焊接时添加在焊点上的化合物，是进行锡铅焊所必须的辅助材料，焊接时待焊材料表面首先要涂覆助焊剂。为了使用方便，有的焊料已加入了助焊剂，如松香心焊锡丝等。

1. 助焊剂的作用

1）利用助焊剂的活化性，溶解待焊材料表面的氧化物和杂物。

2）焊接时，助焊剂熔化后在焊料和待焊材料表面形成一层薄膜，隔绝了与外界空气的直接接触，防止待焊材料和焊料在加热高温下与空气中的氧气发生氧化反应。

3）可减小熔化后焊料表面的张力，增加其流动性，有助于润湿并形成良好的焊点。

2. 常用助焊剂

助焊剂的种类较多，有焊油、焊锡膏等，属于酸性助焊剂。酸性助焊剂能除锈，保证焊牢元器件，但它的缺点是：会腐蚀元器件，破坏电路的绝缘性能。另一类助焊剂是松香、酒精松香。它们属于中性助焊剂，不会腐蚀电子元器件，焊接时不产生刺激性有害气体，适用于待焊材料为镍和镍合金、铜和铜合金、银和白金等可焊性较差金属的锡铅焊，是常用的助焊剂。值得一提的是：装配电子设备时，多选用松香做助焊剂，不使用酸性助焊剂。

9.2 电烙铁焊接

电烙铁焊接又称手工焊接，适用于新产品的试制，小批量生产的产品焊接，电路故障检修以及在高可靠性要求的场合和其他不便于使用机器焊接的场合，是最普遍、最基本的焊接方法。电烙铁焊接一般要经过三个步骤：焊接前的准备（包括元器件引线和印制电路板表面清洁、预焊、元器件引线成型与插装）、焊接及焊点检验。

9.2.1 待焊材料的预加工

一般新元器件的可焊性都较好，可不需进行预加工即可直接焊接。而一些旧元器件或待焊材料（元器件引线、接线柱、印制板焊盘等）的表面受到氧化和污染后，可焊性将会降低，所以要先对这些待焊材料进行预加工处理。处理的步骤主要为：清洁待焊材料，去除其表面的氧化层或污物，然后对其进行预焊镀锡处理。预焊的方法有两种，一是在焊料槽中进行浸锡，另一种是用带有焊料的烙铁头去加热涂有助焊剂的待焊材料，利用助焊剂的助焊作用，使待焊材料焊接处表面全都均匀地镀上薄薄的一层焊料。

对于元器件引线（焊接处）的清洁，可用刀片刮去（或用细砂纸磨去）引线上的污染物和氧化物。有些元器件有镀金合金引出线，因其基材不易搪锡，不能将镀金层刮掉，可用粗橡皮擦去表面脏物。

印制电路板表面一般涂覆有焊料和助焊剂等保护层，可直接进行焊接。未经涂覆的印制电路板可用细砂纸磨光、清洁其表面，然后清洗、烘干再涂覆焊料或助焊剂。

9.2.2　手工焊接

1. 手工焊接的条件

做到良好焊接的条件是：待焊材料具有清洁的金属表面；加热到最佳焊接温度；金属扩散时产生金属化合物合金。对形成焊点的质量要求，应包括电接触良好、机械性能好和美观三个方面。而正确的焊接操作步骤，是保证焊点质量的主要措施，因此必须进行严格和大量的训练，以便熟练地掌握焊接技能。

2. 电烙铁和焊料握持方法

焊接时，电烙铁的握持方法因人而异，可灵活掌握。图 9-3 是几种常见的电烙铁握法。对于焊料一般拿法如图 9-4 所示，其中图 9-4a 为连续焊接时的拿法，图 9-4b 为断续焊接时的拿法。

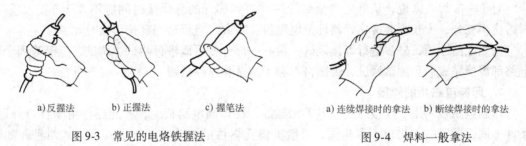

a) 反握法　　b) 正握法　　c) 握笔法　　　　a) 连续焊接时的拿法　b) 断续焊接时的拿法

图 9-3　常见的电烙铁握法　　　　　图 9-4　焊料一般拿法

3. 焊接操作步骤

在各方面的条件都准备好以后，就可以进行焊接。对初学者而言，手工电烙铁焊接可采用五工序法，如图 9-5 所示。

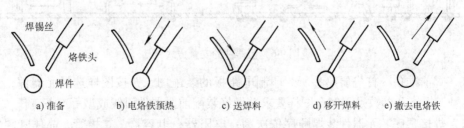

焊锡丝　　烙铁头　　焊件

a) 准备　　b) 电烙铁预热　　c) 送焊料　　d) 移开焊料　　e) 撤去电烙铁

图 9-5　焊接工序

（1）准备　准备好焊锡丝和电烙铁。此时特别强调的是烙铁头部要保持干净，如烙铁头有氧化层，应先吃锡。

（2）电烙铁预热　将电烙铁接触焊接点，注意要保证电烙铁加热焊件各部分，例如印制电路板上引线和焊盘都应使之受热，其次要注意让烙铁头的扁平部分（较大部分）接触热容量较大的焊件，烙铁头的侧面或边缘部分接触热容量较小的焊件，以保持焊件均匀受热。

（3）送焊料　待焊材料加热到一定温度后，从烙铁头的对面送上焊料并熔化焊料，焊料开始熔化并润湿焊点。

（4）移开焊料　熔化一定量的焊料后将其移开。

（5）撤去电烙铁　焊接点上的焊料接近饱满、助焊剂尚未完全挥发、焊点最光亮、流动性最强的时候，应迅速撤去电烙铁。正确的方法是：电烙铁迅速回带一下，同时轻轻旋转一下朝焊点45°方向迅速撤去。要掌握好电烙铁撤去的时间，如果停止填充焊料后仍继续加热，则本来已充分吸收成型的焊料就会流淌，从而造成焊点太大，表面粗糙、拉尖，失去金属光泽；如果填充焊料时加热时间过短，则焊点不能充分润湿，造成松香焊、虚焊等不完全焊接。

上述过程，对于焊接技术较为熟练的人或热容量小的焊件，也可采用三工序法。它的方法与五工序法较为相似，只不过将第二、三步和第四、五步简化为两个步骤，其余要求均同于五工序法。实际上细微区分还是五工序，所以五工序法具有普遍性，是掌握手工电烙铁焊接的基本方法。特别是各步骤之间停留的时间，对保证焊接质量至关重要，只有通过实践才能逐步掌握。

对于一般焊点来说，从电烙铁预热待焊材料到移开的总焊接时间应不大于3s，太短焊料熔化不充分；太长则会烫伤元器件及电路板。对大焊点可适当延长焊接时间。

按照电路原理，分步进行焊接调试。做好一部分就可以进行测试、调试，不要等到全部电路都焊接完成后再测试调试，否则将不利于调试和排除故障。

4. 印制电路板的焊接

印制电路板可用于连接与安放电子元器件，在印制电路板上，各元器件由于各自外形、条件不同，摆置的方法也不尽相同，一般被焊元器件的安置方式有卧式和立式两种，如图9-6所示。

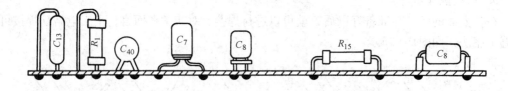

图9-6　元器件的安置方式

（1）焊前准备　首先要熟悉所焊印制电路板的装配图，并按图样选择元器件，检查元器件型号、规格及参数是否符合图样要求并做好装配前元器件引线成型等准备工作。

（2）焊接顺序　元器件装焊顺序依次为：电阻器、电容器、二极管、晶体管、集成电路、大功率管，其他元器件为先小后大。

（3）对元器件焊接的要求

1）电阻器焊接：按图将电阻器准确装入规定位置。要求标记向上，字向一致。装完同一种规格后再装另一种规格的电阻器，尽量使它们高低一致。焊完后将露在印制电路板表面多余的引脚线齐根剪去。

2）电容器焊接：将电容器按图装入规定位置，注意有极性电容器正负极不能接错，电容器上的标记方向要易于查看。先装玻璃釉电容器、有机介质电容器、瓷介电容器，最后装电解电容器。

3）二极管的焊接：二极管焊接要注意以下几点：第一，注意极性，不能接错；第二，型号标记要易于查看；第三，焊接立式二极管时，对最短引线焊接时间不能超过 2s。

4）晶体管焊接：注意 e、b、c 三引脚位置插接正确；焊接时间尽可能短，焊接时用镊子夹住引脚，以利于散热。焊接大功率晶体管时，若需加装散热片，应将接触面整平、打磨光滑后再紧固，若要求加垫绝缘薄膜时，切勿忘记加薄膜。

5）集成电路焊接：检查型号、引脚位置排列是否相符要求。焊接时先焊两边的二只引脚，以使其定位，再从左到右自上而下逐个焊接。对于电容器、二极管、晶体管露在印制电路板面上多余的引脚线均需齐根剪去。

5. 接线柱的焊接

将导线或元器件管脚与接线柱焊接时，首先要将导线的端部临时固定在接线柱上，这种操作称为绕挂。

焊接时，应使导线或元器件绕挂排列整齐、连接牢固。如果绕挂处松弛，焊料凝固后会因导线松动而无光泽，易造成虚焊。绕挂后，多余的引线部分应剪掉。

6. 插焊

焊接导线与管状接线柱时，应将导线的末端插入接线柱中进行焊接，称为插焊。导线的剥线长度应比接线柱孔深约 1mm，芯线的端面切成斜面并应进行预焊。

插焊可按以下几个步骤进行。

1）将焊料填入接线孔内，用电烙铁加热接线柱，然后将焊料熔入接线柱孔内，应注意使接线柱的内壁全面润湿焊料。

2）焊接。将导线线端插入已熔化的焊料中，在焊料润湿芯线的同时，慢慢地插到底。如果接线柱的上部是斜面槽形，导线应沿着长的一侧内壁插入并贴紧。

3）凝固。焊料充分润湿芯线和内壁后，应立即停止加热。焊料充分凝固之前，不得触动导线。

7. 焊接工艺要求

焊接的原则是：焊接牢固，不能有虚焊；焊点光亮、圆滑。焊点要有足够的机械强度，保证被焊件在受振动或冲击时不致脱落、松动。不能用过多焊料堆积，这样容易造成虚焊、焊点与焊点的短路。焊接可靠，具有良好的导电性，防止虚焊。虚焊是指焊料与被焊件表面没有形成合金结构，只是简单地依附在被焊金属表面。焊点表面要光滑、清洁，焊点表面应有良好光泽，不应有毛刺、空隙，无污垢。焊接前要选择合适的焊料与焊剂。

1）焊接前，应做好被焊件的清洁工作，即用钢锯条、小刀或砂纸清除被焊件表面的绝缘漆和氧化膜，使其呈现金属光泽，然后上一点助焊剂，用电烙铁烫一层焊料。这样更利于焊接且能避免虚焊。

2）掌握好焊接温度、时间。电烙铁温度太低，焊出的焊点不亮，呈"豆腐渣"状，不能保证焊接质量；温度太高，焊料流淌，焊点不易存焊料，也不能保证质量。一般情况下，电烙铁头的温度应该限制在200~240℃内。

3）焊接时，被焊件必须扶稳不动，特别在焊锡凝固过程中被焊物不能晃动，使用焊锡多少，应根据焊点大小来决定，一般是焊料能包住被焊件为止。

4）将电阻、电容、二极管等元器件根据焊孔距离的大小弯成一定形状（最好呈直角形），插好元器件并排列整齐，再统一焊接。焊接晶体管时，最好用镊子夹住管脚焊接，以保护晶体管。焊好后，应将过长的引线剪掉。

5）装在印制电路板上的元器件应尽可能保持同一高度，元器件引脚不必加套管。

6）元器件的安装方向应便于观察极性和数值。

7）焊接完毕后，应检查有无漏焊、错焊、虚焊问题，可用镊子或尖嘴钳夹住元件引线拉一拉、晃一晃，看有无松动，如有松动，重新焊接。

8）用酒精将焊点擦干净。

9.2.3 焊接检验

焊件焊接结束后，对于焊点的质量优劣主要从三个方面来衡量。

（1）电气连接应可靠　在焊点处应为一个合格的短路点，与之相连的各点间的接触电阻值应为零。

（2）足够的机械强度　要有一定的抗拉、抗振强度，使各焊件在机械上形成一体。

（3）外观的检查　首先要看焊料的润湿情况和焊点的几何形状，如是否有漏焊，有无连焊，有无桥接，焊盘有无脱落等。手触检查是指用手触摸元器件，但不是用手去触摸焊点。对可疑焊点也可以用镊子轻拉引线，这对发现虚焊、假焊特别有效。然后从焊点的亮度、光泽等方面进行检查。一个良好的焊点，应是明亮、平滑、焊料量充足并成裙状拉开，焊锡与焊盘结合处的轮廓隐约可见，并且无裂纹、针孔、拉尖现象。检查中常发现的焊接缺陷主要有以下几种，如图9-7所示。

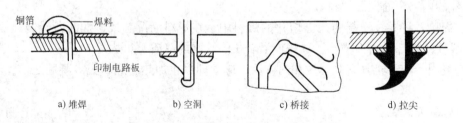

图9-7　焊接缺陷的几种图示

1）堆焊。堆焊如图9-7a所示，这种情况主要是由于焊接不熟练造成的，表现在焊点看上去像一个丸子，根本原因是焊料加的太多，这往往是由于元器件的引线不能浸润、温度不适等原因间接造成的。堆焊很容易造成相邻焊点短路、虚焊等，是比较容易发现的焊接缺陷。

2）空洞。空洞如图9-7b所示，主要由于焊盘的插线孔太大，导致焊料没有足够的凝结力来填满整个插线孔，在焊接时表现在加多少焊料都没法形成完整的焊点，但多余的焊料却流到插孔的背面去了。焊盘由于氧化等原因导致浸润性能不良的时候也会出现这种情况。

3）桥接。桥接是指焊料将印制电路板的铜箔连接起来的现象，如图9-7c所示。桥接容易造成线路短路。这种情况往往发生在焊点密集的地方。细小的桥接很难发现，只有在电气性能测试时，才有可能发现，危害比较大，在焊接时应特别注意。

4）浮焊。浮焊是指焊料与焊盘的结合不紧密，像是浮在焊盘上一样，表现在这种焊点表面不光滑，呈白色颗粒状。造成浮焊的原因可能是焊接时间过短没法使得焊料中的焊剂挥发完全，也可能是使用的焊料不纯，所以在重焊时，最好将原来的焊料清除掉。

5）焊点拉尖。这种情况发生时，焊点的形状如同石钟，如图9-7d所示。焊料过量、焊接温度过低、烙铁离开焊点的方向不对都可能造成这种情况。这在高压电路中可能造成打火现象。

9.2.4　焊点的拆除

在电路的调试和检修过程中，经常需要对电路中的一些元器件、连线等进行拆除，这称为拆焊。拆焊方法不当，往往会造成元器件的损坏、印制导线断裂或焊盘脱落。良好的拆焊技术，能保证调试、维修工作顺利进行，避免由于更换元器件不得法而增加产品故障率。在拆焊时，应注意时间及方法的掌握。针对不同拆焊对象，需采用不同的方法来进行。

1. 印制电路板焊点焊件的拆除

（1）分点拆除法　对于电阻、电容等只有两个焊点的元器件，可先用电烙铁加热一点，同时用镊子将引脚拉出来，然后再用同样的方法拆除另外一点，即可拆下待拆焊件。

（2）集中拆焊法　对于集成电路、波段开关等多引脚元器件的拆除，应采用专用的一些工具来进行。

1）选用合适的医用空心针头拆焊。将医用空心针头锉平，作为拆焊工具。具体方法是：一边用电烙铁熔化焊点，一边把针头套在被焊的元器件引线上，直至焊点熔化后，将针头迅速插入印制电路板的孔内，使元器件的引脚与印制电路板的焊盘脱开，如图9-8所示。

2）用气囊吸锡器进行拆焊。将被拆焊点加热使焊料熔化，把气囊吸锡器挤瘪，将吸嘴对准熔化的锡料，然后放松吸锡器，焊料就被吸进吸锡器内，如图9-9所示。

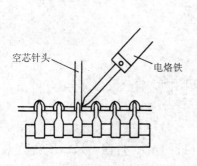

图9-8　利用医用空心针头拆焊

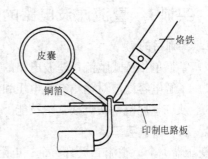

图9-9　用气囊吸锡器拆焊

3）用铜编织线进行拆焊。将铜编织线的部分吃上松香助焊剂，然后放在将要拆焊的焊点上，再将电烙铁放在铜编织线上加热焊点，待焊点上的焊锡熔化后，就被铜编织线吸去。如焊点上焊料一次未吸完，则可进行第二次、第三次，直至吸完，如图9-10所示。

4）用专用拆焊电烙铁拆焊。图9-11所示是用专用拆焊电烙铁拆焊，它能一次完成多引脚元器件的拆焊，且不易损坏印制电路板及其周围元器件。这种拆焊方法对集成电路、中频变压器等拆焊很有效。在用专用拆焊电烙铁进行拆焊时，应注意加热时间不能过长。

最后将各焊点的焊料逐个去除，将各引脚逐个与焊盘分离，即可拆下元器件。

（3）间断加热拆焊法　对于中频变压器、线圈等多引脚且塑料骨架的元器件，可先用电烙铁加热，尽量去除焊点焊料，再用空心针头或镊子挑开焊盘与引脚间的残留焊料，然后用烙铁头对引脚未能挑开的个别焊点加热，趁焊料熔化时拔下元器件。

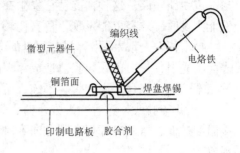

图 9-10　铜编织线拆焊

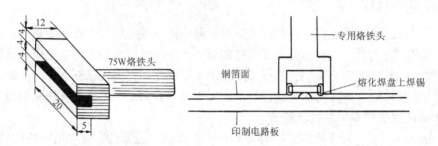

图 9-11　专用烙铁头和专用电烙铁拆焊示意图

2．其他接线柱焊点的拆除

对于一般的接线柱绕挂焊接、插焊焊点，可用电烙铁加热焊点，趁焊料熔化时用镊子或尖嘴钳拔出引线并拆除；若某些焊点实在不易拆除，可直接将待拆引线沿焊点根部剪断，然后再拆除残余线头，以便重新焊接。

焊接作为一种实践性极强的技能，要熟练掌握这门技术，除了应具备必要的理论知识，严格地遵循焊接工艺规程外，更重要的是要经过反复训练，不断总结提高，才能做到得心应手。

9.3　实训 1　整流滤波电路的焊接与调试

1．实训目的

1）掌握单相桥式整流、滤波电路的工作原理。

2）了解电容滤波对输出直流电压和纹波电压的影响。

3）熟练掌握电烙铁焊接基本技能。

2．实训器材与工具

变压器 1 个；整流二极管 4 个；电阻 1 个；电解电容 1 个；灯泡 1 只；开关 2 只；万能电路板 1 块；30W 电烙铁、烙铁架 1 只；焊锡、松香、小导线若干；示波器 1 台；万用表 1 只；焊接辅助工具。

3．实训前准备

1）了解变压器、整流二极管、电阻、电容各元器件的作用、使用方法及相关标识。

2）理解和掌握二极管整流、滤波电路的组成。

3）了解电烙铁焊接的一般步骤、方法、工艺要求。

4. 实训内容

（1）实训电路　如图 9-12 所示。

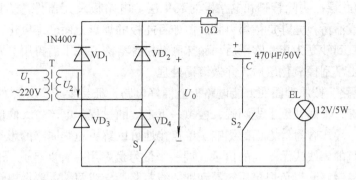

图 9-12　整流滤波电路

（2）元器件参数　图中各元件的参数取值如下：T 为 220V/12V、5V·A 变压器；VD_1 ~ VD_4 为 IN4007 整流二极管；R 为 10Ω/2W 电阻；C 为 470μF/50V 电解电容；EL 为 12V/5W 灯泡；S_1 ~ S_2 为开关。

（3）电路原理　电子设备所需要的直流电源要求输出的直流电平平滑、脉动成分小，且当电网电压和负载电流在一定范围内波动时，输出电压幅值稳定。这种电源通常都是由电网提供的交流电，并通过变压、整流、滤波和稳压而得到的。

1）整流电路：整流是把交流电转变成直流电的过程。在图 9-12 中，将 S_1 断开，即构成半波整流电路，此时电路输出的直流电压平均值为：$U_0 = 0.45U_2$。式中的 U_2 为变压器二次电压的有效值。将 S_1 合上，即构成桥式整流电路，此时电路输出的直流电压平均值为：$U_0 = 0.9U_2$。

2）滤波电路：合上 S_2 是为了平滑整流后的脉动电压波形，减小其纹波成分，必须在整流电路后面加滤波电路。

为了说明滤波电容 C 对纹波电压的影响，可用示波器来观察其纹波波形的大小。

（4）实训步骤

1）电容器电容量的识别。注明表 9-2 中各类电容标值的全称。

表 9-2　电容器容量的判别

标值	全称	标值	全称	标值	全称	标值	全称
2.7		10000		2p2		473	
3.3		0.01		1n		682	
6.8		0.015		6n8		331	
20		0.022		10n		2214	
27		0.033		22n		229	
200		0.068		100n		3n3J	
300		0.22		220n		473K	
1000		0.47		103		332K	
6800		R33		104		3300J	

2）元器件检查。用万用表检查所用元器件的好坏。电子元器件在安装前应先用万用电表进行测量，判断其好坏，因为焊接以后就不容易检查出来。

3）清除氧化层。去除管脚和电路板的氧化层。电路板及元器件的表面必须保持清洁，不能有氧化层或油污，尤其是待焊引脚。假如万能板的焊盘上面已经氧化，那么需要用水砂皮过水打磨，直到砂亮为止，吹干后，涂抹酒精松香溶液，晾干后再用。元器件引脚如果氧化，用刀片等工具刮掉氧化层后，并做镀锡处理。

4）插接电路。按原理图在万能电路板上插好电路。插接要求：元器件布局要合理，事先一定要规划好，不妨在纸上先画画，模拟一下走线的过程。电流较大的信号要考虑接触电阻、地线回路、导线容量等方面的影响。单点接地可以解决地线回路的影响，这点容易被忽视。用不同颜色的导线表示不同的信号（同一个信号最好用一种颜色）；导线剥开后，绝缘层剥离长度要控制好，以免焊接后容易和别的线短路；导线两端需要做镀锡处理，走线要规整；边焊接边在原理图上做出标记。

5）焊接。要求焊接牢固，不能有虚焊，焊点应光亮、圆滑。焊接工艺按照焊接五工序法要求做，焊出的焊点要进行检查，成团、成蒜头形、成火山口形或焊得太薄的一般都是不合格的。

6）测量整流滤波电路的电压并画出其波形。用万用表和示波器分别测量和观察波形，并将结果记入表9-3中。

表9-3　电压及波形测量

		电流种类	万用表	波形
变压器输入电压 U_1				
输出电压 U_2				
U_0	S_1 断、S_2 断			
	S_1 合、S_2 断			
	S_1 合、S_2 合			

7）故障分析

①通电无输出电压 U_2，这种情况应首先检查交流电源是否正常，再检查变压器是否连接好。②通电无输出直流电压 U_0，这种情况很可能是二极管没接好或损坏。

5．思考题

（1）根据实训数据和波形，说明整流器、滤波器的作用。

（2）说明 R 在电路中的作用。将 R 分别接入或撤出电路，测量并观察比较输出电压及其波形。

（3）输出波形电压大小与电路中的哪些因素有关？

（4）若任意一 VD 有一端断开或接触不好，会出现什么情况？

9.4　实训2　单管放大电路的焊接与调试

1．实训目的

1）掌握电子线路的焊接及工艺要求。

2）掌握单管放大电路静态工作点的调试及计算方法。

3）掌握单管放大电路放大倍数的测量方法。

4）熟练掌握常用电子仪器（示波器、信号发生器、稳压电源等）的使用方法。

2. 实训器材与工具

12V 直流稳压电源 1 台、信号发生器 1 台、示波器 1 台、电烙铁 1 支、万用表 1 只、直流毫安表（10mA）1 只、直流微安表（50μA）1 只、电位器 1 个、电阻 4 个、电解电容 3 个、晶体管 1 个、万能电路板一块、焊锡、导线若干，焊接辅助工具。

3. 实训前准备

1）进一步了解二极管、晶体管、稳压管、电解电容等元器件的作用、性能及使用注意事项。

2）熟悉反馈电路的组成和工作原理。

3）熟悉单管放大电路的组成、安装步骤及调试技术。

4. 实训内容

（1）实训电路　如图 9-13 所示。

（2）元器件参数　图中各元件的参数取值如下：VT 为 9013 NPN 晶体管；C_1 为 47μF/25V 电解电容；C_2 为 22μF/25V 电解电容；C_e 为 100μF/25V 电解电容；R_{b1} 为 RJ30kΩ、1/4W 电阻；R_{b2} 为 RJ10kΩ、1/4W 电阻；R_c 为 RJ2.4kΩ、1/4W 电阻；R_e 为 RJ510Ω、1/4W 电阻；RP 为 WXX100kΩ、1/4W 电位器。

（3）工作原理

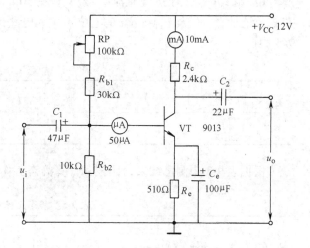

图 9-13　电流负反馈放大电路

1）元器件在电路中的作用：① ⓜ 为直流毫安表，用来测量集电极电流 I_c；② ⓤ 为直流微安表，用来测量基极电流 I_b；③VT 为晶体管，是放大电路的核心器件，当发射结正向偏置，集电结反向偏置时，才能起放大作用；④V_{CC} 为工作电源，一方面它为放大电路提供基本的偏置电压和工作电流，另一方面放大器将弱信号变为强信号时，提供足够的能量（晶体管本身不产生能量，只起能量控制和转换的作用）；⑤R_c 为集电极电阻，集电极的电流信号经过 R_c 时，产生压降，从而使晶体管的电流放大作用转化为电压放大作用；⑥R_{b1}、R_{b2} 与 RP 为分压电路，保证晶体管发射结处于正向偏置，调节电位器 RP 就可以改变晶体管的静态基极电流，从而相应地改变集电极静态电流和管压降 U_{ce}，使放大器建立起合适的静态工作点，使晶体管工作于线性区，减少非线性失真；⑦R_e 为射极偏置电阻，将输出回路 I_c 的变化反馈到输入回路（这叫电流负反馈），消除环境温度、电源电压的影响，从而达到稳定工作点的目的；⑧C_1、C_2 为耦合电容器，又叫隔直电容器，使交流信号能顺利通过，而直流信号不能通过，一般电容量较大；⑨C_e 为旁路电容，用来旁通输出电流中的交流成分，使之不通过 R_e，避免了交流成分产生负反馈而使放大倍数下降。

2）原理分析：在电子线路中，由于半导体的导电特性与温度有关，温度的变化对晶体管特性有很大影响。当温度升高时，就会使静态工作点偏离，使 I_c 和 V_{ce} 发生异常变化，偏离预定的数值。为了改善静态工作点，一般采用射极偏置电路和集基偏置电路。本电路采用射极偏置（或电流负反馈）的方法，将输出回路电流变化反馈到输入回路来抑制 I_c 的变化，改善静态工作点，具体过程如下：

$$温度 \uparrow \rightarrow I_c \uparrow \rightarrow I_e \uparrow \rightarrow U_e \uparrow \rightarrow U_{be} \downarrow \rightarrow I_b \downarrow \rightarrow$$
$$I_C \downarrow \longleftarrow$$

（4）实训步骤

1）按照原理图选择合适的元器件，判别元器件好坏、极性或管脚，并进行元器件参数的确认。

2）按照原理图焊接线路。焊接时，要避免元器件因过热而损坏以及虚焊等，并且要求各焊点光亮整洁。

3）将直流稳压电源的输出电压 12V 接入电路。

4）调试静态工作点（直流状态）：改变 RP，应能使 U_{ce} 可调节，用万用表实测 $U_{ce} \approx 6V$ 左右，记录 I_c，I_b 及 R_{RP}（R_{RP} 是电位器串入电路部分的电阻）测的值。将所测数据填入表9-4 中。

表9-4 静态工作点的测试

测量项目 测试条件	U_b/V	U_c/V	U_e/V	I_b/μA	I_c/mA	R_{RP}/kΩ
$u_i = 0$ $R_b =$ 合适值						

根据表9-5 中测量结果，比较和计算静态工作点有关参数，填入表10-4 中。

表9-5 静态工作点的计算

$U_b = V_{CC} \times$ $R_{b2} / (R_{b2} + R_{b1} + R_{RP})$ /V	I_b/μA	I_c/mA	β	$U_{ce} = V_{CC} - I_c$ $(R_c + R_e)$ /V

5）测量电压放大倍数。调节低频信号发生器，使信号发生器输出（通过示波器读取）峰—峰值为 40mV、频率为 1kHz 的正弦波信号，将信号加入到电路输入端。调节 RP，使放大电路工作于最大不失真（放大）状态，利用示波器测量出 u_o 的峰—峰值和周期 T 值，并计算电压放大倍数 A_V 和频率 f_o，将结果填入表9-6 中。

表9-6 电压放大倍数的计算

测量值			计算值	
u_i/V	u_o/V	T/ms	$A_v = u_o / u_i$	$f = 1/T$/Hz

6）观察输出信号：调节 RP，使放大电路工作于最大不失真（放大）和截止失真状态，将信号发生器输出信号增大，使电路工作在饱和失真状态，将波形画在表9-7 中。

表 9-7　波形测量

u_i 波形	
u_o 最大不失真波形	
u_o 截止失真波形	
u_o 饱和失真波形	

7）故障分析：①静态调试时，调节 RP，U_{ce} 电压不能改变。这种情况必须先检查晶体管的管脚是否接错或损坏，然后检查是否有接触不良和电路其他元器件损坏；②动态调试时，无论怎样调节 RP，输出均为饱和失真。这时肯定是输入信号太强，必须检查示波器是否有衰减或未校准；③静态调试正常，但动态调试时，无信号输出。这时必须检查 C_1、C_2 是否开路或极性接反以及输入信号、集电极直流工作电压是否正常等。

5. 思考题

（1）观察输出信号时，为什么放大器的输入和输出波形正好反相？

（2）为什么用万用表测出的信号电压值与示波器的不一样？它们存在着何种关系？

（3）用示波器观察放大器输出波形时，若调节 RP。使波形上部失真，试判断这是什么失真？测量此时 U_{ce} 的大小。

（4）分析产生输出电压波形出现顶部、底部和双向失真的原因，并提出解决办法。如果是 PNP 晶体管，失真波形是否相同？

（5）根据实测结果，分析 RP 对静态工作点及波形失真的影响。

（6）实验电路中 R_b 为什么要用一个电位器和一个固定电阻串联组成？若 R_b 只用一个电位器是否妥当？

（7）发生饱和或截止失真时，管子的 U_{ce} 和 I_c 是比较大还是比较小？

（8）写出调试中遇到的问题及解决办法。

（9）试分析图 9-14 中电压负反馈放大电路的工作原理。

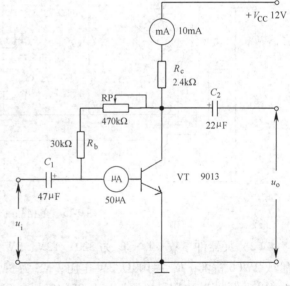

图 9-14　电压负反馈放大电路

9.5　实训 3　单相晶闸管整流电路的焊接与调试

1. 实操目的

1）掌握较复杂电子线路的焊接及工艺要求。

2）学会简单电力电子器件的选用。

3）掌握晶闸管整流电路调压电路的构成。

4）掌握晶闸管整流电路的调试及检测方法。

5）掌握用示波器测量电路波形的方法。

2. 实训器材与工具

变压器 2 个，示波器 1 台，指针式万用表 1 块，桥堆 1 个或整流二极管 4 个，2W 电阻 1 个，0.25W 电阻 5 个，稳压二极管 1 个，电位器 1 个，瓷片电容 1 个，单结晶体管 1 个，整流二极管 2 个，晶闸管 2 个，灯泡 1 个，万能电路板 1 块，导线若干，30W 电烙铁 1 只，焊锡若干，辅助工具等。

3. 实训前准备

1）了解单结晶体管和晶闸管的工作原理。

2）了解单结晶体管触发脉冲产生的原理。

3）了解晶闸管整流电路调压的原理。

4）熟悉晶闸管整流电路输出电压与控制角之间的关系。

4. 实训内容

（1）实训电路　如图 9-15 所示。

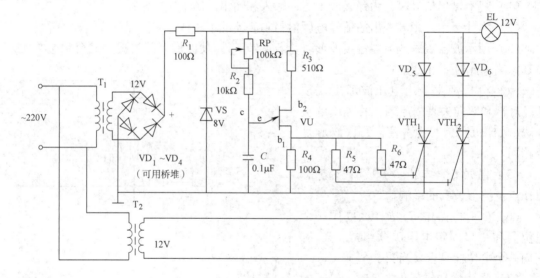

图 9-15　单相晶闸管整流电路

（2）元器件参数　T_1、T_2 为 220V/12V、5W 交流变压器；$VD_1 \sim VD_4$ 为 4007 整流二极管或 2W06 桥堆；R_1 为 100Ω/2W 电阻；VS 为 8V 稳压管二极管；RP 为 100kΩ 电位器；R_2 为 10kΩ/0.25W 电阻；C 为 0.1μF/25V 瓷片电容；R_3 为 510Ω/0.25W 电阻；V、U 为 BT33 单结晶体管；R_4 为 100Ω/0.25W 电阻；R_5、R_6 为 47Ω/0.25W 电阻；VD_5、VD_6 为 4007 整流二极管；VTH_1、VTH_2 为 BT169 晶闸管；EL 为 12V/5W 灯泡。

（3）原理分析

图 9-15 所示电路为单相晶闸管整流调压电路，由单结晶体管组成的触发电路和单相桥式可控整流电路组成。在图示的触发电路中，由桥式整流电路输出全波整流电压信号，通过限流电阻 R_1 和稳压管后，稳压管使整流电源的输出电压幅值限制在一定值以下，输出一梯形波，提供给 RC 振荡电路，经电容 C 充放电后输出一锯齿波电压信号，该信号又作为单结晶体管的发射极的输入电压信号，从而使单结晶体管输出一系列较窄的尖峰脉冲；主电路工作后，当控制极接收到同步的脉冲信号时，晶闸管的阴阳极在正向电压作用下触发导通。调

节充放电回路中的 RP，改变控制角 α，可改变导通角 β，从而达到调节输出电压的目的。

（4）实训步骤

1）根据原理图，选择合适的元器件。对有极性或有极性要求的元器件应进行正确的判断，对其他元器件应确认标称参数。

2）按照原理图正确焊接电路。要求焊接牢固，不能有虚焊，焊点应光亮、圆滑。

3）调试触发电路。线路焊好后，调节 RP，用示波器观察各工作点的电压波形，直至输出一连续可调的脉冲信号。

4）系统调试。接通主电路，将脉冲信号加入晶闸管的控制极，用示波器测试负载两端的电压波形；波形正常后，调节 RP，应使灯泡亮度发生变化。并将电压波形绘制在表 9-8 中。

表 9-8　波形测量

测量项目 条件	变压器 T_1 输出电压波形	稳压管 VS 两端电压波形	电容 C 两端 电压波形	电阻 R_4 两端 电压波形	晶闸管 VTH 控制极电压 波形	灯泡两端 电压波形
RP 最小时						
RP 最大时						

5）注意事项

①连接电路时，必须将各元器件正确接入，特别应注意晶闸管、单结晶体管、二极管、桥堆、稳压管的极性；②主电路和触发电路必须同步（取同相电源）；③测试负载电压波形时，因电压较高，应使用带衰减器的探针直接从灯泡两端测试。

（5）故障分析

1）观察电容两端的波形时，无锯齿波输出，这时需先检查整流桥是否有电压输出，稳压管是否接反或被击穿，然后检查单结晶体管的好坏及管脚是否有误。

2）触发电路有脉冲输出，但接好主电路后灯泡不亮。这种情况应先检查晶闸管两端是否加上了正向电压，晶闸管的好坏和管脚是否有问题，然后检查脉冲幅值是否达到要求。

3）灯泡能发光，但亮度不可调。这时应先检查可调电阻及电容是否有问题，然后检查单结晶体管接线及好坏等等。

5．思考题

（1）试分析触发角 α、导通角 β 与负载电压的关系。

（2）若将触发电路的电源接到 A 相，主电路的电源接到 B 相或 C 相，会出现什么现象？

（3）当脉冲的幅值不够高时，用什么方法增大其幅值？

（4）为什么本电路采用两只变压器，若只用 1 只，电路有何现象？

附录 电工基本技能实训教学设计

一、能力目标设计

电工基本技能是指能胜任电工职业岗位（群）工作所必需的基本技术和技能，是完成电工专业工作、电工高级工作和从事机电专业工作所必须的基础性技能。本教材根据初级电工岗位能力需求，将内容划分为电工技能模块和电工电子技能模块，按照划分的模块，设计出能力目标对应的实训项目，根据实训项目要求，引入实训项目理论知识支撑内容（即章节），并且与实训项目形成一一对应关系。各实训项目间注重前后呼应，形成并列式、进阶式项目训练链状主线。针对不同专业和层次的学生，能力水平和能力需求也应不同，实训教学时可以对实训项目进行删减，既可以按顺序（除个别项目外也可不按顺序）逐个项目进行教学，也可以几个项目同时进行教学。教师在教学过程中便于把握理论教学内容的取舍，学生训练也有针对性，益于激发学习兴趣。下面是本教材课时安排和能力目标设计，供老师参考。

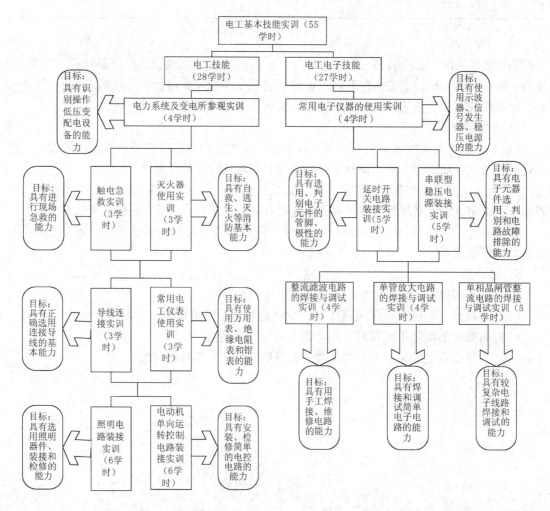

二、教学组织与实施

实训项目的运行是实现实训教学目标的重要环节。实训过程要贯彻量力而行的原则，做到难易适度，使每个学生都能"跳起来摘到桃子"。实训内容过难，学生经过努力后仍然完成不了，便会产生畏惧心理，挫伤其积极性；实训内容过于简单，不能使学生集中精力，收不到应有的实训效果。因此，教师在实训过程中，要正确分析教材内容，突出重点，做到难易适度，使其具有一定难度，但又不是难以逾越。根据不同专业和层次学生，制订出教学大纲，教学计划、教学进度和实训项目单卡，完成实施实训教学设计过程，认真组织好每个实训项目的教、学、做。教师可以按照如下八个阶段来进行实训项目的教学。

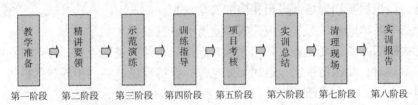

教学准备	精讲要领	示范演练	训练指导	项目考核	实训总结	清理现场	实训报告
第一阶段	第二阶段	第三阶段	第四阶段	第五阶段	第六阶段	第七阶段	第八阶段

第一阶段：教学准备

教学准备包括实训准备、实训动员、布置任务和开始教学四项内容。

1. 实训准备

实训准备主要包括：

（1）实训教师准备　实训教师在接受了实训课程的任务后，就成为该实训课程的责任指导教师。责任指导教师应树立以人为中心和以能力为本位的教育思想，认真负责，提前做好以下准备工作：

1）根据实训项目的教学内容，制定好实际可行的实训计划。

2）按实训内容，准备好相应的实训指导书和实训项目单卡。

3）根据实训项目和学生人数协调落实好助理实训的指导教师。

4）落实好实训的场地、设备、器材、各种工具、消耗材料、需用图样、安全防护、卫生等准备工作。

5）指导教师进行认真的试操作，保证实训设备、仪器都处于完好状态。

（2）实训学生准备　学生在接到实训课程的通知后，应主动做好以下准备工作：

1）心理准备：电工实训课是完全不同于理论课和其他类课程的一门技术训练课，有其特殊的规律和要求，是理论联系实践、理论指导实践、培养动手能力、手脑并举的操作训练，将在不同的场所和环境中进行。因此，要求每一个学生，都要有一定的心理和思想方面的准备，以适应不同的要求。

2）身体良好：电工实训课将要求每一个学生都要动手进行操作，有的训练会很辛苦，甚至有一定的危险。因此，对身体素质要有一定的要求。有病或有特殊情况暂时不适合参与电工作业的学生应申请暂缓实训，以免发生意外。

3）知识准备：清楚将要进行的实训的目标和主要任务是什么？需要用到哪些基本的知识和技能？在拿到实训指导书后每一位同学都要提前作好预习或准备，有些内容还需要查找资料和进行分析计算，以保证能尽快地投入实训。

2. 实训动员

实训动员主要包括：实训课程开始前，一定要组织学生进行实训动员，向学生讲述高职教育重技能、重实践、理论联系实践的重要意义以及本门实训项目的目标和要求。根据实训教学的特点和规律，在动员时特别要注意强调以下五个方面：

1）实训安全：安全为了实训，实训必须安全。安全是作好实训教学的前提。没有安全，实训就没有了保障。历史上，由于忽视了安全而发生的惨痛教训是很多的。并且很多的事故证明，发生事故的原因，主要都是因为不遵守劳动纪律、责任心不强、粗心大意和违反操作规程所造成的。一旦发生安全事故，不仅会影响学业，还可能给学生带来终身的遗憾。因此，在训练的整个过程中，必须高度重视安全，遵守实训纪律和电工有关操作规程。认真做好安全防护和宣传警示方面的工作，确保万无一失。为了确保人身和设备的安全，顺利完成实训任务，应根据实训现场制定出相应的安全规则。如：

①未经指导教师同意，严禁开或关实训室所有电气设备。

②接好线路后，要认真复查，确信无误并经指导教师检查同意后，方可接通电源。

③发生事故时，要保持镇定，迅速切断电源，保持现场，并向指导教师报告。

④通电结束后，应立即断开电源。

2）严格：严格是实现电工实训目标的保证。实践证明，做电工实训教学工作，应该像重视理论课教学工作一样，要有严格的科学制度并严格遵守电工行业管理规范。要深刻认识到目前所进行的训练，应该是学生未来可能在现实电工岗位工作的前提，将关系到学生的前途乃至一生。因此，要求学生在整个技能训练的过程中，必须认真贯彻"高标准、严要求、强训练"的原则；严格要求自己，严格执行电工作业工艺流程，养成"严、实、细"的工作作风和文明训练、文明生产的良好习惯。

3）有序：整个实训的过程中应"严格有序、忙而不乱，有始有终、讲究过程"，这是实现实训目标和完成实训任务的重要条件。严格的强化训练并不是盲目蛮干，而应该是循序渐进。所谓的"循序渐进"是要求实训教学，要按照实训项目的基本特点和规律、学生的接受水平和掌握能力的"序"，由浅入深、由易到难、由低级到高级，有计划、有步骤地进行实训教学。有序可以说是实训成功的一半。因此，在实训中，必须讲究程序、强调规矩、循序渐进。

4）规范：规范是整个实训教学的核心。在整个实训过程中，要严格按照国家现行电工工种《操作规程》进行操作，要做到行为规范、管理规范和技术规范。使学生熟练掌握操作规程、操作要领和操作步骤（工艺流程）。

5）职业素质：使学生获得在合适的岗位上工作所需要的能力，是职业教育的最主要的任务。"以能力为本位"的"能力"不仅仅指"技能"，而是包括职业道德、行为规范、思维能力、表达能力、团队合作能力、继续学习能力、职业发展能力和实践能力等在内的综合职业能力。职业道德是一个人在事业上取得成功的必备素质，其内涵主要包括干一行，爱一行，钻研业务，提高技能，忠于职守，敬业爱岗、团结协作、认真负责、尽心尽力，讲究效益，勤俭节约，注意安全，只有既学会知识，又学会做人，才能更好地创新。使学生学会与人相处，培养团结协作精神，学会以正确的态度、顽强的意志、宽广的胸怀对待困难和挫折，形成良好的电工职业素质。把对学生的职业技能的训练与职业素质的培养有机地结合起来，既要训练学生的职业技能，又要注重结合教学内容对学生进行职业素质的培养，全面提高学生素质。

要求指导教师和每一位学生，及时地填写实训日志、设备使用登记，实训时要穿实训服、配挂胸牌和佩戴实训项目电工岗位必须的防护用具。

3. 分组和布置任务

每个实训项目开始之前，指导教师和班长应根据学生的动手能力、性别和身体状况等实际情况进行科学的分组。分组可采取大组或小组，以便于任务的分配和讨论研究问题。要指定组长，明确职责。小组一般 2~5 人。

所谓布置任务就是在开始实训之前，每一位学生都要从指导教师那里拿到一份实训项目单卡。实训项目单卡应包含以下内容：

1）实训项目的名称和实训的目的。

2）训练的具体内容、方法和步骤（工艺流程）。

3）所需的设备、材料、工具和图样。

4）训练的进度和时间安排。

5）操作规范和要求。

6）实训思考题。

7）评分标准。

对实训项目单卡，应该简单明确、由易到难。需用的消耗器材要明确限量，实训内容要符合企业当前的技术标准和规范。

4. 开始教学

开始教学是指每天的实训教学工作从现在开始，主要包括：学生进入实训场地（工位或就座）；清点出勤人数或打卡；检查学生的实训服装和配挂胸牌等情况；选择领用和清点设备、工具，进行设备登记。

进一步强调实训注意事项如下：

1）明确实训目的，端正学习态度，认真参加实训，并在指定的岗位上实训，服从实训指导教师的指导。

2）重视技能训练，认真听取实训指导教师的讲解，仔细观察示范操作。

3）掌握操作技能，严肃认真、细心操作，并严格按工艺要求完成实训项目。

4）重视实训总结，及时做好数据及现象记录，仔细分析故障原因，认真撰写实训报告。

5）注意节约器件与材料，爱护设备、工具与仪器仪表，并应正确使用与妥善保管。

6）遵守实训规则和安全操作规程，保持工作岗位的整洁，并做到文明生产。

第二阶段：精讲要领

讲授实训中所需的新知识、新技能，明确实训目的、实训重点、实训技巧和实际应用。在简要地回顾上次实训项目引入新实训项目后，指导教师要把本实训的内容和步骤（工艺流程），向学生进行认真、细致地讲解。特别是对一些重点、难点环节和技术、技巧方面的细节问题和理论依据，向学生进行简明、耐心的讲解。

讲解是以语言传递为主的教学方法，是实训教学中很重要的一步，通过指导教师对新实训内容的生动描述和讲解，使学生掌握将要开始的操作训练所必需的理论知识和操作要领，知道自己应该怎么做。对重点、难点环节需要反复讲解和强调。讲解中，指导教师应注意语言简练、内容具体、条理清楚、因材施教和由浅入深。还应包括：

1）设备、仪器和工具的选择和正确的使用方法。

2）训练的基本要求和标准规范，训练进度和消耗材料的限额。

3）可能发生的故障和防止的办法。

4）理论指导实践的亲身体验。

要重视理论与实训的有机结合，积极采用直观教学和现代教育技术手段，选用必要的挂图、教具模型、实物投影和 DVD 等教学课件，努力提高教学质量和教学效果。

第三阶段：示范演练

示范演练是以直接知觉为主的直观教学方法，是电工实训教学中非常重要的一步。通过示范演练，使学生获得必要的感性知识、加深对实训内容的印象和理解。如果在实训教学中，指导教师只讲解，不动手操作示范，学生是很难理解和掌握操作要领的。所以，要求指导教师，通过对实物的操作示范或对教具的直观演示，使学生形成正确的感性认识和操作方法概念（感知技能），引导学生培养观察事物、分析问题、理论知识联系实际的能力，敢于动手操作和进行强化训练。

示范演练是"理论"和"实践"的有机结合，是理论联系实际、知识融入技能。技能的操作训练要强调必需的"理论"，但更要强调必需的"实践"、操作的步骤、程序性（工艺流程）和操作规范。

因此，指导教师在做示范演练时，动作必须准确无误、规范和熟练。对关键环节还须辅以简明的讲解，边演练、边讲解。要讲清动作的特点和关键，否则将达不到预期的演练效果。同时注意讲和做必须协调一致。对关键环节和特别容易出错的地方，一定要多次强调，重点示范。

第四阶段：训练指导

训练指导是整个实训过程的关键，是使学生亲自体验具体实践过程的重要阶段，是以实际的训练为主，培养学生掌握电工技能技巧的最主要的教学方法。通过实际的训练，使学生由不知到知，由不会到会，再到熟练操作。要求每一位学生根据布置的任务，按照操作步骤和程序（工艺流程）一步步反复进行操作和强化训练。学中练、练中学、勤学苦练，使得理论知识和操作技能、技巧在教、学、练的过程中有机地融和为一体，并不断得以升华。

由于学生的知识水平、认识水平、理解能力、身体情况各异，在训练的整个过程中，自然会出现差异、出现疑问或错误，甚至有些学生不敢动手操作。因此，指导教师必须在现场巡回检查和及时给予必要的指导，检查学生的操作姿势、操作方法和成果质量以及对操作规程、安全文明训练的执行情况，帮助学生解决实际问题。实训中常用的指导方法有：①集中指导法：指导教师给予全班或全组的学生针对实训过程中出现的共性问题进行指导。解决实训中发现的问题，及时指出和纠正学生操作过程中出现的错误。在集中指导过程中，易采用激发和鼓励为主的原则，肯定和表扬学生的工作态度，极大地激励他们，使大家保持积极的热情。②个别指导法：是指在实训过程中教师针对个别同学在掌握知识、技能技巧过程中出现的个别差异进行指导。教师需准确地发现、指出学员操作过程中的问题和偏差，根据实际状况提出具体的解决问题的办法，并督促学生学习、改进，落实在行为的改善中，取得实际的效果。有针对性地帮助学生排除实训中遇到的困难和障碍，保证学生正确地掌握操作要领，规范操作步骤，确保安全生产。在个别指导时，注重启发学生的特性，挖掘学生的创造性和独特性，鼓励个性化发展，既要肯定成绩，又要指出不足，使学生对学习充满信心。③巡视指导法：在实训过程中有计划、有目的、有准备地对各实训小组及学生的实训作全面的检查和指导。在此过程中，教师主要是检查指导学生的操作姿势、操作方法、安全文明生产及产品质量，在指导中既要注意共性问题，又要注意个别差异，共性问题采取集中指导，个性问题采取个别指导。在巡视指导中要善于发现学生中能应用理论指导实践，构思独特，有创意、学得快、操作好、注重安全等各方面的典型，及时总结推广，以点带面，用正确的行为示范来引导、帮助学生纠正错误，同时激发大家的实训热情。

在实训过程中，学生可以互相交流思维方法、实训方法，互相取长补短，从中看到别人的长处，发现自己的不足。尤其是对一些有一定难度的实训项目，充分发挥小组长和骨干学生的作用，提示学生注意观察其他小组的布置场地和练习方法，借鉴合理的地方，并在实际实训中运用；使学生互帮互学，在提高实训效率同时，也提高学生的合作意识，培养动手动脑、团结友爱、互相协助的优良品质。还可以通过技能竞赛，增加实训的竞争性，加强培养学生的责任感和集体荣誉感，活跃现场气氛。使学生始终是在愉快的环境气氛中进行实训，通过一次次的练习，体验了与同伴共同努力、合作成功的喜悦，也掌握了电工技能。

第五阶段：项目考核

学生依照训练的步骤和规范，完成一个项目或一天的实训内容后要进行检查评分。评分先由学生自己就操作训练和成果情况作出简要的陈述，再由指导教师按照评价标准（工艺标准、操作标准、实现功能、训练的熟练程度）检查审定，写出简评或给出成绩，记录在学生的实训项目单卡上，并同指导教师登记备案。

整个实训项目完成后，每个学生是否达标，要进行综合成绩的评定或考试评定。

综合成绩的评定应先在小组内进行，先由学生自己就整个实训过程中的劳动态度、安全文明训练和训练成果的质量等情况作出简要的陈述，再由小组按评分标准，初评出每人的综合成绩。最后，由指导教师审核鉴定，根据其劳动态度、安全文明训练和训练成果的质量等情况，给出最终的综合实训成绩和评语。

考试成绩评定，要根据不同的实训大纲要求来确定。由指导教师综合各方面的实际情况和考核标准，确定考试的内容和办法。考试可以采取实训项目操作、口试、笔试或相结合的办法，通过严格的考核标准，评定出考试成绩。再结合实训过程中的劳动态度、安全文明训练情况，给出最终的综合实训成绩和评语。

第六阶段：实训总结

是指一天或一个实训项目的训练结束后，每一位学生都应该就自己的表现和收获扼要地进行归纳和思考。实训指导教师对实训小组及学生实训情况进行总结、考核和评价，肯定成绩，交流经验，分析存在的问题，提供反馈信息，这是实训指导工作的一个不可缺少的关键环节，其目的是让学生明白是否达标、如何达标。在此过程中，积极引导学生提出自己的新见解、新想法、新方案；培养学生敢于提出问题、勇于发现问题、善于解决问题的能力，并且要注意保护他们的创新意识和创新精神，让他们时刻感到随时都会有"成功"的机会。要引导学生认真总结实训中积累的成功经验和失败的教训，帮助学生把实践经验进一步提高，形成自己的知识和技能，为将来学习工作打好基础。

第七阶段：清理现场

所谓的清理现场，就是说做实训工作时，一定要保持有一个良好的实训环境和氛围。对实训场地、设备仪器和工具，在每天的训练结束时，必须进行清理和归位、摆放整齐，作好清洁工作。在搞好个人卫生、做到衣帽整齐、关水、断电、师生相互告别、关窗、锁门后，方可离开实训现场。

在整个的实训工作结束时，要办理设备、仪器和工具的归还手续。对损坏、丢失的工具或设备仪器，应认真进行登记并按有关规定进行处理。

第八阶段：实训报告

在一个单元或整个实训全部完成后，要进行认真的小结。通过小结，可以综合学生在实训教学全过程中，所产生的有价值的信息反馈。对这些信息进行科学的分析和评价，将会有助于实训质量的提高和实训目标的实现，有利于整体实训教学的优化。

1. 实训报告内容

是学生对整个实训操作的总结，是把实训的情况和结果用文字的形式表达出来，因此实训报告应包括下列内容：

1）实训名称、操作者姓名、班级、组别、实训日期、实训工位、指导教师姓名等。

2）目的要求。

3）设备与器材的规格、数量及编号。

4）分析或绘制实训电路图。

5）记录实训数据。

6）计算结果及实训注意事项。

7）讨论或问题回答。

2. 实训总结

撰写实训报告能达到培养综合分析能力的目的。在撰写实训报告时必须做到以下几点：

1）独立完成实训报告。实训报告是对实训的总结，必须实事求是地独立完成，教材所介绍的实训内容、电路图、仪器设备，仅是指导性的，实训报告应根据实际情况进行编写。

2）数据处理。实训记录数据应重新抄写在实训报告中，实训数据一般要进行计算。在很多情况下，由于实训数据有若干组，所以不必一一列式，但必须有计算公式和计算举例说明，有些实训可根据理论先算出估计值。

3）通过实训获得了哪些理论上尚未学到的知识，有何体会。

4）回答教材中的讨论内容、问题或教师给定的思考题。

5）使用新的仪器、仪表的心得体会，对本次实训提出改进的意见。

6）总结实训过程中易出现的问题。

7）对实训中遇到的意外情况或实训结果中出现的特殊情况，应说明其原因，并提出解决的方法。

实践证明：经过上述一个比较完整合理的教学过程，经过准备——讲解——示范——指导——考核——总结——清场——报告，加上不同的实训内容、工艺流程及操作程序的具体细化优化和严格要求，一般而言，各种实训都可以获得比较满意的教学效果。

参 考 文 献

[1] 张仁醒. 电工基本技能实训 [M]. 北京：机械工业出版社，2005.

[2] 张洪润，吕泉，吴建平. 电子线路应用 [M]. 北京：清华大学出版社，2005.

[3] 石玉财，毛行标. 电工实训 [M]. 北京：机械工业出版社，2004.

[4] 刘介才. 供配电技术 [M]. 北京：机械工业出版社，2005.